U0159904

现实与超越

——北京建材禁限30年

北京市住房和城乡建设委员会　主编

中国建材工业出版社

图书在版编目（CIP）数据

现实与超越：北京建材禁限 30 年 / 北京市住房和城乡建设委员会主编 . -- 北京：中国建材工业出版社，2020.1

ISBN 978-7-5160-2718-9

Ⅰ. ①现… Ⅱ. ①北… Ⅲ. ①建筑材料 – 北京 – 文集 Ⅳ. ① TU5-53

中国版本图书馆 CIP 数据核字（2019）第 256016 号

现实与超越——北京建材禁限 30 年

Xianshi yu Chaoyue——BeiJing Jiancai Jinxian 30 Nian

北京市住房和城乡建设委员会　主编

出版发行：中国建材工业出版社
地　　址：北京市海淀区三里河路 1 号
邮政编码：100044
经　　销：全国各地新华书店
印　　刷：北京中科印刷有限公司
开　　本：787mm×1092mm　1/16
印　　张：21.25
字　　数：380 千字
版　　次：2020 年 1 月第 1 版
印　　次：2020 年 1 月第 1 次
定　　价：86.00 元

本社网址：www.jccbs.com，微信公众号：zgjcgycbs

本书如有印装质量问题，由我社市场营销部负责调换，联系电话：（010）88386906

本书编委会

名誉主编： 冯可梁

主　　编： 薛　军

副 主 编： 郑学忠　刘　斐

编　　委： 刘小军　张国伟　魏吉祥　石向东　张　波　冷　涛
李　珂　刘前进　李禄荣　闫乃斌　王合叶　吴　铮
刘忠昌　姚军辉　胡玉富　胡　倩　魏　巍

执行主编： 张增寿　何光明　代德伟　王　巍　潘　录

编辑人员： 邓贵智　郭建平　史红卫　平永杰　马国儒　李文超
国爱丽　李俊亮　齐文丽　王　聪　冯秀艳　孔祥荣
王东旭　张陆阳　于祖龙　李培方　侯　杰　田瑞霞
李　岩　何　浩　郭　晞　张　静　刘思慧　杨鹏浩
赵尹鸣　晋　津

审稿专家： 朱国民　祝根立　王庆生　方承仕　张增寿

主编单位： 北京市住房和城乡建设委员会

参编单位： 北京建筑材料科学研究总院

序　一

党的十九大报告指出："中国特色社会主义进入新时代"。新时代是创造美好生活的时代，是实现全体人民共同富裕的时代，是不断满足人民日益增长的美好生活需要的时代。

历史的车轮总是伴随着人民对美好生活的不懈追求而不断驶向前方。北京是历史文化名城，建筑材料的发展也与城市建设的发展、人民对美好生活的期盼同步前行。自1989年7月1日起，北京市规定框架结构中禁止使用实心黏土砖作为填充材料，建材禁限工作就此拉开了序幕。过去的30年，从单一产品的禁限，到定期集中发布禁限产品目录，北京市累计发布禁止使用和限制使用的建材产品超过百项。每一次建材禁限政策的制定都体现着城市建设管理者的智慧和勇气，带动相关产业的快速升级。从某种程度上可以说，城市建设的现代化是以建材行业一点一滴的进步为基础而铸就的。走得再远，也不能忘记来时的路，北京市住房和城乡建设委员会在这个特殊的时间节点回望过去，无疑是十分具有现实意义和历史价值的。

30年砥砺奋进、30年长乐未央。30年对于一座城市的历史而言是短暂的，对于亲身参与城市建设的人却意味着翻天覆地的变化。本书的作者均是来自城市建设工作一线，既有来自政府主管部门，也有来自行业协会、科研院所、大专院校、检验检测单位、生产企业，每一个人都是时代的建设者、亲历者、见证者。从他们的视角出发，以禁限产品的政策制定为主线，以城市建设发展变化为背景，全视角展现过去30年建材领域波澜壮阔的发展历程、讴歌改革开放大背景下建材行业取得的伟大成就。

本书的主题是建材禁限30年，编者巧妙地安排了30篇文章呼应，向历史致敬。文章既有气势磅礴的宏大叙事，也有娓娓道来的细节描述。历史与人物相互激荡、大主题与小事件有机结合，见微知著，以点带面，勾画出立体的时代脉络，让原本严肃的历史变得更加鲜活、生动。

“行之力则知愈进，知之深则行欲达”，30年的经验总结弥足珍贵，应当珍惜、坚持、丰富、发展。希望北京市的经验做法能为全行业做好建材禁限工作、推动建设领域绿色发展和高质量发展提供有益的借鉴。

是为序。

住房和城乡建设部标准定额司

2019年10月

序　二

“起来！不愿做奴隶的人们！把我们的血肉，筑成我们新的长城！……”。当《义勇军进行曲》响彻天安门广场，北京市建材工业也在举步维艰、百废待兴中扬帆起航。国庆十周年十大献礼工程的建材保障，使无数建材人为了筑就“新长城”，奉献了自己的汗水、青春甚至生命。北京市建材工业也经历了公私合营，半机械化和机械化技术革命，“调整、巩固、充实、提高”，关、停、并、转，改革开放等，多少起起伏伏和坎坎坷坷，成就了北京市建材工业的繁荣。

“一九七九年，那是一个春天，有一位老人，在中国的南海边画了一个圈……”1979 年，乘着改革开放的春风，北京市建材行业开始蓬勃发展，集体、乡镇、私营企业像雨后春笋般涌现和壮大。一首《春天的故事》，唱响了北京建材行业发展的华丽乐章。北京建材工业在得到空前发展的同时，也出现了产品结构和产量与城乡建设需求不匹配，建材生产盲目上线、重复建设，乡镇和个体企业技术和管理落后，产品质量良莠不齐，建材流通环节不正当竞争严重干扰建材市场秩序等一系列问题，迫切需要进行干预和治理。北京市以发展规划为导向，以建材市场建设为基础，以建材产业结构调整为重点，以强化建材生产使用管理为手段，由评估推荐到准用证管理，使建材市场得到有效规范。市场经济呼唤与之相适应的法制环境和市场环境。

“想一想过去，看一看如今，人生道路就是这样风风雨雨弯弯长长。看一看现在，想一想未来，挺起胸膛，努力开创道路将会充满阳光。”1989 年，墙体材料革新工作启动，北京市框架结构填充墙禁止使用实心黏土砖，翻开了建设工程禁止使用影响环境的建筑材料的篇章。一首《道路》，唱出了建材行业发展的新陈代谢。16 年后的 2004 年，黏土砖的使命宣告终结。

“来吧，来吧，相约一九九八，相约在甜美的春风里，相约那永远的青春年华……”。1998 年，北京市第一批建材禁止使用目录发布，限制和淘汰石油沥青纸胎油毡等 11 种落后建材产品。一首《相约九八》，唱出了多少建材人对建材发展的憧憬和创业的回忆。历史的车轮滚滚向前，技术革新日新月异。从此，北京市以产业发展为导向，以改善建筑功能为中心，以节能环保为重点，先后发布了8批推广和禁止使用建筑材料目录。2019年，《北京市禁止使用建筑材料目录（2018版）》发布，这是北京市集中发布的第八批目录。新时代已经向我们走来，《北京市城市总体规划（2016—2035年）》落实首都功能定位，建材工业作为非首都功能在加速疏解，绿色理念深入人心，建材绿色供应链建设正在起步，建材禁止使用目录作为从使用端促进供给侧改革的和弦，必将合奏出新的乐章。

本书编者

2019年10月

目录 CONTENTS

行业管理篇

北京市建材发展的历史沿革……韦寒波　邢晶明　徐　静　003

北京市房山区建材工业 30 年的回顾与展望……黄文江　017

混凝土及砂浆篇

预拌混凝土的发展：回顾与展望——以北京市预拌混凝土发展为例……徐永模　庄剑英　033

禁限推广在路上——北京市混凝土原材料产品禁限推广历程回顾与展望……李亚铃　043

大力发展散装水泥　奉献首都绿水青山蓝天……何惠勇　052

北京市天然砂石禁采和再生骨料推广的历史发展和作用……李　飞　067

北京市矿物掺合料禁限和推广的历史发展与作用……张增寿　黄天勇　077

矿物掺合料，绿色混凝土的必然选择……葛　栋　084

北京市混凝土外加剂产品禁限和推广的历史发展与作用……王子明　冯　浩　092

北京市预拌砂浆行业 30 年发展纪实……蔡鲁宏　099

建筑钢材篇

建筑钢材的发展概述……张　莹　109

墙体材料篇

回顾墙改 30 年点点滴滴……陈福广　121

禁用禁产黏土砖的一场攻坚战……祝根立　129

北京建材禁限改革之墙体材料……平永杰　国爱丽　141

推广使用的建筑材料——加气混凝土的发展史……杨云凤　151

装配式建筑篇

北京市装配式建筑发展历史与未来趋势……杨思忠　张仲林　樊则森　张静怡　163

节能材料与设备篇

北京市建筑外窗禁限和推广的历史发展与作用……权燕玲　175
北京市建筑保温材料禁限和推广的历史发展与作用……林燕成　184
北京市助推太阳能光热产业发展……谷秀志　195
空气源热泵技术在北京的应用与推广……金继宗　徐绍伟　杨英霞　李培方　201
北京市供热采暖设备禁限和推广的历史发展与作用……王　超　211

防水材料篇

北京市防水材料发展历程与展望……杨永起　贾兰琴　221
北京市建筑防水材料发展及禁限与推广对发展的引领作用……田凤兰　229

装饰装修材料篇

北京市建筑胶粘剂禁限和推广的历史发展与作用……冯秀艳　243
建筑胶粘剂应用现状及创新发展……杨永起　贾兰琴　254
北京市建筑涂料及木器漆禁限和推广的历史发展与作用……彭洪均　261
北京市用水器具的历史发展与政策推动……王　巍　于祖龙　270
塑料管道产品行业现状及市场管理……李延军　277

市政工程材料篇

北京市市政工程材料禁限和推广历史发展的作用……刘丙宇　韩东林　田　军　何文权　291

施工周转材料篇

安全才是关键——北京建材禁限 30 年之脚手架……沈长生　301

附录　北京市禁止使用建筑材料目录（2018 年版）……309
后记……317

讲好建材故事，放飞绿色梦想

行业管理篇

北京市建材发展的历史沿革

◎韦寒波　邢晶明　徐　静

一、引言

中华人民共和国成立之前，北京建筑材料工业十分落后，由官僚资本和民族资本兴办的建材企业都是私营小厂，规模小、手工作坊生产，产品品种少、产量低。1949 年，全市水泥最高产量 3.4 万吨，黏土砖产量 2600 万块，建材工业总产值 90.9 万元，从业人员不足 2500 人。中华人民共和国成立后，建材工业迅速恢复发展生产、解决党政机关办公用房和安定人民生活的任务十分繁重，建筑材料作为城市建设物质基础，成为发展国民经济的先行行业之一。为此，北京市除将没收的官僚资本企业转变为国营企业外，主要依靠自己动手新建建材企业，同时扶持私营企业积极复工，增加生产，并按照中央实施社会主义改造的精神，逐步实施公私合营，建材品种、产量得到了较大发展，基本满足首都基本建设对地方建筑材料的需求，年供应建材可满足 300 万平方米的建筑用料。

1955 年 4 月，北京市建筑材料工业局（以下简称市建材局）成立，直接领导建材工业社会主义改造中形成的 30 个建材生产企业和事业单位。通过改组整编，确定局机关编制 120 人。

1956 年，我国进入全面建设社会主义时期，为满足首都建设规模迅速扩大的需要和"国庆十大工程"的建材供应，市建材局组织新建和扩建了一批建材生产企业，掀起了以大搞半机械化和机械化为中心的技术革新和技术革命群众运动，创造了一批革新成果，开发了一批建材新产品。同时，遵照中央指示，市建材局组织掀起了"大炼钢铁"和"工业支援农业"的群众性热潮，也为北京市建材发展带来了一些不良后果。1961 年，按照中央"调整、巩固、充实、提高"的方针，全国基本建设全面压缩，建材工业面临停产滞销危机，市建材局应对危机，实施了部分建材企业的关、停、并、转工作，1963 年生产开始回升，重新走上正常发展轨道。

“文化大革命”开始后，市建材局和建材工业受到严重冲击，各项生产指标急剧下降，建材科学技术研究基本停滞。“文化大革命”结束以后，我国进入全面开创社会主义现代化建设时期，市建材局以发展建材工业生产为中心，深化改革、扩大开放、转轨变型、全力发展，制定了建材行业 3 年、5 年和 10 年发展规划，紧抓“三个转变”，即由统购包销向市场调节转变，由保护传统产品向大力发展新产品转变，由行政手段管理企业向经济手段转变。

随着我国改革开放和市场经济的发展，为贯彻执行北京市市级党政机关机构改革工作方案，1984 年市建材局改为北京市建筑材料工业总公司（市建材总公司），1986 年市政府委托建材工业总公司对全市建材企业实施行业管理，市建材总公司与市乡镇企业局联合成立了建材产品生产许可证办公室。其间，市建材总公司对所管理的部分企业实施重组、合并和经济改制。1989 年下半年，市财政局停止向市建材总公司拨付经费。

1992 年 8 月，市政府办公厅以“京政发〔1992〕58 号”文件撤销北京市建筑材料工业总公司并组建北京市建筑材料集团总公司，同时北京市建材经贸总公司改制为北京建材经贸集团总公司，完成了从政府机构到企业的转变。由于两个总公司彻底改制为企业，原来两个总公司代行的建材工业、建材流通的行业管理职能划归市建委。1993 年，市政府以“京政办发〔1993〕10 号”成立北京市建筑材料行业管理办公室。除东城、西城、宣武、崇文外，其他区县建委先后成立了建材行业管理办公室。

1991 年，为落实市政府《关于整顿建筑市场的决定》（京政发〔1989〕29 号），市建委成立了北京市地材市场管理办公室（以下简称市地材办），与市建委材料设备处合署办公。

1993 年市政府以“京政办发〔1993〕10 号”成立北京市建筑材料行业管理办公室（以下简称市建材行管办），其职能是：对全市建筑材料的生产和流通进行统筹规划、协调、指导和监督，办公室为市建委直属事业单位，事业经费自收自支。办公室内设工业处、市场处、综合处。从 1993 年市建材办成立起到 2004 年止，市建委的材料设备处、建筑材料处均与建筑材料行业管理办公室合署办公。

2003 年市建材行管办与市节能墙改办、市散办合并为北京市建筑材料管理办公室，下设建材监督管理室行使建材管理职能。2007 年更名为北京市建筑节能与建筑材料管理办公室，建筑材料管理处更名为建筑节能与建筑材料管理处。

二、建材管理 30 年

北京市建筑材料管理是随着我国计划经济向市场经济的发展而发展的。该项工作初期的主要任务是保障建材供应，实施计划管理；行业管理阶段主要任务则以保障建材产品质量、提升建材品质、促进产业结构调整、发展建材市场为重点；建材使用管理阶段则以建立公平的市场环境，促进建立建材供应和采购诚信机制为重点任务。纵观北京市建筑材料管理工作，可分为建材产品市场准入、建材产业结构调整、建材有形市场建设、建材供应诚信管理四个方面。

1. 建材产品市场准入

针对建材行业飞速发展和产品质量参差不齐、不正当竞争现象突出的问题，1992 年 2 月，市地材办发布《关于印发“进一步加强地方建筑材料市场管理的决定”的通知》，对全市从事地材批发经营的流通单位进行资格审查，审查合格方可从事地材批发经营；市地材办审查流通、生产企业向计划内建设工程销售地材资格后发给资质证明，流通、生产企业凭证明办理领购地材专用发票；固定资产投资计划内建设工程地材采购，均使用北京市地材专用发票；委托市建材供应总公司开办北京市地方建筑材料交易市场，国家和本市重点、重要工程，必须在市场内进行交易，接受监督。同年 3 月，市地材办发布了地材资格审查管理办法、地材交易市场管理规则。从此，北京市逐步对建设工程结构性材料、重要功能性材料实施市场准入。

1992 年 3 月，市建委发布《关于转发北京市税务局〈关于使用“北京市地方建筑材料专用发票”的通知〉的通知》，规定：从 1992 年 4 月 1 日起，建设工程采购地材（包括砖、建筑砌块、瓦、石灰、砂石）一律使用“北京市地方建筑材料专用发票”；列入国家和本市重点、重要工程的项目，应在北京市地方建筑材料交易市场进行交易，并由地材交易市场管理部门在结算票据上加盖重点、重要工程地材专用章。

1992 年 4 月，根据建设部《关于治理屋面渗漏的若干规定》，市建委发布《关于对建筑防水材料进行使用认证的通知》，决定对各类防水材料（卷材、片材、涂料、油膏、防水剂）进行使用认证，规定从 7 月 1 日起，建筑防水施工企业必须采用具有“北京市建筑防水材料使用认证证书”的防水材料。

1993 年，北京市人民政府以“京政发〔1993〕4 号”（以下简称：“市政府 4 号文件”）转发了《国务院批转国家建材局等部门关于加快墙体材料革新和推广节能建筑意见的通知》（国发〔1992〕66 号，以下简称：“国务院 66 号文件”），并做出补充通知，要求各有关单位要以实施建筑节能、改善建筑功能为中心内容，结合本单位的技术、资源条件，进行墙体材料、屋面材料、门窗和供热系统的材料、设备的革新；凡使用实心黏土砖的工业与民用建筑，按不同情况征收“限制使用费”，作为建筑节能、墙体材料革新专项基金；

本市行政区域内不得再新建实心黏土砖厂，促进转产新型建筑材料；对生产节能、省土、利废的新型建材产品企业，可享受减免税政策；把北方节能住宅实施零税率政策落到实处；对符合建筑节能标准和墙体材料革新政策、改善了建筑使用功能的住宅，实行按使用面积计价的办法。

1993年，市建委发布《关于对混凝土和建筑砂浆防冻剂进行使用认证的通知》，1994年对建筑钢材、水泥进行供应资质认证，1996年混凝土外加剂、建筑门窗实行准用证管理，1999年建筑外墙涂料实施准用证管理，并每1～2年进行一次复审，对产品质量的提高起到积极作用。至2000年，市建材行管办将影响建筑结构安全和涉及建筑质量通病的材料列入准用证管理，包括钢材、水泥，混凝土外加剂、烧结砖、砌块和建筑门窗、防水材料、外墙涂料、用水器具。1999年，为进一步规范准用证管理，市建委印发了《北京市建设工程材料准用证管理办法》。

1994年2月，市政府以“京政办发〔1994〕6号”发布了《北京市人民政府办公厅关于加强建筑材料行业管理的通知》，明确：市建委负责全市建筑材料管理；加强建筑材料行业发展规划、产业政策的研究和管理，保持建筑材料供求总量基本平衡和产品结构优化，定期发布重点发展和限制发展的建材产品及生产技术目录；加快建筑材料市场、流通网点、运输仓储设施、外埠建材基地建设；对部分建筑材料产品质量实施认证管理；加强对建筑材料重大建设项目的评估，引导建筑材料生产、流通企业的发展。

1995年12月，市建委发布《北京市建设工程材料供应管理暂行规定》，要求建设、施工单位实行材料厂采购供应专业化和适度集中，项目经理部一般不承担材料采购工作，建材管理和质量监督部门以“三证两制”（生产许可证、产品使用认证、供应资质认证和采购责任制、企业内部材料管理监督机制）为重点强化建设工程材料供应管理。

2001年，由于管理职能的转变，本市停止核发建筑工程材料准用证和供应资格认证，但为保证本市建筑工程质量和安全，决定对建筑工程材料供应实行产品供应备案管理，制定了《北京市建筑工程材料供应备案管理办法》，规定建设工程采购建筑材料时，应从产品备案名录中选用（准用证管理到诚信管理的过渡），备案品种包括钢材、水泥、墙体材料、防水材料、用水器具、建筑门窗、涂料、外加剂、散热器等十大类。

通过准用管理，建设工程所使用的建筑材料质量明显提高，淘汰了一些档次低、性能差的建筑材料；对部分建材品种提高了产品标准，促进了建材产品技术进步；对准用证申报企业提出了生产工艺和产品检验等质量保证条件，有利于建材生产企业产品质量的稳定；建材市场得到净化，假冒伪劣产品得到抑制，一些挂靠生产经营建材产品的企业或个人被阻止进入建设工程。然而，准用证管理是为保证建设工程材料质量，在市场经济环境尚不成熟的特定条件下实行的一项临时性管理措施，当建材市场规范、建材产品质量普遍提高、市场诚信环境和社会化监督约束机制基本建立的条件下，准用证管理因不适应市场经济发展需要而退出历史舞台。但是，2001 年撤销准用证管理之后，从建设工程使用材料情况看，因社会道德规范和市场诚信环境还没有有效地树立起来，建材市场假冒伪劣、以次充好、阴阳合同等问题逐渐凸显出来。

2. 建材产业结构调整

20 世纪 80 年代，北京市建材紧缺，为加快本市基础建材工业的改造与发展，使之适应首都城市建设的需要，市政府决定成立北京市建材发展补充基金办公室，根据 1989 年北京市人民政府《关于建立建材发展补充基金的通知》，市建委等部门发布了《北京市建材发展补充基金收缴和使用管理方法》，用收取建材发展补充基金支持本市建材工业的发展，用于投资建设本市急需的建材企业。

1994 年，市政府提出：北京建材要上规模、上档次、上水平，并要在四个方面实现突破：一是调整水泥产品结构，扭转高强度等级水泥长期依赖外埠供应的局面；二是加快建筑门窗更新换代，逐渐淘汰 25A 型空腹钢窗；三是发展质量好、配套水平高的五金水暖件，解决水暖设备漏水问题；四是加快发展新型墙体材料，大幅度降低实心黏土砖用量，提高墙体结构保温隔热性能，提前实现北京民用建筑达到节能设计标准。

从 1990 年起，市建委用建材发展补充基金先后支持了北京陶瓷厂引进日本陶瓷生产线技术改造、北京建筑五金水暖模具厂家具五金件生产技术改造、北京建材集团彩色钢板线技术改造、北京现代建筑材料公司加气混凝土生产线技术改造、北京建筑五金科研试验厂陶瓷片水嘴生产技术改造、北京土桥砖瓦厂陶粒砌块生产线、北京西六建材工贸公司页岩多孔砖生产线技术改造、北京东亚铝业断桥铝合金门窗生产线技术改造、北京特种水泥厂水泥生产线技术改造、北京平板玻璃集团公司浮法玻璃生产线技术改造等。

通过建材发展补充基金的带动，到 1994 年，北京市水泥产品结构快速调整，琉璃河水泥厂日产 2000 吨熟料旋窑生产线正常生产，北京水泥厂点火试车，一批水泥厂新建和技术改造工程相继完工，高强度等级水泥占全部水泥产量的 60%，结束了高强度等级水泥依赖外地调入的历史；新型节能门窗快速发展，年生产能力近 1 亿吨的 22 条塑料型材生产线和年产 1.9 亿吨的通县张家湾东亚铝业铝型材生产线建成投产，为北京市塑料门窗和铝合金门窗发展奠定了基础；墙地砖在 2 年多时间迅速形成 450 万平方米生产能力。

1995 年市建委发布《北京市建材工业“九五”规划及 2010 年远景发展目标》，确立扶优限劣、实现产品结构调整的发展思路，提出“九五”期间实现高强度等级水泥基本自给、钢门窗换代、开发节水型用水器具和加快发展新型墙体材料四个突破。同年完成了水泥、墙体、防水材料等十个分规划。

随着建材行业的高速发展，主要建材供需基本平衡，部分品种出现供大于求的状况，1998年，国家清理行政事业性收费项目，北京市停止征收建材发展补充基金。

为提高玻璃和水泥产品质量，保护资源和环境，规范建材产品生产经营秩序，优化建材工业结构，促进建材工业健康发展，贯彻落实国家有关部门关于清理整顿小玻璃厂小水泥厂的要求，市建委、市经委、市计委、市环保局、市技术监督局发布了《关于本市淘汰落后小玻璃厂小水泥厂的实施意见》，取缔无生产许可证的水泥生产企业。到2000年年底，本市淘汰小立窑水泥生产线26条，压缩生产能力160万吨。同时，淘汰“小平拉”玻璃生产线16条，淘汰小玻璃生产能力210万重量箱。

随着限制和淘汰落后建材的进行，新型建材广泛应用，包括新型陶瓷片水嘴，具有防腐蚀、环保的优点，用于替换易锈蚀的螺旋升降式铸铁水嘴。新型建材塑钢窗，保温性能好、节能节材，符合产业政策，作为新型建材取代淘汰的单层普通铝合金窗、普通实腹、空腹钢窗（彩板窗除外）和32系列实腹钢窗。新型塑料管材抗腐蚀性能更强、更加节材，符合产业政策，取代了淘汰的铸铁管材。

3. 建材有形市场建设

1993年11月，北京建筑材料交易市场成立，为市建委直属相当于正处级事业单位，编制40人，经费自收自支。

1994年，市建材经贸集团建设的建材经贸大厦、市建材集团开办的建材销售中心、市城建集团开办的钢材市场和石材市场、通县张家湾开办的北方生产资料市场、中国建材公司开办的丰台建材自选大市场相继投入运营。

按照“京政办发〔1994〕6号”精神，1995年市建材行管办发布了《建材市场建设“九五”发展规划和2010年远景目标》，明确“完善综合市场、发展专业市场、筹建超级市场、加强市场管理”的建材市场建设指导思想。1995—1998年，市建材行管办对西三旗高新建材城、北京城建集团建材超级市场、北京建材经贸集团玻璃市场和郑常庄建材超级市场等项目的建设进行了行业审查，并指导建设；同时建立了“建筑钢材、水泥市场信息网”，1997年建立了“北京建材市场信息网络”。截止到1998年，先后建成了北京戎泉建材超市等大型建材市场、郑常庄超级市场等30家形成规模的建材市场。其间，会同市质量技术局、市工商局，采取打击无证小水泥、抽查建材商店、检查准用证企业产品质量等措施，净化了市场，引起企业对建材质量的重视，几年来主要建材质量明显提高。

2001 年，成立北京市建筑材料交易中心，将重要结构材料（钢材、水泥）与建筑产品质量通病有关的材料（防水材料、门窗）、材料性能及价格差异幅度大的材料、价值量大的材料采购放置于有形市场，通过公开招投标来完成。建立完善建设工程材料采购招投标制度，发布了《北京市建设工程材料设备采购招标投标管理办法（试行）》，规定：自 2003 年起，北京市新建项目设备采购单项 100 万元人民币以上、施工单项在 200 万元人民币以上或建筑面积在 2000 平方米以上的重要建材、设备采购招投标活动都要实行招投标。

4. 建材供应诚信管理

2005—2006 年，市建委和水务局牵头，会同发改委、规划委、市政管委、质监局、工商局、城管局等 8 委办局联合发布《关于严格执行〈节水型生活用水器具〉标准加快淘汰非节水型生活用水器具的通知》，并在生产、流通、新建工程、既有建筑各领域开展专项检查，经过两年的努力，使节水型生活用水器具在北京市基本普及。

为了保证本市建设工程的施工安全，2006 年 1 月，市建委发布《关于加强施工用钢管、扣件使用管理的通知》。按照“使用单位负责，强化工地检验；供应单位备案，实行市场准入”的原则，在全市开展专项整治工作。2006—2008 年，通过强化监督管理，延伸管理环节，稳步提高钢管扣件质量。专项检查涉及生产、流通、使用三个领域，深化了管理层次，延伸了管理环节，基本达到进京备案生产企业产品出厂质量有保证、国有租赁企业产品质量有控制、建设使用单位脚手架搭设方案有保证、扣件实物质量稳步提高的目的，为建设工程施工安全提供有力保障。

2006 年，市建委会同北京市人民政府“2008”工程建设指挥部办公室、市质监局发布《关于加强奥运工程建筑材料使用监督管理的通知》，从发文之日起，由市建委的工程质量监督总站、建筑节能与建筑材料管理办公室、市质监局等部门联合对所有奥运工程每个月组织一次建筑材料的全面监督抽查，保证了奥运工程建材质量。

2007 年 10 月，市建委会同市工商局、市质量技术监督局联合发布了《北京市建设工程材料使用监督管理若干规定》（京建法〔2007〕722 号），主要内容包括建立和完善三方面的制度：一是建设市场主体（建设单位、设计单位、施工单位、监理单位和建筑材料供应单位）在建筑材料质量与执行限制禁止使用落后建筑材料规定方面的管理责任；二是明确建筑材料使用全过程各环节的质量监督管理制度（包括招投标、签订合同、进场验收检验、不合格材料的处理）；三是明确市和区县两级建委、建委内部有关部门的质量监督分工以及与市工商局、市质量技术监督局的联动执法机制。

2007 年 11 月，市建委发布了《关于建设工程材料供应备案管理有关事项的通知》。文件对建设工程材料供应备案的意义、范围、办理程序、责任等进行了详细的规定。建设工程材料供应备案为告知性，将不作为工程选用依据。自此，北京市建筑材料停止实施准用管理。

为保证建设工程质量安全，实现建设工程材料的可追溯性管理，2008 年 6 月市建委发布《关于在新建廉租房、经济适用房、限价商品房工程中实施建设工程材料采购备案的通知》，要求在本市行政区域内的新建廉租房、经济适用房、限价商品房建设工程中进行建设工程材料采购备案管理试点。

为规范我市的建筑工程材料采购行为，维护交易双方当事人的合法权益，减少交易纠纷，2009 年 5 月市工商局与市住建委根据《中华人民共和国合同法》《中华人民共和国建筑法》等有关法律规定，制定发布了《北京市建筑工程塑料管材管件采购合同》示范文本。

2010 年 3 月，为建立建材市场产品质量诚信机制，市住建委发布《北京市建筑材料供应单位质量诚信评价管理暂行办法》，规定由行业协会对向本市建设工程供应有关建筑材料品种的国内生产企业进行质量诚信等级评价，鼓励本市行政区域建设工程建材采购单位在评价为“A”级以上的供应单位范围内选购材料，鼓励使用政府投资的建设工程建材采购单位在评价为“AA”级的供应单位范围内选购材料，评价结果由组织该品种建材供应单位质量诚信评价工作的行业协会在相关媒体和“北京建设网”上发布，并在北京市建筑材料招标投标交易中心现场公布。

2010 年 6 月，市教委、市住建委联合发布《关于进一步加强中小学校舍安全工程建设管理的意见》，要求校舍安全工程建设所用的主要建材应在市住建委网上进行采购备案。

2010 年 9 月，市住建委发布《北京市产业化住宅部品使用管理办法》（试行），对产业化住宅部品开展目录审定，发布产业化住宅部品认证产品目录。该目录每年更新一次，自目录发布之日起，本市产业化住宅建设项目使用的结构性部品应当选用目录中的产品，功能性部品应优先选用目录中的产品。市和区住建委加强对产业化住宅建设项目进场部品质量情况的检查。

2010 年 11 月，为落实住建部《关于进一步加强建筑门窗节能性能标识工作的通知》，市住建委发布《关于进一步推广使用获得节能标识的建筑门窗的通知》，要求在本市办理供应备案的建筑门窗应获得节能标识，同时要求本市财政投资建设的办公建筑和大型公共建筑、保障性住房等项目，应优先采用获得节能标识的门窗产品。

2011 年 11 月，市住建委发布《关于进一步加强建设工程使用钢筋质量管理的通知》，加强建设工程使用钢筋质量管理，明确施工单位和建设单位在钢筋使用方面的质量责任。市住建委建立建设工程材料采购备案信息系统，建筑钢筋实行网上采购备案。

2012 年 1 月，市住建委发布《关于开展房屋建筑抗震节能综合改造工程结构性部品评审的通知》，对本市房屋建筑抗震节能综合改造工程用结构性部品进行评审，并根据评审结果发布《北京市房屋建筑抗震节能综合改造工程结构性部品目录》。

2012 年 4 月，市住建委发布《关于老旧小区综合改造工程外保温材料专项备案和使用管理有关事项的通知》，规定本市老旧小区综合改造工程使用燃烧性能为 A 级的保温材料以及复合 A 级热固性外保温材料。外保温材料生产企业向市住建委申请办理老旧小区综合改造工程外保温材料专项备案。

2012 年 8 月，为落实《北京市人民政府办公厅关于印发全面推进建筑垃圾综合管理循环利用工作意见的通知》，市住建委、市市政市容委、市交通委、市发展改革委、市规划委、市质监局、市园林绿化局、市水务局联合发布《关于加强建筑垃圾再生产品应用的意见》。要求本市政府投资的公共设施建设工程应按照文件要求使用建筑垃圾再生产品，鼓励其他建设工程优先使用建筑垃圾再生产品。市住建委负责汇总和发布本市建筑垃圾再生产品生产供应和需求信息，制定和发布本市建筑垃圾再生产品的替代使用比例，同时，将根据再生产品的生产能力和产品结构，结合本市政府投资建设工程项目建设计划，适时调整替代使用比例。

2013 年 9 月，依据《北京市人民政府关于取消和下放 246 项行政审批项目的通知》，市住建委发布《关于取消建材供应备案后续工作的通知》，撤销本市建设工程材料供应备案行政管理事项。建材采购和使用单位对采购和使用的建材质量负责，市和区县住房和城乡建设管理部门加强建材质量监控和建材使用管理，转变管理理念，创新管理机制，保证建设工程材料质量。

2013 年 11 月，为提高建设、施工单位现场管理水平，促进材料的合理利用，市住建委发布《北京市施工现场材料管理工作导则（试行）》，对材料采购、进场验收与验证管理、入库和出库管理以及材料使用进行了详细规定。施工现场材料的管理坚持“谁采购，谁负责；谁使用，谁负责”的原则，施工单位对现场材料使用管理负总责。材料在进场验收合格后、使用前，由施工单位负责汇总采购备案信息，并按照统一格式通过市住建委网站进行网上申报。

2014年3月，为进一步规范北京市建设工程材料使用行为，营造建设工程材料供应诚信守法的市场环境，市住建委发布《北京市建设工程材料供应企业市场行为信用评价管理办法（试行）的通知》，以预拌混凝土、防水材料、建筑外窗、塑料管材管件4种建设工程材料为试点，对材料供应企业市场行为信用进行管理。市住建委逐步建立供应企业基本信息库，并根据供应企业信用评价得分，实施差别化监管。从市场行为信息采集、市场行为信用评价和评价结果应用三个方面对材料供应企业市场行为进行监督管理。

2014年3月，为探索北京市的建材供应保障、协同管理模式，市住建委与承德市人民政府签订了建材使用管理战略合作框架协议。

2016年3月，为大力发展北京市绿色建材产业，推动北京市绿色建筑发展和建材工业转型升级，按照《绿色建材评价标识管理办法》和《绿色建材评价标识管理办法实施细则》，市住建委、市经信委联合发布《关于北京市绿色建材评价标识管理有关工作的通知》，成立北京市绿色建材评价管理机构，试点开展预拌混凝土、预拌砂浆绿色建材评价标识工作。

2016年4月，为进一步做好产业化住宅部品评审，加强部品供应源头管理，市住建委发布《北京市产业化住宅部品评审细则》，调整部品生产企业评审申报流程及所需材料，对不按照规定申报供应信息或在评审复核过程中弄虚作假的，将按相关规定将企业不良行为信息记入市场行为监管系统。

2018年4月，为进一步加强建筑废弃物资源化综合利用，促进节能减排和循环利用，市住建委、市城市管理委、市规划国土委、市发展改革委、市交通委、市环保局、市财政局、市国税局、市质监局、市园林绿化局、市水务局11个部门联合发布《关于进一步加强建筑废弃物资源化综合利用工作的意见》，明确各方主体责任，实施拆除与资源化利用一体化管理模式，鼓励拆除工程现场开展资源化处置利用，要求本市政府投资项目率先在指定工程部位使用建筑垃圾再生产品，鼓励社会投资工程优先使用建筑垃圾再生产品。市住建委根据市场供需情况调整再生产品种类及应用要求。

2018年8月，为落实《北京市人民政府关于在市场体系建设中建立公平竞争审查制度的实施意见》，优化营商环境，市住建委发布《关于取消产业化住宅部品目录审定有关事项的通知》，撤销产业化住宅部品目录审定事项，生产供应企业对所供应的装配式建筑部品质量负责，使用单位对使用的装配式建筑部品质量负责，市和区住房城乡建设主管部门建立装配式建筑部品供应企业信用管理机制，加强事中事后监管。

2018年11月，市住建委发布《关于进一步做好老旧小区综合改造工程外保温材料使用管理工作的通知》，取消老旧小区综合改造工程外保温材料专项备案事项，加强事中事后监管，并对老旧小区综合改造工程外保温材料燃烧性能提出要求：本市老旧小区综合改造工程外保温材料燃烧性能应不低于B1级，严禁使用B2级及以下的外保温材料；当采用B1级外保温材料时，材料进场前应使用不燃材料进行六面裹覆；有机类外保温材料应采用遇火后无熔融滴落物积聚且阴燃性能合格的材料。

2019年3月，市住建委分别与首钢集团、承德市人民政府签订建筑砂石绿色生产基地建设战略合作备忘录。

按照统筹规划、重点突破、分类指导、分步推进的原则，逐步建设北京市砂石、水泥、钢材、装配式部品、防水、保温、门窗等大宗建材绿色供应链。2019年9月29日，市住房城乡建设委等八部门联合发布了《北京市建筑砂石绿色供应链建设指导意见（2019—2025）》，该指导意见提出：按照砂石骨料原材料、生产、运输、使用、回用全链条绿色要求，打造砂石绿色基地、绿色运输、绿色使用、建筑垃圾资源化利用政策体系，分别在北京市密云区和河北省承德市、张家口市、唐山市、保定市布局10个千万吨级砂石绿色生产基地，并通过信息化手段，强化建筑砂石从生产到回用的全程监控，打击使用盗采和来源不明砂石行为。该指导意见的发布，标志着建材京津冀协同布局和绿色供应链建设工作正式拉开序幕。

三、建材禁限30年

为贯彻国家墙体材料革新要求，1988年，市建委与首规委办公室共同发布了《关于在框架结构建筑中限用粘土实心砖的通知》，规定从1989年7月1日起，框架结构建筑不得再采用黏土实心砖作为填充墙，标志着北京市墙体材料革新和禁用黏土实心砖工作拉开序幕。1991年，市建委印发了建设部、国家建材局关于《在框架结构建筑中限制使用黏土实心砖的若干规定》。

1990年，市建委发布《关于在围墙建筑中禁用黏土实心砖的通知》，规定自1991年1月1日起，凡在北京市区域内建设的围墙建筑，均不得再采用黏土实心砖砌筑。然而，由于替代材料发展滞后，监督管理不完全到位，作为经济制约手段的“实心黏土砖限制使用费”收缴和返退均按照建筑面积计算，导致围墙禁止使用实心黏土砖政策落实不到位。

为优化建材工业结构，实施总量控制，淘汰落后建材产品和生产能力，1996年，市建委和市规划委联合发布《关于限制和逐步淘汰25系列空腹钢门窗的通知》。

1998年，市建委和市规划委联合发布《关于限制和淘汰沥青纸胎油毡等11种落后建材产品的通知》，限制和淘汰石油沥青纸胎油毡等11种落后建材产品。

1999年12月，市建委和市规划委联合发布《关于公布第二批12种限制和淘汰落后建材产品目录的通知》，强制淘汰菱镁类保温和隔墙板、再生胶改性沥青防水卷材等6种建材，限制使用墙体内保温浆料、小平拉玻璃等6种建材。

2001年，市建委和市规划委联合发布《关于公布第三批淘汰和限制使用落后建材产品的通知》，淘汰了手工成型的GRC板等8种落后建材，限制单层普通铝合金窗等6种建材产品的使用。

2004年，市建委和市规划委联合发布《关于公布第四批禁止和限制使用建材产品目录的通知》，淘汰了黏土砖等4种落后材料，限制使用普通推拉塑料外窗等9种建筑材料。

为推进新材料、新技术、新工艺的开发应用，加速淘汰落后建材及其应用技术，优化我市建设工程材料的结构，提高建筑功能，确保工程质量和安全，2005年5月发布了《北京市建设工程材料使用导向目录（2005—2008年）》。

2007年，市建委和市规划委联合发布《关于发布北京市第五批禁止和限制使用的建筑材料及施工工艺目录的通知》，质轻可锻铸铁类脚手架扣件等3种材料禁止使用，黏土和页岩陶粒及以黏土和页岩陶粒为原材料的建材制品等7种材料限制使用，为便于设计施工单位查询，该目录将以前发布的四批目录限制淘汰目录一并整理收录。

2010年，市建委和市规划委联合发布《北京市推广、限制和禁止使用建筑材料目录（2010年版）》，在新增推广限制和淘汰品种基础上，将以前推广、限制、淘汰目录中所列产品进行合并归类，列出了推广使用的12类41个品种、限制使用的11类46个品种、禁止使用的12类39个品种建筑材料。

2015年3月，为进一步提高建筑物的使用功能，节约资源，保护环境，促进建材行业健康发展，市住建委、市规划委、市市政市容委联合发布《北京市推广、限制和禁止使用建筑材料目录（2014年版）》，推广使用7类9个品种、限制使用12类31个品种、禁止使用13类54个品种建筑材料，促进新材料、新技术、新设备、新工艺的推广和使用。市住建委负责建筑材料使用目录编制的具体组织工作，使用目录每三年修订一次，修订发布的新版本生效后，原版本即行废止。

2019年4月，市住建委、市规划自然资源委、市城市管理委联合发布《北京市禁止使用建筑材料目录（2018年版）》，适应市场经济发展和公平竞争原则，2018年版目录撤销推广和限制类产品，限制类定为在一定范围内禁止使用。共有13类77个品种列入禁止使用范围。

四、建材大数据管理 10 年

为保证建设工程质量安全，实现建设工程材料的可追溯性管理，2008 年 6 月，市建委发布《关于在新建廉租房、经济适用房、限价商品房工程中实施建设工程材料采购备案的通知》，要求在本市行政区域内的新建廉租房、经济适用房、限价商品房建设工程中进行建设工程材料采购备案管理试点。2008 年建设的北京市建材采购备案系统，按批次采集了保障性住房工程施工现场的结构性材料、重要功能性材料和设备的采购使用信息。

2011 年 12 月，市住建委发布《关于加强建设工程材料和设备采购备案工作的通知》，对建筑钢材、预拌混凝土、产业化住宅结构性部品、产业化住宅功能性部品、防水卷材、防水涂料、建筑外窗、保温材料、预拌砂浆、塑料管材管件、散热器、电梯、配电设备、太阳能热水器、防火消防设备、暖通空调设备进行网上采购备案。未开展建设工程材料和设备采购备案、备案信息不符合本通知要求、未进行采购备案申报完结的建设工程不得办理民用建筑工程建筑节能专项验收备案、竣工验收备案。2012 年升级的建材采购备案平台，按批次采集了全市所有房屋建筑工程施工现场的结构性材料、重要功能性材料和设备的供应企业、采购使用信息，同步采集了工程招投标、开工、竣工信息，并增加了系统的智能统计功能。

2014 年，北京市建材采购备案平台变更为北京市建筑节能与建材管理服务平台，除将建筑节能设计审查和专项验收备案、墙改基金和散装水泥资金收缴返退系统并入外，系统通过建材使用信息与建材和设备供应企业信息比对，自动对供应采购信息不对应、供应企业信用不合格、检测报告信息虚假、检测批次不足、建材供应黑名单等进行警示，实现对采集数据进行任意组合查询，实现对建材的供应企业、采购企业、出入库管理、使用部位等信息进行追溯，自动对建材供应企业进行信用评价，实现建材使用信息的统计分析。施工企业可通过系统自动生成建材的出入库台账。

2016 年，北京市建筑节能与建材管理服务平台成功“移植”到承德市住建局。

2017 年，北京市建筑节能与建材管理服务平台增加系统自动对建材供需、价格、信用、质量状况实施预警功能。

为进一步规范建设工程材料采购信息填报工作，2018 年 10 月，市住建委发布《关于开展建设工程材料采购信息填报有关事项的通知》，将原采购备案调整为采购信息填报，并对实施采购信息填报的产品进行了调整。建设工程材料采购信息填报工作仍由施工单位负责，以工程项目为单位；预拌混凝土原材料采购信息填报工作由混凝土搅拌站负责，以站点为单位。市住建委将继续做好全市采购信息的汇总和分析工作，做好信息服务工作，逐步建立建设工程材料和预拌混凝土原材料供应企业信用管理机制，并将企业产能和排产计划按照相关规定对社会进行公开。系统新增了建筑垃圾资源化处置信息系统，对系统统计分析功能进行格式化升级，系统自动按需求进行建材使用信息统计分析并形成分析报告，增加了部分手机 APP 操作功能。

五、结语

从计划经济到市场经济，从行业管理到使用管理，从准入管理到信用管理，从监督管理到信息化监控，从自给自足到京津冀协同布局，70 年的建材发展和管理，形成了当前“4321”建材使用管理模式，即:“以使用带生产、以诚信保质量、以清出促诚信、谁使用谁负责”的 4 个工作原则，建立“技术导向机制、监督管理机制、信息公示机制”的 3 大政策体系，“保建材源头质量、保建材市场供应”的 2 个重点工作任务，建设“北京市建材使用管理信息化监控服务体系”1 个信息化系统。

推进建材行业诚信和信用体系建设；推进建材京津冀协同布局管理和绿色供应链建设；推进“互联网 + 物联网 + 建材”，实现建材生产、运输、使用、回收全程信息化监控和质量责任追溯；推进政府建材管理服务平台与社会建材专业化电子商务平台对接并进行数据交互；推进建材大数据服务于政府、企业、社会，是当今建材人的必然选择和光荣使命，任重，道远。

作者简介

韦寒波，北京市建筑节能与建筑材料管理办公室建材监管室主任，工程师，主要研究方向为建材管理。

北京市房山区建材工业30年的回顾与展望

◎黄文江

房山区位于北京市西南部，是一个城乡结合、山区与平原结合的物产丰富、交通发达地区。1999年时人口76万，面积2019平方千米，是北京市的一个重要经济发展地区。素有“建筑之乡”“建材之乡”的美称。由于房山区矿产资源丰富，煤炭资源丰富，因此建筑材料生产比较发达，历年来都是北京市房建材料的主要供应基地，生产的传统建筑材料在北京市占有相当大的份额。在北京及周边地区的经济发展中房山区一直保持优势，始终以“建材之乡”作为北京市建筑材料供应基地的功能定位，从古至今为北京市的城乡发展做出了突出的贡献。

传统的建材工业及产品是在经济不发达、物质资料匮乏、人民生活水平较低的计划经济时期形成的产业和产品结构。这种产业和产品结构的突出特点是，消耗大量的土地资源、自然矿产资源和煤炭资源，造成非常严重的环境污染，对于人民身体健康和子孙后代的生存造成了极大的危害。它是一条只照顾眼前利益，不顾子孙后代生存的不可持续的发展道路。为此，房山区必须从观念上、发展方式上彻底改变传统建材生产方式。从2000年开始，房山区根据国务院国办发〔1999〕72号文件，建设部建住房〔1999〕295号文件，国家经贸委、国家计委联合印发的《关于发展新型建材的若干意见》(国经贸产业〔2000〕962号)，国家墙体材料革新办公室，墙办发〔2000〕06号文件，北京市人民政府2001年第80号令《北京市建筑节能管理规定》及国家和北京市一系列产业政策，坚持节能、节土、节水，充分利用各种废弃物保护生态环境，贯彻可持续发展的战略原则，房山区委、区政府提出了建材工业控制总量、淘汰落后、关小上大的发展思路，采取关闭小水泥厂、小砖瓦厂、小白灰厂，上大水泥厂、上大砖瓦厂、上大制灰厂等措施，使房山区建材行业发展走上可持续的发展道路。下面就房山区的做法做一个简要回顾。

一、房山区建材工业20世纪末的发展概况

房山区有建材企业705家，产品有12大类，300多个品种。1998年建材工业总产值12亿元，占全区工业总产值的27.9%；建材工业从业人员3万余人，占全区工业企业从业人员的40%，建材工业在房山区工业中所占的比重是较高的。另外，房山区建材产品占北京市建材产量的比重也比较高。1998年房山区生产水泥244万吨（生产能力为300万吨），占北京市总产量的32%；黏土实心砖产量45亿块，占北京市产量的46%；石灰年产量95.1万吨，占北京市总产量的53%；建筑砌块年产量30万立方米，占北京市总产量的30%；建筑门窗100万平方米，占北京市总产量的10%；石材产量占北京市总产量的30%。

1. 水泥工业

房山区的水泥工业虽然生产能力达到300万吨，1998年产量占北京市水泥产量三分之一，但水泥工业还是比较落后的。全区水泥企业没有一条技术先进的窑外分解生产线。当时，有水泥企业32家，其中无证水泥厂、水泥粉磨站13家；19家有证水泥生产企业共有水泥窑22条，其中回转窑6条（立波尔窑、预热器窑等），生产能力120万吨，立窑16条，生产能力140万吨；其中8座立窑属于国家经贸委确定的淘汰小水泥规定范围内的窑型，应予以淘汰，淘汰总的水泥生产能力60万吨。房山区水泥质量不高，在国家建材局推荐的第一批旋窑优质产品中，北京市有4个水泥企业被推荐，但房山区没有一条窑列入其中。房山区水泥以生产425号（原国标）水泥为主，高强度等级水泥很少生产。

2. 制砖工业

房山区制砖工业主要以生产实心黏土砖为主，全区有黏土砖厂107家，全部为黏土实心砖，占地2300亩，从业人员1.8万人，产能45亿标块，年用煤70万吨，每年取土烧砖毁坏耕地3000～4000亩，制砖企业工艺非常落后，损毁基本农田的情况非常严重，同时没有节能环保意识，更没有节能环保设施。

3. 砌块及盒子房

房山区共有砌块生产企业20家，生产能力60万立方米，平均生产能力为3万立方米，规模都比较小，1998年生产承重砌块3万立方米，非承重砌块27万立方米，年生产量30万立方米。砌块生产企业规模较小，不能形成规模经济，也还没有创出名牌。

盒子房是新开发的工厂化生产的水泥混凝土制品，具有建设周期短、整体性好，抗震能力强等特点，具有市场前景，但没有加大推广应用。

4. 石材

房山区石材资源丰富，大理石可开采储量 2.7 亿立方米，主要产品有汉白玉、艾叶青、芝麻花等，其中汉白玉储量和质量为全国第一。白云石可采储量 5000 万立方米，花岗岩可开采量 1 亿立方米，其中主要品种为黑白点。全区有石材加工企业 76 家，年加工能力 16 万平方米，主要加工汉白玉等产品，加工企业规模偏小，加工水平不高，有的企业以手工加工为主，没有一条现代化的石材大板生产线。

5. 塑料门窗和玻璃钢门窗

房山区塑料门窗企业有 70 家，主要是门窗组装企业，门窗型材生产量很少，主要是采购外地塑料型材进行再加工，生产规模很小，品牌意识不强，更没有形成规模经济。

6. 石灰

房山区石灰石资源较多，以土法烧石灰比较普遍，生产石灰占北京市石灰产量的 50%，土窑数量较大，但没有现代化的大型化的石灰企业，生产的产品也是普通货，精细加工程度不够。

7. 其他建材生产

房山区在 1999 年由北京房建集团投资建设第一座混凝土搅拌站，2000 年投产，规模为 15 万立方米 / 年。

房山砂石料资源丰富，大石河、拒马河都有较丰富的砂石资源，但房山区还没有建立大型现代化的砂石采集场。

二、禁限政策实施后的结构调整成果

（一）规划原则

房山区的建材工业有很好的发展基础，特别是房山区建材工业资源优势突出，技术力量雄厚，也有较长时期生产建筑材料的经验，但由于缺乏总结和提高，房山区的建材工业还存在以下不足：

建材产品水平不高，技术含量低，传统的普通建材产品多；产品质量差，没有名牌产品，优质产品也不多；建材企业规模小，装备水平差，不能形成集约化、规模化生产；技术水平低，设备装备落后；发展不平衡，不协调；有特色的高新技术产品少；市场观念不强，流通方式落后；紧密配合本地区建筑业需求不够，产业链没有形成。

为了逐步并彻底改变以上存在的问题，房山区抓住从 2000 年开始我国经济高速发展的机遇，抓住我国将实现从计划经济体制向市场经济的转变，我国人民将达到小康生活水平，房山区要按照我国经济社会整体发展的规划，制定与之相应的地区规划，使得地区的发展和国家整体的发展相协调。同时根据本地区的特点，解决地区发展中存在的突出问题。为此，房山区制定了建材工业2000—2010年发展规划，在编制规划过程中，遵循的规划原则如下：

1. 房山区应继续保持北京市建筑材料生产供应基地的地位

房山区是北京市主要的建材供应基地，主要建筑材料的生产量占北京市生产量的比重都在1/3以上。这种地位来之不易，也是地区经济发展和广大人民群众生产生活的需要。因此，规划建材产品的数量上和增长上，不能够有太大的波动。

2. 要遵照国家对建材工业发展的总体方针和政策

在制定房山区建材规划时，一定要与国家对建材工业发展的总体方针和政策的精神保持一致。例如，当前国家对建材工业开展淘汰小水泥的政策以及进行墙体材料改革的政策，在规划中就必须坚持这一点。特别是房山区在淘汰小立窑水泥和淘汰实心黏土砖方面必须无条件、无死角贯彻执行，花大力气发展、规划、布局、生产新型建筑材料。

3. 统一规划、统一组织，建立重要产品生产基地，形成规模经济和建立实力雄厚的产业集团

针对房山区建材产品粗放，建材企业规模小，不能形成集约化规模化生产的问题，由政府统一规划、统一组织，建立重要产品的生产基地，是非常必要的。将一些小企业联合起来，增强实力，扩大规模，提高技术，生产高质量、高档次产品，在市场经济中提高竞争能力，是政府的重要任务，也是规划应当重视的首要问题。

4. 发展高新技术产品生产，创立名优产品

我们规划在未来10年中，重点发展一些水平高的、质量上乘的新产品，争创一些具有特色的名牌产品和优质产品，使房山区的建材产品在北京市以及在全国占有一定的地位。

5. 调整产业结构，淘汰落后的、质量差的产品生产

在未来10年，随着我国经济的发展和科学技术水平的提高，一些粗放型生产的产品、一些原始作坊式生产的企业和一些被国家明令禁止生产的产品，都需要被淘汰、被禁止。因此制定规划时，房山区重点考虑淘汰落后的产品，进行产品结构改造和提升。

6. 充分利用本地资源优势，发展地区优势产品生产

房山区是建材资源十分丰富的地区，利用本地的资源优势，生产具有地方特色的建材产品，对本地的资源开发和利用，推动本地经济发展，有极大的好处，有非常好的基础，

我们一定要利用好这个基础条件。

7. 密切配合建筑业发展，为本地建筑工程提供质优价廉的建材产品

房山区建筑业很发达，四大建筑集团不仅为本区的工程建筑做出了很大贡献，也为北京市的工程建筑做了很多的工作。房山区的建筑工程公司在北京的名气很大，承担的任务很多，为这些工程提供本地的质优价廉的建材产品，是房山区建材工业义不容辞的责任，也是房山区建材产品进入市场的重要途径，为此房山区提出了三业联动的发展模式，即以房地产开发为龙头，以建筑业为主体，带动建筑和建材业的发展，使之形成产业链。

（二）规划目标

房山区建材产品的规划目标见表1。

表1　房山区建材产品的规划目标

水泥总产量	300万吨，其中回转窑生产水泥220万吨
砖	10亿～15亿块，其中基本是页岩、煤矸石空心砖
砌块	100万平方米
石灰	60万吨
建筑门窗	100万平方米，其中玻璃钢门窗30万平方米
石材（荒料）	100万平方米
石材加工板材	30万平方米
建筑砂石	200万平方米
商品混凝土	300万～400万平方米
各种墙板	50万平方米（GRC板、加气墙板、空心混凝土墙板）
装饰装修材料	新型墙体材料占40%
建材工业总产值	50亿元
利润	5亿元
利税	10亿元
万元产值综合能耗	4吨标煤/万元
耗能产品能源单耗降低	10%

（三）规划落实情况

1. 水泥工业

根据国家建材工业发展规划思路和房山区水泥工业的实际情况、房山区水泥工业的发展，也要同全国水泥工业发展的趋势相吻合，应以调整结构为主。在建材工业淘汰“两小”的政策指导下，认真实施淘汰落后生产方式，适当发展现代化窑外分解新型干法水泥

生产工艺。

房山区2000年开始淘汰所有的（约20台）小型立窑生产线，生产能力约120万吨水泥。2000年以后继续淘汰所有的机立窑。争取5～6年被淘汰的水泥生产能力达到120万吨。为了实现今后房山区水泥总产量保持不变，就需要新建窑外分解新型干法生产线来补充淘汰掉的水泥生产能力，基本保持全区水泥生产总量不变。同时，还可使房山区水泥产品质量有较大幅度提高，争取房山区水泥厂的水泥创建名优产品。建设两个大型现代化水泥工厂，不但解决了质量问题，还解决了周边环境污染问题。

从2001年开始在周口店地区新建一条日产2000吨的窑外分解水泥生产线。

周口店地区水泥矿产资源丰富，现有水泥企业较多，人才资源和经营经验丰富。且该地区位于北京猿人发源地，是著名的文化保护区，为了规划和改造现有多家水泥企业对环境的影响，采用新建大型现代化水泥企业代替现有多家工艺落后、环境污染严重的小水泥生产群，对当地文化园保护区具有很重要的意义。

新建日产2000吨级水泥窑外分解生产线可新增水泥生产能力70万～80万吨/年，投资4.5亿～5亿元。新线建成以后，可以淘汰部分落后水泥窑群。同时新线应重视环境保护，建立花园式工厂，为周口店文化遗址保护做出贡献。

2001年，开始在河北镇新建第二条日产2000吨的窑外分解水泥生产线。

河北镇也是房山区重要水泥基地，该地区原料矿石产量丰富，也是一些水泥企业集中地，具有很好的建设大中心水泥企业的条件，为了补充房山区由于淘汰落后水泥而形成的生产能力不足，补足产量缺口，周口店水泥厂和河北镇两个水泥厂在2002年相继投入了生产。

两条日产2000吨的窑外分解水泥生产线总生产能力可达150万～160万吨/年。总投资9亿～10亿元人民币。可使房山区水泥工业基本上实现集中和形成规模，落后的水泥立窑生产会被新型干法水泥企业所取代。水泥企业的环境保护会得到全面加强，水泥产品质量会得到进一步提高。

2. 制砖工业

根据我国的墙体材料改革政策，2001年，北京市政府出台了市政府80号令以及北京市工程建设不得使用实心黏土砖的规定，房山区坚决贯彻不得继续生产实心黏土砖的政策。加大淘汰实心黏土砖生产的力度，以良田为制砖原料的砖厂坚决予以关停，在2003年以前，基本淘汰实心黏土砖生产。与此同时，加快制砖工业改产的步伐，发展以煤矸石、页岩为原料，生产多孔砖和空心砖，组织建设大型的煤矸石砖厂和页岩砖厂来替代

100余家乡镇黏土砖砖厂。替代工厂以闫村、崇各庄、陀里等地的煤矸石和页岩为原料，建设煤矸石砖厂和页岩砖厂。截至2004年，陆续建设20家年产5000万～1亿块的大型现代化砖厂，使这些地区成为北京市供应空心砖的基地。同时，结合墙体材料改革，部分砖混建筑推广使用砌块、复合板等新材料代替实心黏土砖，使房山区的空心砖的产量保持在13亿块/年左右，满足本区农村建房和北京市城市建房的需要。从2001年开始，房山区建设了20家煤矸石页岩砖生产线，形成了年产5亿～10亿标块的生产能力，其中最为典型的是年产1.6亿标块的奥远煤矸石页岩砖生产线。

3. 石灰工业

房山区石灰产量占北京市石灰产量的53%，是北京市石灰的主要供应基地。房山区的石灰生产主要是采用土窑小规模生产，土窑生产的产品品质差、能耗高、劳动强度大、环境污染严重，而且很难解决。因此，今后10年房山区应当下大力气整顿本区的石灰生产，限制土窑生产，改造成半机械化立窑（节能型石灰窑）生产石灰，逐渐用半机械化立窑代替土窑。石灰协会组织研制的半机械化节能型立窑是连续生产、能耗较低、产品质量较好、能初步解决环境污染、工作条件较好、投资不算高的窑型，可作为房山改造土窑烧石灰的主要窑型。

房山区于2002年开始新建和改造了20条生产线，投资约4000万元，通过改造使房山区石灰工业面貌得到大大改观。

为了提高石灰生产企业的经济效益，提高石灰产品质量，房山区石灰工业应当改变单一生产块灰的产品结构，采用产品分级措施，生产生石灰粉、清石灰粉、活性石灰和精纯石灰产品，提高产品价值，并在石灰生产企业增加副产品和深加工产品。

4. 石材工业

房山区石材资源丰富，未来石材工业发展应走新道路，应当放弃小规模手工加工生产方式。房山区从两方面利用和提升本地石材业的发展。

一是以现代化方式开采石材荒料，建立汉白玉荒料、花岗岩荒料和大理石荒料开采基地。产品以生产汉白玉、大理石、芝麻华、艾叶青和黑白点、花岗岩等品种的高质量、高规格荒料为主。对汉白玉要限量开采，不断增加产品的科技含量。关键要引进最新荒料开采技术，既可以生产高质量的荒料又可以节约石材资源。

二是建立先进的、规模较大的石材加工基地。对本地石材荒料或外地荒料进行深加工。引进国外先进石材加工机械，生产高档石材加工产品，满足北京市城市建设的需要。根据北京市市场需求，逐步增加高档石材加工产品生产能力。2005年房山区引进了一条意大利大型板材生产线，高档石材加工产品年产量达30万平方米，同时按照石材品种，增设汉白玉加工基地、大理石加工基地和花岗岩加工基地。按每条加工生产线10万平方米/年能力，建立三条加工生产线，生产量为30万平方米/年。

房山区在新建和改造石材企业的基础上及发展高精度石材加工生产线的同时，继续保留人工雕刻石材工艺产品生产，以保证各方面对纪念性建筑石雕的需要。为此房山区在大石窝镇组建了雕刻学校，培养了大批的雕刻人才。

5. 混凝土搅拌站

当前城市建设已离不开混凝土搅拌站，北京市和房山区建筑对商品混凝土的需求很大。但房山区混凝土搅拌站只有一家，这与房山建筑施工力量雄厚，建筑业较发达的情况很不适应。房山区生产水泥、砂子、石头的资源也非常丰富，为发展商品混凝土提供了优越条件。市场需求也要求房山区大力发展商品混凝土生产。在2001年房建集团已建起第一座商品混凝土搅拌站的基础上，根据市场的需求，相继建设了15条商品混凝土搅拌站，2007年房山区的商品混凝土搅拌站生产能力已达到300万～400万立方米的生产能力。

根据北京市经济和社会发展的需要，遵循北京市住建委、规划委及市政委历年发布的《北京市推广、限制和禁止使用的建筑材料目录》的要求，房山区对建材工业的新技术、新产品该推广的推广；对落后的产品和工艺该限制的限制，该禁止的禁止。在这方面，房山区走在了全市的前头，起到了建材大区的带头作用，按时完成了目录中的要求和规定，尤其是在关停小水泥厂和实心黏土砖厂的工作中，受到了市建委等有关部门的充分肯定和高度赞扬。在天安门广场改造工程、故宫改造工程、中华世纪坛工程、南水北调工程、京石高速铁路工程等国家重点工程建设项目中提供了大量的优质建材，为以上这些工程保质、保量并顺利地建成做出了突出的贡献。

（四）试点示范工程

1. 北京房山良乡北潞园小区90万平方米不用一块黏土砖的全国第一个绿色生态小区

北潞园绿色生态居住区是国家建设部试点、全国首家绿色生态居住区，昊远隆基公司从规划设计、材料选择等环节贯穿环保、节地、节能的开发理念，得到了消费者和国家、市、区领导的高度重视。

在小区的开发建设中，房山区委区政府视北潞园为房山区的“生命工程”“眼珠子工程”，是建设良乡精品卫星城中的“精品”。北潞园之所以被评为全国首家绿色生态居住区，主要因为率先应用了以下开发理念：

（1）响应国家墙改政策，杜绝了黏土砖的使用。北潞园社区建筑的结构体系共有混凝土小型空心砌块、全现浇剪力墙、内浇外砌、异型柱框架、框架等五种结构体系，在主体结构设计上完全杜绝了黏土砖的使用。屋顶及檐口采用当地生产的青石板做屋面瓦，形成自然和谐的生态环境。

（2）率先采用复合墙体保温设计，达到节约能源的目的。北潞园社区在住宅楼墙体设计上，率先采用了复合墙体结构设计，通过内外墙保温，使冬季取暖、夏季制冷更加节电、节能。

（3）率先设计天然气入户，不烧煤，采用清洁能源。率先采用室内壁挂炉实施分户采暖系统。分户采暖系统在普通住宅中大规模使用、北潞春小区是全国第一家。它取消了小区集中供热锅炉、供热管道和堆煤场，解决了室外供热管道损失和大气污染问题，改变了过去集中供暖的被动供暖局面，使住户可根据自己的实际需要灵活取暖。

（4）创新融入人车分流规划设计理念，即人走平台上，车行平台下。既解决了小区的停车问题，还削弱了噪声对居民的影响。

（5）解决了垃圾、污水的处理和再利用。昊远隆基公司依靠新设备、新技术，将小区产生的垃圾分拣回收可利用成分后，将不可利用成分用垃圾焚烧炉多次循环焚烧处理，成为无害物；小区设置污水处理站，将小区的污水处理为国家二类排放水，可以浇灌绿地和洗路。

（6）采取了智能化物业管理系统。北潞园社区率先采用了智能化管理系统，水、电、气三表一卡付费系统，小区联网报警系统，楼宇对讲系统，小区巡逻防范系统，停车场自动管理系统。

2. 全国第一个达到 65% 节能标准的小康村——韩村河村

房山区韩村河村是中国农村改革开放的缩影，也是北京市和房山区美丽乡村建设的展示窗口。韩村河村自 1993 年进行新农村建设，至 2004 年初步完成，随后根据村民居住的新需求不断加以完善，全村建起了 581 栋别墅楼和 344 门多层住宅楼，实行燃煤集中统一供暖。

2010 年，韩村河村积极响应国家建设资源节约型、环境友好型社会的号召，在区农委和区住建委的帮助下，请专家对村民的人居环境及节能降耗提升改造工作等进行调研论证，认为村民住宅建设时间年代久远，使用的建筑材料比较落后，住宅的 370 外墙保温隔热效果差，钢窗、铝合金门窗密封不严，室内温度损耗较大，住宅外墙保温和门窗改造工作势在必行。

2010 年 5 月，韩村河村对村民住宅的门窗和墙体进行改造。将老旧的钢窗、铝合金门窗统一更换为密闭性能好的新型铝塑门窗，全村别墅小区和多层住宅小区更换门窗总面积约为 3.7 万平方米。对全村别墅楼外墙的东、西、北三个外立面采用 8 厘米厚、防火防潮、保温隔热性能好、经久耐用的聚苯板进行保温改造，总面积约 18.8 万平方米。改造后，村民住宅的外观不仅更加整齐美观，而且室温保持较好，安全性能提高，居住舒适度大大提升，得到了村民的一致好评。

2013 年，韩村河村被农业部评为中国美丽乡村创建试点村，为了响应国家生态文明和美丽乡村建设号召，为北京市再做贡献，韩村河村多次征求区农委和区住建委的意见，反复思考和多方探讨，不断挖掘村内生态建设的潜力。得知北京市开展农村地区“减煤换煤、清洁空气”行动，推广使用清洁能源，韩村河村率先申请实施了“煤改电”供暖示范项目。将原来的 5 个煤锅炉房改造为 3 个电锅炉房，每台锅炉采用 10 千伏高压供电制暖，满足了全村近 1500 户村民和多家企、事业单位冬季供暖，集中供暖面积达到 33 万平方米。“煤改电”供暖项目的建成，使韩村河步入清洁能源供暖新时代，产生了良好的经济社会效益。一方面，起到节能减排作用，每年可削减燃煤使用量 2 万吨，减少二氧化碳排放 64 吨，减少氮氧化物排放 10 吨。另一方面，还起到省地、省人、省钱的重要作用，减少用地 36 亩，减少用工 78 人，年节约维修成本 100 多万元。

韩村河村通过节能改造，促进了村民人居环境质量的提升，全体村民的幸福感、获得感和安全感大大增强。先后荣获“中国幸福村”“全国生态文化村”“十大最美乡村”等称号。

3. 北京市抗震节能型新农宅试点工程

房山区龙门台新村为北京市住房和城乡建设委员会试点工程，该村共有 243 户，总人口 526 人，全村分为 6 个自然片，其中 4 片为严重缺水和泥石流易发区，交通不便，资源匮乏，集体无任何企业。2009 年 2 月，龙门台村被确定为北京市抗震节能型新农宅试点工程。在充分发挥民主，多次召开村民代表会的基础上，2009 年 6 月，该工程开始动工建设。目前，一期 48 栋农宅（192 套）已具备入住条件。

龙门台新村采用太阳能采暖，每年可以节约 700 多吨煤，为村民节约资金 17 万元，室内温度比原来提高 6℃；新村建成后，可腾退出土地 220 亩，为发展特色种植、养殖创造了条件，还可带动地区的旅游产业发展；建设核桃精品园、反季节蔬菜大棚等，将休闲旅游采摘与产品深加工相结合，推动产业发展。

为确保建房地点安全、合理，在建设之初，新村建设区域都经过了地址勘探和自然灾害的评估，筛选有丰富农村建设经验的设计单位进行规划设计，规划设计在做好房屋建筑设计的同时考虑新村未来产业发展。所有新建的房屋均按抗震要求，设置了地梁、圈梁和抗震柱等构造措施，房屋抗震符合相关规范和标准的要求。此外，在房屋建设过程中，还大量使用了外墙外保温、保温节能窗等新技术、新产品，采用太阳能供热、地板采暖技术实现了可再生能源的应用，装修也一次完成，村民分房后可直接入住。

通过龙门台村建设，总结出农宅建设要与农村产业发展和传统风貌、农民实际需求、生态环境建设、贯彻抗震节能标准相结合的农宅建设经验。在今后工作中，要继续做好抗震节能农宅建设指导，研究既有农宅抗震加固和节能增温实施措施，加强农村建房工匠的培训，推进新技术、新材料、新能源在农村建设中的应用，全面提升村镇建设的管理水平，并积极做好农宅“统一规划，分散建设”模式的政策研究和探索实践工作。

当时主抓此项工作的市领导高度评价了市住房城乡建设委在山区新农村社区建设机制、改善山区农民生产和生活条件等方面做出的有益探索，认为试点建设形成了推进山区建设和发展的新模式，探索出改善农民的居住条件新方法，实现创造山区农民增收的新途径。牛有成强调，在总结经验的基础上，新农村建设要坚持科学规划的重要性、遵循发展规律、坚持用新的技术和新的材料；在今后的山区搬迁工作中和新型农村社区建设中要坚持抗震和节能标准，建设生态宜居新社区。

三、建材业发展迈上了新台阶

“禁限规定”的实施，使建材工业企业及相关管理部门明确了清晰的发展方向。保留和新开发、引进的建材产品以及改造升级的生产工艺设备都符合节能、环保、绿色、高新建材产品的要求，产品质量和企业经济实力大幅度提高，示范基地和名牌产品逐步形成。

一是享誉国内的预应力钢筒混凝土管（PCCP）生产基地。PCCP 生产基地是 2004 年根据途径北京房山区的南水北调中线工程所使用的预应力钢筒混凝土管（PCCP）的这一极具挑战和潜力的高端市场需求而建立的。该基地成立仅半年时间，就完成了 PCCP 的生产基地建设与生产设备安装，与有关大专院校、科研单位承担了国家科技部“十一五”计划重点攻关课题《超大口径 PCCP 成套生产技术及关键设备的应用开发》，在国内首次研制生产出双层缠丝的 DN4000PCCP。2005 年 11 月 18 日，PCCP 生产基地一举成功中标管道总长度 51 千米的南水北调中线北京段 PCCP 制造一标段，通过试验段成功解决了承插口密封系统、外防腐材料与施工工艺、阴极保护方案、国产设备能力测试与改进等大量技术难题，为南水北调 PCCP 管线工程全线施工提供了具有指导意义的科研试验成果。之后，PCCP 生产基地陆续成功中标山西万家寨引黄入晋工程北干线采购项目、湖北省鄂北地区水资源配置工程等十余个省市自治区的 60 余个大型水利及供水工程的各类混凝土管的供应合同，其中国家重点工程 PCCP 管道供货总长度已达 618 千米，50 余项工程已经按期完成并投入正常运行。截至 2018 年，公司获得各类专利 84 项，连续三次被认定为国家高新技术企业，荣获北京市科学技术一等奖、第十一届中国土木工程詹天佑奖，成为国内生产混凝土管道，品种、规格最全的企业之一，经营规模和技术水平稳居我国 PCCP 行业前列。目前 PCCP 生产基地以在北京市房山区生产为中心，并在山西、内蒙、辽宁、河南、湖北、安徽等地投资设立了 12 个分子公司及事业部，2005 年 6 月在上海证券交易所成功上市。2016 年以后又分别成立分公司，进入立体车库、混凝土外加剂、环保等领域。

二是走循环经济和装配式建筑部品之路的高新木塑建材生产基地。高新木塑建材生产基地于 2006 年创立后，根据国内建筑施工过程中大量木材使用后形成的垃圾堆积如山的情况，选定以回收木材制造新型建筑材料作为主攻方向，首先研发了替代传统模板并可回收再利用的木塑模板。此后有关大专院校、科研单位合作成立科技产业基地，相继研发成功木塑复合墙板、纤维水泥墙板、释放负氧离子和相变储能功能的新型墙体、室内外装饰板、室内外地板、门窗框材、屋面瓦等新型建筑材料，并形成了可供装配式建筑部品部件配套的产品系列。木塑建筑材料可以循环利用，节约自然资源；保温、隔热、耐火性能好，符合建筑节能与消防安全要求；负荷与连接强度高、自重轻、符合抗震安全要求；防水和耐候性好，施工方便效率高，产品可应用各类公共建筑、居住建筑以及临时用房。2012 年北京在洪灾安置房建设过程中，使用木塑墙板等建材，十几天的时间就在荒地上建成 50000 平方米过冬安置房。该公司获得了 100 多项国家专利，主编、参编了多项装配式建筑类国家标准规范，并在全国建立了 6 个装配式建筑部品部件生产基地。使用木塑建材在国内建设的房屋面积超过 500 万平方米，产品还销往十多个国家。该生产基地致力于实现装配式建筑和绿色建材领域工业化和信息化的深度融合，又率先建成装配式建筑部品部件智能云工厂，2017 年 11 月被住建部认定为第一批装配式建筑产业基地。2015 年 3 月，该基地在深交所创业板上市。

三是中国玻璃三十强的高新性能的玻璃生产基地。该基地 2007 年在北京市建设首条 Low-E 镀膜玻璃生产线，该生产线的全部生产设备均从德国进口，其生产能力为低辐射镀膜玻璃 400 万平方米。可生产双银、三银 Low-E 镀膜玻璃，主要生产建筑门窗、幕墙用节能低辐射 Low-E 镀膜玻璃，和由其构成的各种复合玻璃产品，如中空玻璃、夹层玻璃、钢化玻璃、热弯玻璃、弯钢化玻璃、防化玻璃等产品，以上生产的这些产品各项技术指标全部达到了世界先进水平，产品在华北、西北等地区的重大工程上均有使用。

四是中国第一个高新性能加气混凝土生产基地。该基地的前身是 1965 年建立在海淀区清河地区的北京加气混凝土厂。目前该基地拥有北京市房山区窦店地区与河北省唐山地区 2 个生产区域，为国内最为先进的生产线，产能规模达到 100 万立方米（含 20 万立方米板材），产品品种涵盖加气混凝土内外隔墙板、屋面板、防火板、加气混凝土砌块、保温砌块及配套产品，其中部分外墙板和砌块品种作为单一墙体围护结构材料使用可以达到北京市居住建筑节能设计标准对节能 75% 的传热系数要求。近年与建筑设计单位共同开发的“新农村”示范住宅项目亦在农村建设中得到推广使用。

四、房山区绿色发展的新起点

党的十八大以来，以习近平总书记为核心的党中央形成了新时代中国特色的社会主义理论，提出了包括“一切为了人民”“青山绿水就是金山银山”在内的新发展理念和“绿色发展”“京津冀协调发展”等发展战略。根据习近平总书记和党中央对首都功能的定位，北京市制订了新的发展规划，启动了新的产业转型升级。其中房山区的发展目标是，营造人与自然和谐共生的家园典范，要以优美自然生态环境为基础，以科技金融创新为引领，以文化旅游为提升，以国际交往为补充，建设生态宜居示范区、科技金融创新城。新的功能定位和发展目标，给房山区人民勾画出未来的美好前景，极大地鼓舞了房山区人民。进入 21 世纪以来房山区贯彻实施“禁限规定”、促建筑业、建材业、房地产业转型升级的成果，为实施新的发展战略、实现新的功能定位与发展目标打下了基础。新的发展战略、功能定位、发展目标将房山区的绿色发展提高到一个更高的水平。房山区将以贯彻实施新规划为契机，加快绿水青山再造，加快产业结构提升，为在 21 世纪中叶实现中华民族复兴的“中国梦”努力奋斗！

作者简介

黄文江，原北京市房山区住房和城乡建设委员会常务副主任（正处级），高级工程师。研究方向为传统建材转型与升级，新型建材的研制、生产及应用。

混凝土及砂浆篇

预拌混凝土的发展：回顾与展望

——以北京市预拌混凝土发展为例

◎徐永模　庄剑英

混凝土是房屋建筑和土木工程不可或缺的重要基础材料。20 世纪 80 年代以来，我国混凝土材料和混凝土工程技术发展与预拌混凝土的发展密不可分。之前，混凝土由施工单位在施工工地自行搅拌使用，在材料制备与工程质量、施工技术等方面已不能满足大规模快速建设的需要。在政府产业技术政策的指导下，通过引进国外商品混凝土生产和施工技术，大城市开始限制、禁止现场搅拌混凝土，混凝土在搅拌站集中生产制备并商品化发展。对于混凝土来说，这是一个新时代的开始，标志着混凝土作为结构材料，其生产制备由粗放型向集约型、工业化、商品化、专业化、产业化制造发展。

对采用现场搅拌混凝土的工程质量，曾有“三分材料、七分施工”之说，即混凝土工程的质量在很大程度上取决于施工人员的行为。今天，对混凝土质量的管理已集中到在生产工厂对预拌混凝土生产和运输过程的质量控制，大大提高了混凝土结构工程质量的管理水平。混凝土集中搅拌制备既有利于采用大型的先进工艺技术装备，实行专业化生产管理，设备利用率高，计量准确，材料消耗少，生产效率高，产品质量好，又能改善生产和施工人员的工作条件，减少环境污染。当然，预拌商品混凝土的发展也带来了新的问题和挑战，这是发展中的问题，需要通过发展来解决。

我国预拌混凝土的发展已走过 30 年的历程。让历史照亮未来，今天，我们践行绿色环保高质量发展的时候，简要回顾这段发展历程对我们展望未来非常有启迪作用。

一、政策护航，高歌猛进

改革开放之初，成本是影响经济发展的主要因素，预拌混凝土的发展因此受到很多质疑。笔者还清楚地记得有人撰文分析成本的得失。的确，采购的商品混凝土比现场自拌的混凝土要贵，但这些质疑者只是简单计算比较原材料和生产成本，质量成本、效率成本、环保成本等都没被考虑（客观地说，那时还没有这些概念）。但是政府主管部门非常清楚，发展预拌（商品）混凝土是现代建筑业发展的必然，是实现绿色施工的前提条件，是高质量工程的保障，是快速高效施工的需要，更不用说明显有利于资源节约与综合利用、明显改善环境质量。

为推动预拌混凝土的发展，1987 年，建设部印发《关于“七五”城市发展商品混凝土的几点意见》，首次从国家层面明确了预拌商品混凝土的发展方向和有关技术经济政策。1994 年，建设部印发《建筑业重点推广应用 10 项新技术》中，把推广商品混凝土和散装水泥应用技术列为重点推广的首要内容。2003 年，商务部、公安部、建设部和交通部等部门联合下发了《关于限期禁止在城市城区现场搅拌混凝土的通知》（商改发〔2003〕341 号），其中明确指出：北京等 124 个城市城区从 2003 年 12 月 31 日起禁止现场搅拌混凝土，其他城市从 2005 年 12 月 31 日起禁止现场搅拌混凝土。由此，我国预拌混凝土进入发展的快车道，并在全国范围内迅速发展与推广。

以北京市为例，20 世纪 80 年代北京市开始发展预拌混凝土，至 20 世纪末全市预拌混凝土搅拌站已有 70 家，采用预拌混凝土的施工量在市区达到 50%。为减少施工现场储存砂石和使用袋装水泥造成的污染，1998 年，北京市建委印发《关于扩大预拌混凝土的使用范围和在施工现场使用散装水泥的通知》，规定四环路内混凝土浇筑量在 100 立方米的施工现场必须使用预拌混凝土。

2000 年，北京市政府发布《北京市散装水泥管理办法》，规定：“四环路以内，不得在施工现场搅拌混凝土，必须使用预拌混凝土。2002 年，北京市政府《关于发布本市第八阶段控制大气污染措施的通告》中规定：“规划市区、北京经济技术开发区自 2002 年 5 月 1 日开始，凡浇筑混凝土量 100 立方米以上的施工现场必须使用预拌混凝土，各远郊区县城关镇地区自 2002 年 10 月 1 日开始，施工现场预拌混凝土使用率要达到 80% 以上”。2002 年北京市发布《北京市人民政府关于印发北京市第二批取消和调整行政审批事项目录的通知》（京政发〔2002〕16 号）精神，取消“商品混凝土搅拌站建设立项”审批事项，不再对商品混凝土搅拌站进行审批。2003 年，北京市政府《关于发布本市第九阶段控制大气污染措施的通告》中规定“城近郊区和各远郊区县城关镇地区，凡浇筑混凝土量超过 100 立方米的施工现场，必须使用预拌混凝土。”

2004 年，北京市建委同市商务局、市公安局、市交通委共同印发了《关于转发〈商务部、公安部、建设部、交通部关于限期禁止在城市城区现场搅拌混凝土的通知〉的通知》文件，对禁止现场搅拌混凝土的区域、新建预拌混凝土企业及供应资质的条件、专用车辆运营进一步做出要求。

以上这些产业政策，有力推动了北京市预拌混凝土产业的发展，但是，经过十几年的快速发展，北京市混凝土搅拌站开始出现无序和过度发展的问题。预拌混凝土供过于求，企业恶性竞争，同时，预拌混凝土企业因疏于管理，对环境质量造成了一定影响，需要进行治理整顿。2008 年，北京市建委印发《关于停止（暂停）预拌商品混凝土、混凝土预制构件资质受理、审批事项的通知》，停止生产地在五环以内的预拌商品混凝土、混凝土预制构件所有资质受理、审批事项；暂停生产地在五环以外的预拌商品混凝土、混凝土预制构件所有资质受理、审批事项。组织开展混凝土行业结构调整和治理的工作，结合存在的问题制定了《北京市预拌混凝土行业发展规划》和《北京市预拌混凝土企业绿色管理规程》，并开展全市混凝土生产企业运输车辆的调查工作，为制定黄标车淘汰补贴方案提供政策依据。

2009 年 6 月，市建委发布《预拌混凝土生产管理规程》，对预拌混凝土生产厂址选择、设备设施、生产管理、排放监测控制等方面进行了规定，对原材料运输企业和混凝土使用企业提出了要求。同年 10 月，根据北京市政府在《关于发布本市第十五阶段控制大气污染措施的通告》中“对混凝土搅拌站进行治理和整合”，而且“保留的搅拌站必须达到绿色生产标准”的要求，市建设委、市发改委、市环保局联合发布《北京市混凝土搅拌站治理整合专项工作规划》（以下简称《规划》），提出了各区县混凝土搅拌站的生产能力和数量控制目标。

但是，这些政策措施仍然不够，尽管北京市不断提高和严格环保要求。2016 年，《北京市人民政府办公厅关于印发〈北京市 2013—2017 年清洁空气行动计划　重点任务分解 2016 年工作措施〉的通知》提出“全面提升全市混凝土搅拌站绿色生产管理水平”等相关要求，对混凝土搅拌站开展治理整合工作，加大对违规行为的执法力度。2016 年北京市大气污染综合治理领导小组办公室专门发布《关于进一步做好混凝土搅拌站治理整合与绿色生产管理工作的通知》（京大气办〔2016〕26 号），提出了一系列要求：坚决杜绝已关停搅拌站死灰复燃；坚持严格禁止新建、扩建混凝土搅拌站；加强对混凝土搅拌站绿色生产工作的监督管理；加大执法力度，净化建筑市场秩序；研究制定发展规划，有序调整退出不符合规划的企业，加快推动本市预拌混凝土行业向高水平、低排放方向发展，等等。

北京市的治理整顿取得了显著成效。目前，全市无行政许可搅拌站、无资质搅拌站已基本实现关停，行业秩序和发展质量有效提升，混凝土绿色生产水平明显提高，部门协调联动推进机制初步建立。截至2018年6月底，全市有资质的预拌混凝土站点共有156个，其中在产站点127个，停产站点29个（其中已拆除站点有16个）。这些政策措施，有效缓解了近年来市场需求下降带来的压力。目前，全市预拌混凝土设计产能约25000万立方米/年，2017年实际产量4672万立方米。2000—2017年北京市预拌混凝土产量变化情况如图1所示。

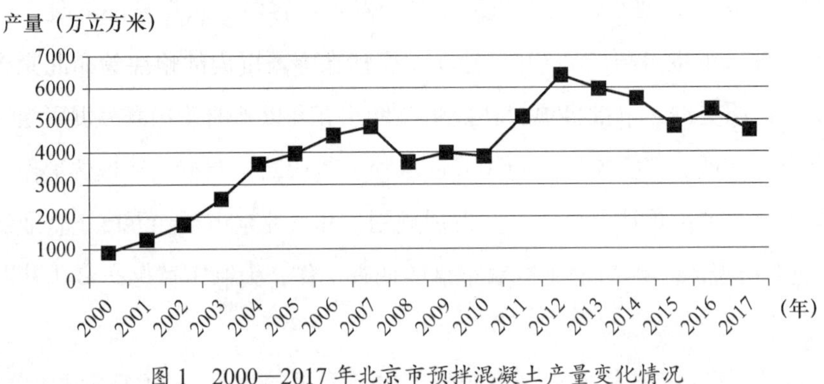

图1　2000—2017年北京市预拌混凝土产量变化情况

但是，进入新时代，尤其是北京市“四个中心”战略定位后，预拌混凝土行业对标北京市的战略定位，在绿色环保高端制造等方面差距很大。其实，目前行业产能严重过剩、产业结构不合理、企业经济运行质量欠佳、产业布局与城市发展不协调、资源与环保受限等方面的问题在全国各地非常普遍，行业是否能持续健康发展，不少人持悲观怀疑态度。

二、船到桥头处，柳暗花又明

换一个角度看，挑战意味着机遇，差距就是潜力，但这种转变不能自然发生。还是以北京市为例。北京市预拌混凝土的发展环境在新时代已发生深刻变化。预拌混凝土的生存和发展必须与北京市“四个中心”城市战略定位相协调，并且必须成为“四个中心”的建设者和贡献者。北京市相关主管部门以问题为导向，直面挑战，敢于担当，积极探索创新发展之路。2018年北京市住建委组织有关行业协会、企业和专家学者，对北京市在新时期预拌混凝土产业的社会功能定位和发展规划进行深入研讨，研究制定相关政策举措，为北京市预拌混凝土的健康发展重新导向和规划。笔者应邀参与了有关工作，调研表明，以下五个方面构成了预拌混凝土发展的大环境、大趋势。

1. 全面禁止新建、扩建混凝土搅拌站

无论是从全国还是北京市来看，预拌混凝土产能严重过剩早已是不争的事实，去产能是一项艰巨的任务，首先要明确的是严禁新建、扩建混凝土搅拌站。《北京市大气污染防治条例》《北京市大气污染综合治理领导小组办公室关于进一步做好混凝土搅拌站治理整合与绿色生产管理工作的通知》和《北京市蓝天保卫战 2018 年行动计划》等政策文件均明确提出全市禁止新建、扩建混凝土搅拌站，加大对非法新建混凝土搅拌站点打击力度，对新建、扩建混凝土搅拌站的违法行为，要求各区政府依法严肃查处，并明确这一政策将长期贯彻实施。在这些政策引导下，预拌混凝土行业的发展和资源配置自然会转向存量的优化。

2. 严格实施环保政策法规

以蓝天、绿水、净土为目标的环保攻坚战已是国家重大战略决策。北京市作为首善之区首当其冲。近几年，在国家和北京市陆续出台了一系列环保政策法规，如《中华人民共和国环境保护法》《中华人民共和国大气污染防治法》《中华人民共和国环境保护税法》《关于加快推进生态文明建设的意见》《环境保护督察方案（试行）》《中共中央　国务院关于全面加强生态环境保护　坚决打好污染防治攻坚战的意见》《打赢蓝天保卫战三年行动计划》和《北京市打赢蓝天保卫战三年行动计划》，等等。北京市环保标准法规不断严格，执法力度也越来越大，显然，政府主管部门以此作为淘汰落后产能的重要举措。从大趋势看，预拌混凝土产业向绿色环保产业转型发展迫在眉睫。

3. 应对生产要素成本不断上升

近年来，北京市强化环保督查，打击非法采石采砂，禁止天然砂石开采，混凝土等行业用砂石资源缺口很大，主要由周边河北地区供应，市场供不应求，同时，物流车辆运输超载超限超排受到严格治理，因此砂石价格不断攀高。为控制雾霾，北京市正在推动大宗材料运输“公转铁”，因此，砂石骨料成本上升已不可逆转。此外，水泥、粉煤灰等原材料价格也已大幅上升。图 2 反映了 2016—2018 年北京市预拌混凝土主要原材料的价格变化趋势。

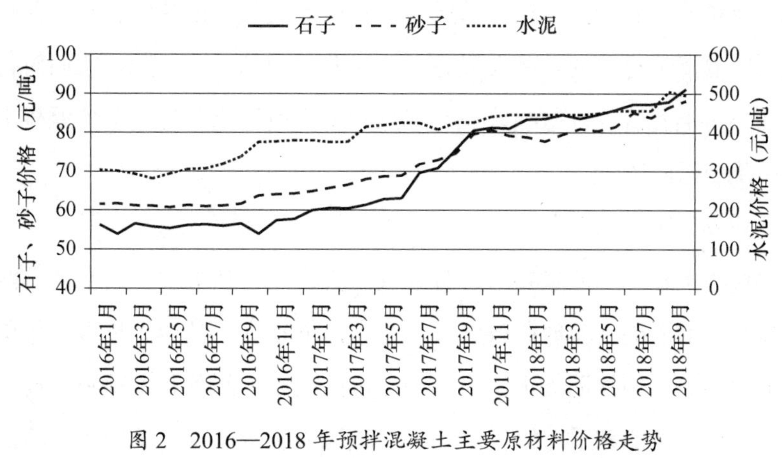

图 2　2016—2018 年预拌混凝土主要原材料价格走势

生产要素成本上升，必然要求预拌混凝土企业改变传统发展方式，建立规模经济优势，加强精细化管理，提高生产效率，降低运营成本，因此，实施兼并联合重组、提高产业集中度将是企业提高成本竞争力、创新力的必选项。

4. 减量、集约、高质量发展

高质量发展正在国家、省市和行业企业层面全面实施。北京市正根据“四个中心”战略定位要求，加快疏解非首都功能，退出一般性产业，推动续存产业转型升级，出台了《北京城市总体规划（2016—2035年）》《北京市关于全面深化改革、扩大对外开放重要举措的行动计划》和《北京市打赢蓝天保卫战三年行动计划》等一系列政策文件。北京市预拌混凝土行业减量、集约、高质量发展迫在眉睫、不快不行。需要指出的是，减量、集约并不是北京“四个中心”定位的特殊要求，必然会成为全国各地预拌混凝土行业发展的规制性政策要求。

5. 加快信息化智能化发展

当前，信息技术特别是物联网、大数据、人工智能技术得到快速发展与应用，并正在形成新的生产方式、产业形态和商业模式。信息化和智能制造与预拌混凝土产业的深度融合不可避免。对北京市预拌混凝土产业来说，也是摆脱一般制造业形象、走向高端制造的有效途径。对于预拌混凝土企业来说，采用信息化管理和智能生产以及质量控制技术装备正在成为企业的转型升级竞争战略。

三、会当凌绝顶，一览众山小

历史的经验告诉我们，最困难的时候往往就是发展的转折点。在参与北京市预拌混凝土产业结构调整规划研究的工作中，笔者看到，政府主管部门和行业企业的共识在实现社会、行业和企业协调发展的高处逐渐形成，研究所形成的政策建议和对行业自律的要求反映了新时代预拌混凝土行业的正确发展方向，在此共识基础上，企业家们对行业发展的光明前景充满信心。笔者认为，这些认识、观点和举措值得全国各地预拌混凝土行业企业学习借鉴，故在此予以介绍。

1. 重塑预拌混凝土产业形象

相对于“百年工程”的质量要求，曾经甚至现在还存在的“一袋水泥、两锹砂子、三锹石子、半桶水”的混凝土粗放制备方式，给人以低技术，甚至无技术的印象，这是必须彻底颠覆的负面形象。预拌混凝土作为一种先进的混凝土制备和工程施工技术，其发展的重要初衷是提高材料性能和质量管控水平，实现混凝土专业化、集约化、清洁化、商品化和社会化生产，适应现代混凝土施工技术的发展，满足建筑业快速、高效发展的需要。因此，在绿色高质量发展的新时期，预拌混凝土行业必须提高政治站位，必须在新的高起点上、在新的发展环境中重新定位自己的社会功能，重塑自己的社会形象。简要地说，要形成城市建设不可或缺的基础工程材料、生态文明建设所依赖的环保利废资源化产业、应急抢险抢修抢建的保障设施、现代化高端制造的高品质材料，以及开放性社会化的科普实践基地等新的产业特征。笔者最近考察日本预拌混凝土产业发展时，了解到地方政府将预拌混凝土车作为消防设施。无独有偶，最近，中央电视台报道了江西某地预拌混凝土司机用清洗搅拌车的水和高压水枪熄灭了一住宅楼二层的火灾。在空间布局上，城区间、城乡间混凝土工厂的建设要与周围环境融合，增添城市景观特色。这些产业功能和形象尤其需要率先在首都北京实现，发挥表率作用。

2. 推进全产业链绿色发展

预拌混凝土的产业链包括原材料生产、采购与运输，工厂与工艺设计，生产运营，产品运输，工程施工，严格说这还不是整个混凝土材料的全生命周期产业链，因为没有包括混凝土废弃后的再生利用。目前行业还没有建立对这个产业链的全面管理，尤其是对上游原材料产业的绿色化管理。这方面还有许多包括但不限于以下的工作要做。

（1）建设绿色骨料基地。周所周知，混凝土是大宗材料产业，骨料占单方混凝土质量的 75% 左右，对混凝土性能有重要影响。因此，预拌混凝土行业必须向上游骨料产业延伸管理，不仅是对骨料的品质，还要包括对绿色矿山和绿色生产的管理要求。依托京津冀协同发展战略，北京市拟在河北迁安市首钢矿业公司及其他环京市县建设绿色砂石骨料基地。这些服务北京市建设的骨料生产基地要严格执行绿色化、规模化、信息化、工业化、智能化要求，达到国家级绿色矿山评定标准。

（2）提高固废资源化水平。无论是作为砂石骨料还是粉体矿物材料，建筑与工业固废在混凝土中的资源化利用是循环经济发展的重要节点产业。要实现预拌混凝土产业的环保利废功能，必须进一步提高固废资源化水平。为此，有条件的企业可将产业链延伸至固废的处置与资源化。要采用先进技术以确保固废再生材料作为混凝土组分材料的品质，在保证产品质量安全的前提下，扩大资源化的固废材料在预拌混凝土中的应用，充分发挥预拌混凝土产业的环保利废功能。目前，北京市已发布预拌混凝土绿色产品目录、预拌混凝土绿色生产管理规程等标准规范开展预拌混凝土绿色标识星级评价，推广绿色预拌混凝土。

（3）美化绿化工厂景观。预拌混凝土的发展经历了简单的工场化集中搅拌生产阶段和堆料场、搅拌楼整体封闭的半工厂化阶段，目前，在一些大城市，已逐步进入现代工厂化生产制造阶段。预拌混凝土今后作为都市产业必须与城市美化、绿化一体化协同发展，这是行业今后是否能在城市生存的基本要求。因此，不仅要在厂区内外进行绿化美化，还要采用现代工业建筑设计，让工厂建筑不仅与周围城区景观融合，还要形成特色建筑景观，美化城市环境。

（4）全面实施绿色环保生产。要采用全流程绿色管理，例如工艺设计要合理规划原材料运输进出动线、人员动线、产品动线，采用后场上料方式，实现全封闭管理；厂区地面保持清洁无泥而不是简单的洒水降尘；采用清洁燃料车运输，减少机动车尾气污染；混凝土运输车要时刻保持清洁，不能给城市交通景观“添堵”。目前，北京市已提升地方标准《预拌混凝土绿色生产管理规程》（修订版），要求混凝土生产企业进行环保升级改造，提高绿色环保清洁生产水平。

（5）实施物流运输环保化工程。为减少大宗物流对城市雾霾的影响，大城市正在通过政策导向和环保法规制约，鼓励城市建设大宗材料“公转铁”和使用清洁燃料车运输。利用集装箱装载铁路运输砂石骨料，并要求市内短途接驳使用新能源车，并要求混凝土企业采用新能源混凝土搅拌运输车，这是北京市正在积极推进的工作。由于涉及社会化运输工具和方式的改革创新，彻底改变还需要一个过程，但是，从环保的角度来看，是不可避免的。

3. 创新引领高端发展

改革应先立后破，才能有序发展。因此必须创新先行，引领发展。预拌混凝土的创新发展，首先需要依靠政府的政策法规来引导和规制，因此政策创新必须先行。对于预拌混凝土企业来说，应主动顺应社会发展的大势，积极应对挑战，在行业转型升级、绿色高质量发展的进程中勇当排头兵，不当落伍者才是正道。任何一个行业的转型升级，都是一个政府和行业企业相向而行、协同努力的过程。当下，预拌混凝土的创新发展必须做好以下工作。

（1）加强创新能力建设。企业创新投入不足、创新能力不足是比较普遍的现象，是行业发展的短板。北京作为全国科技创新中心的定位，必然要求预拌混凝土通过创新驱动发展。创新能力是以创新资源为支撑的，行业企业要善于集聚各类创新主体和创新要素资源，积极打造国家级或行业级研发中心、重点实验室、博士后工作站等开放性技术创新平台，要敢于加大科技创新投入，用技术创新成果推进预拌混凝土产业高端发展、绿色发展、高质量发展。

（2）提升材料绿色化水平。预拌混凝土作为环保利废产业的定位能否确立，关键取决于材料的绿色化水平。在城市化和工业化发展进程中，建筑垃圾、工业废渣和矿业尾矿等固废的产生和增加难以避免，关键是能否通过技术创新，将这些固废转化为资源，即转变为所谓的“城市矿山”。对混凝土而言，材料绿色化水平的提高必须依靠其材料组分的“绿色”化。因此，必须加强固体废弃物高品质资源化利用技术的创新研发，突破大掺量固废（包括骨料和粉料）混凝土的质量提升和控制技术，实现大规模和高值化利用固废，才能实现对预拌混凝土要求的绿色低碳环保发展。

（3）推广应用智能制造技术。包括混凝土行业在内的一般制造业目前面临很多挑战，人才短缺就是其一。以目前混凝土行业的地位和形象，吸引青年才俊入行从业非常有挑战性。在今天“互联网 +”广泛应用的语境下，采用信息化智能制造技术，是改变混凝土“傻大笨粗脏”的低端产业形象、打造高端制造形象的必由之路。行业企业应积极研究开发推广应用预拌混凝土智能制造和信息化管理共性技术，将全产业价值链、技术链和企业采购、调度、生产、物流、客服、财务六大混凝土企业核心业务融为一体，形成一个有机的智能管理体系，实现高端制造、高质量发展。

（4）研发高性能、高品质产品。预拌混凝土作为一个材料产业的可持续发展，面临许多竞争，既有现浇与预制混凝土的技术竞争，也有混凝土结构与钢结构、砌筑结构之间的行业竞争。从发达国家的情况来看，这种竞争会一直存在，因为每个行业都在努力创新发展，谁也不愿意退出竞争舞台（市场）。因此，在面向市场需求的创新发展方面，不进则退。高品质混凝土是实现混凝土结构安全性和耐久性的重要保证。研究开发满足现浇混凝土不同施工技术要求的高性能、高品质预拌混凝土，对于与现浇工艺技术协同或促进现浇混凝土技术的发展，都非常重要。高性能、高品质要求对混凝土材料设计和生产质量控制两方面提出了更高的要求。2017 年访美时，基仕伯公司向笔者演示了美国最近开发和推广应用的预拌混凝土性能全流程智能控制技术。该智能系统采用高精度传感器对搅拌车内新拌混凝土性能的变化进行在途测试，并通过大数据和人工智能深度学习，形成对预拌混凝土性能的智能化设计、调控和远程监控，从而实现对混凝土质量的保障。我们必须通过“互联网 +”和智能化技术，开发在途高精度检测、智能调控技术，解决预拌混凝土“最后一千米”质量管理失控的问题。

4. 培育行业健康发展生态

任何一种能持续生存和发展的产业生态，都有其健康的产业内部和外部的“生态环境”。预拌混凝土行业要形成以行业龙头企业主导的创新发展、企业间“和而不同”相处、市场竞争与合作并存行业生态环境。因此，政府主管部门应鼓励通过市场机制兼并 / 联合重组，对区域预拌混凝土行业进行结构调整优化，发展大型预拌混凝土企业集团，加快提高产业集中度，建立行业公约并实施有效自律。鼓励预拌混凝土企业延伸产业链，不仅联合重组上游砂石骨料企业和固废资源化企业，还应鼓励联合下游施工企业，为混凝土施工提供质量保障性服务，将质量管理从由中间产品新拌混凝土向最终产品硬化混凝土延伸。

需要指出的是，外部环境不是由混凝土行业自己能决定的，需要政府主管部门通过法规、政策提供，甚至行业内部生态环境也有赖于外部环境的约束，所以政府依法依规监管是不可或缺的。如果出现“害群之马”破坏自律，则需要政府依法依规处理。在质量安全、商业信用以及清洁生产和环保监控等方面，政府也有职责所在。但是，行业自律是他律（政府监管）的前提。怎样形成促进健康发展的自律和他律平衡协同的行业发展生态，仍是一个有待创新的课题。

四、结语

对于我国预拌混凝土的发展，北京市是一个缩影。北京市作为首都，其发展历程或多或少都会与全国其他地方有所不同，其他地方的发展也有很多特殊和亮点，但共性的方面其实很多。笔者认为，北京市预拌混凝土行业的发展虽不能概括全国预拌混凝土行业的全貌，但具有很强的代表性，尤其是在迎接新时代、适应新时代的发展需求方面具有标示性，值得行业重视关注和学习借鉴。

作者简介

徐永模，研究员，中国硅酸盐学会理事长，中国混凝土与水泥制品协会执行会长。

禁限推广在路上

——北京市混凝土原材料产品禁限推广历程回顾与展望

◎李亚铃

住有所居，居有所安，是中国人历代传承的“安居乐业”观念的生动阐释，也寄托着人们对美好生活的一种期许。建筑是满足人们生产和生活需要的基本场所，伴随着时代的发展、技术的进步，建筑为人们提供了更加舒适、宜居的环境和空间，从而提升了人们的生活质量。这些与建筑材料的优化和进步息息相关。

作为伟大祖国的首都，北京市在保证建设工程质量、推动建筑节能和建筑材料优化提升方面一直走在全国前列，在建筑材料禁止、限制使用以及推广应用等方面做了大量的工作，这是一种正确方向上的引导，更是一种向前推动的力量，它引导和推动着建材行业向着更加绿色、更加节能的方向突破创新，又不断地为人们营造着更加安全、舒适、宜居的生活环境，让人们和对美好生活的追求和向往更进一步。

在历次发布的建材禁限目录中，有多种混凝土原材料产品被列入禁限使用目录，每一种产品禁限的背后都经过了政策制定者和技术研究者的慎重论证，经历了曲折复杂的过程，正是这一过程，见证和推动了行业的发展进步。很荣幸，我从事建材行业多年，是建材禁限工作的参与者、研究者和践行者，下面就我所知，和大家谈一谈我的经历和感受。

一、石灰的应用与研究

1949 年后，北京市掀起了大规模的建设热潮，由于早期水泥和钢材产量不足，供不应求，所以建设工程以传统建材为主：以木材做梁柱，砖瓦作为墙材，石灰作为胶凝材料。由于北京市不生产木材，木材主要来自东北。

北京市最早在房山区窦店成立了大型砖瓦厂，在丰台区大灰厂兴建了以天津塘沽永利碱厂机械化石灰竖窑为蓝本的 4 座大型石灰窑，年产磨细生石灰粉 30 万吨，同时伴生碎石 40 万吨（机械化年开采石灰石 100 万吨）。二十世纪五六十年代建设初期，由于水泥一时供应不足，石灰、砖瓦曾经支撑了大部分城市建设工程。大灰厂的石灰除北京自用外，还远销到河北、山东、天津不少省市县。塘沽碱厂的石灰窑生产线从美国引进，本来使用焦炭煅烧，北京兴建的窑成功改用门头沟的硬煤煅烧，使得成本大大降低。通过长时间技术工艺改进，石灰的每吨煅烧热耗又稳定达到了 108kg 的极值，远低于同类型窑 30 ～40kg，为业内同行所称赞。此外，技术人员在石灰窑气的回收利用上也做了深入的探索，先后研究开发了碳酸氢钠（小苏打）、碳酸镁、氧化镁、液体二氧化碳与干冰等化工产品以及碳化砖与碳化板等新型建材产品，增进了综合经济效益。大灰厂转型为建材矿山化工企业，厂内技术人员撰写的《石灰窑气的回收与利用》（图 1）一书特别针对高温过烧石灰的消解延后的危害做了系列定量检测研究，不只有益于指导改进石灰煅烧工艺，还为其后判定氧化钙（镁）型膨胀剂的工程事故与粉煤灰国标增添活化氧化钙检测项目提供了理论支撑。

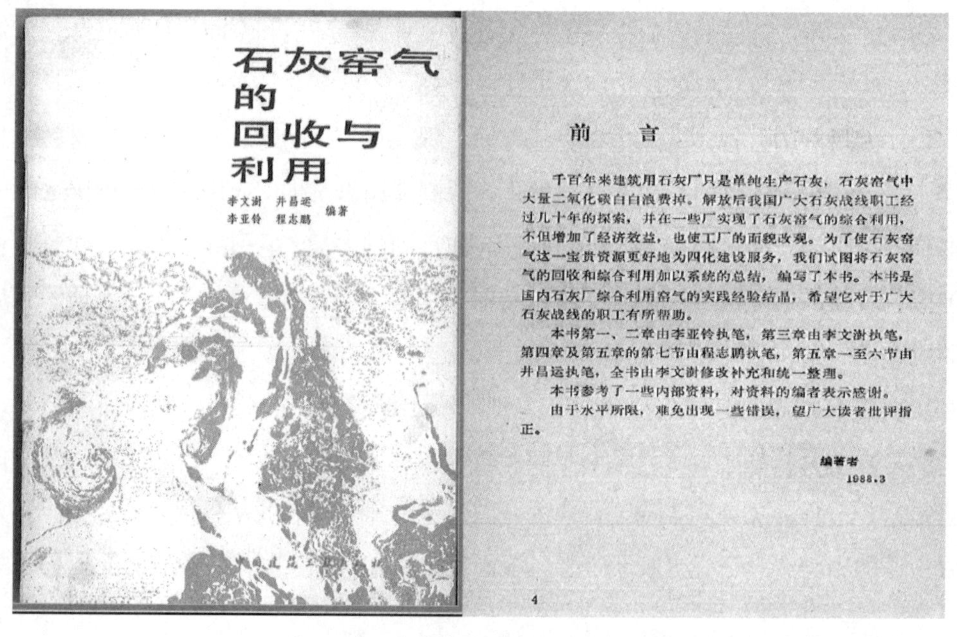

前　言

千百年来建筑用石灰厂只是单纯生产石灰，石灰窑气中大量二氧化碳白白浪费掉。解放后我国广大石灰战线职工经过几十年的探索，并在一些厂实现了石灰窑气的综合利用，不但增加了经济效益，也使工厂的面貌改观。为了使石灰窑气这一宝贵资源更好地为四化建设服务，我们试图将石灰窑气的回收和综合利用加以系统的总结，编写了本书。本书是国内石灰厂综合利用窑气的实践经验结晶，希望它对于广大石灰战线的职工有所帮助。

本书第一、二章由李亚铃执笔，第三章由李文谢执笔，第四章及第五章的第七节由程志鹏执笔，第五章一至六节由井昌运执笔，全书由李文谢修改补充和统一整理。

本书参考了一些内部资料，对资料的编者表示感谢。

由于水平所限，难免出现一些错误，望广大读者批评指正。

编著者
1988.3

4

图 1 《石灰窑气的回收与利用》图书

与此同时，琉璃河水泥厂迭次扩建改变了水泥供不应求的状况，与此配套的砂石生产在郊区的杏石口、八宝山和龙凤山迅速跟上，水泥及混凝土逐步成为建筑构筑物结构的主要材料。为迎接国庆 10 周年，北京市开建了人民大会堂、北京新火车站、东郊天竺机场航站楼以及历史博物馆、军事博物馆等标志性大型建筑物，极大地改变了首都风貌，为世人所瞩目。到 20 世纪 70 年代，首都建筑材料工业的主体业已基本成型，先后建成了西郊展览馆、王府井和平宾馆与北京饭店新楼以及热电厂、钢铁厂、炼焦煤气厂和纺织厂等大型项目。

二、混凝土碱 - 集料反应病害的研究、治理与产品禁限

20 世纪 90 年代初，由于部分水泥混凝土结构工程的重要部位出现了“裂损”现象，针对混凝土碱 - 集料反应病害课题，行业内开启了混凝土构筑物耐久性的研讨热潮。在北京市政府的支持下，北京硅酸盐学会提出并成立课题组，于 1990 年 12 月至 1993 年 5 月开展了《关于北京地区水泥混凝土碱集料反应危害及对策的研究》（图 2），课题得到了北京市科学技术协会的全力支持。有关岩矿鉴定试验和分类、分布的勘定由黄强、冯慧敏负责完成；有关岩矿碱活性的水泥混凝土试验由傅沛兴等负责完成；综合协调工作由本人（李亚铃）和徐新负责。课题组进行了北京地区砂石野外地质调查与室内试验（图 3），认定了北京地区混凝土构筑物病害的基本机理，制定了北京地区混凝土碱 - 集料反应病害的治理技术规定，开展了行业大规模教育培训，并在施工过程落实施行，效果良好，引起了其他省区的关注，天津、乌鲁木齐等地也先后公布了当地的类似的治理混凝土碱 - 集料反应的地方法规（图 4）。

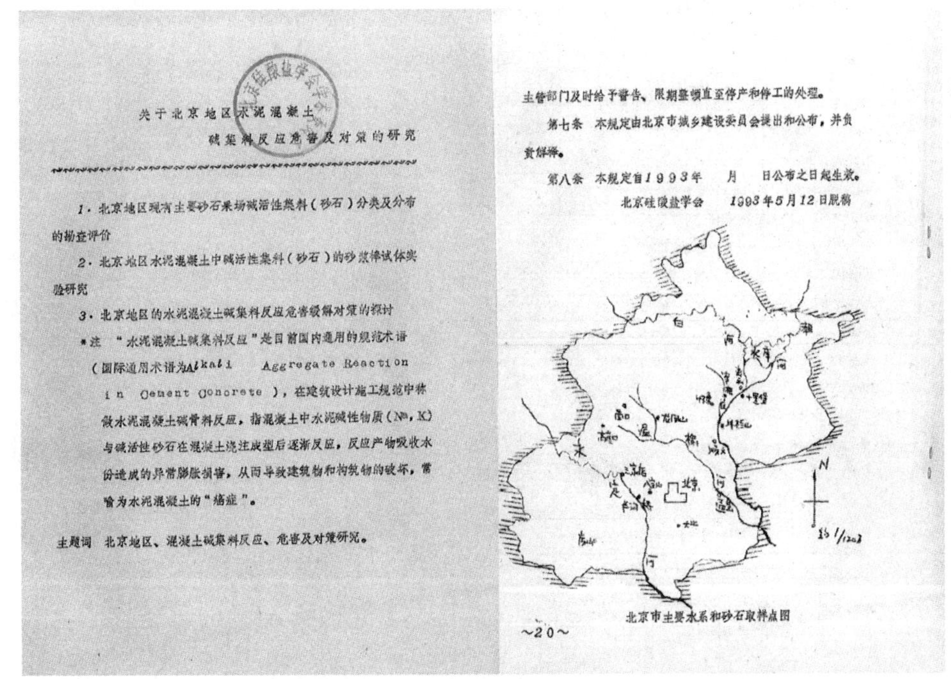

关于北京地区水泥混凝土
碱集料反应危害及对策的研究

1．北京地区现有主要砂石采场碱活性集料（砂石）分类及分布的勘查评价

2．北京地区水泥混凝土中碱活性集料（砂石）的砂浆棒试体实验研究

3．北京地区的水泥混凝土碱集料反应危害缓解对策的探讨

*注 “水泥混凝土碱集料反应”是目前国内通用的规范术语（国际通用术语为Alkali Aggregate Reaction in Cement Concrete），在建筑设计施工规范中称做水泥混凝土碱骨料反应，指混凝土中水泥碱性物质（Na，K）与碱活性砂石在混凝土浇注成型后逐渐反应，反应产物吸收水份造成的异常膨胀损害，从而导致建筑物和构筑物的破坏，常喻为水泥混凝土的“癌症”。

主题词 北京地区、混凝土碱集料反应、危害及对策研究。

主管部门及时给予警告、限期整顿直至停产和停工的处理。

第七条 本规定由北京市城乡建设委员会提出和公布，并负责解释。

第八条 本规定自1993年 月 日公布之日起生效。

北京硅酸盐学会 1993年5月12日脱稿

北京市主要水系和砂石取样点图

~20~

图 2 关于北京地区水泥混凝土碱集料反应危害及对策的研究

表1· 北京地区主要砂石采场河系、位置、地质和地貌一览 1992年12月

河系	采场	位置	地质特征	地貌条件	备注
永定河	卢沟桥北	桥北 2Km	永定河上游大面积流经安山岩、玄武岩、流纹岩和灰岩地层区，也见碎屑岩、砂岩地层。	永定河在门头沟三家店走出深山峡谷，地势变缓，大量砂砾石沉积在此区形成大面积砂砾矿床，到大兴以下不见砾石并转为细砂。	松散砂砾河道开采。
	卢沟桥南	桥南 1Km			〃
	八宝山	阜成门西 10Km	为永定河老河道，也称金沟河故道。		〃
温榆河	龙凤山	昌平县城东2Km	上游为德胜口十三陵水系，流经花岗岩及火山中基性喷发岩区，也见少量古老变质岩系。	为山前洪积，冲积砂砾石矿床。	〃
潮白河	十里堡	密云县城西南12Km	属白河、潮河汇合处，上游流经大面积古老片麻变质岩系，也具少量灰岩和碎屑岩。	潮白河上游为潮河和白河，属深山区，到密云汇合称潮白河，地势变缓属洪积冲积砂砾石矿床，牛栏山以下不见砾石，并转为细砂。	〃
	宰相庄	怀柔县城东北5Km	属潮白河的支流，上游在大水峪一带属花岗岩，火山喷发岩区，也具碎屑岩和灰岩。		〃
	牛栏山	顺义县城北12Km	属潮白河水系，上游与十里堡河道相似。		〃
山地开采	南口	昌平县城西北12Km	硅质条带灰岩、碎屑灰岩。	陡峻高山，东西分布。	爆破开采。

图 3 北京地区主要砂石采场河系、位置、地址和地貌一览

关于北京地区水泥混凝土碱骨料反应危害
及对策研究补充报告

如前所述，由于河卵石来源复杂，种类繁多，为便于分析研究，现将河卵石中各种岩石、矿物，在地质学分类基础上，结合其在混凝土中显示的碱活性特点，分为四门、八类。

现将八类岩石的碱活性试验综合情况和北京市有代表性16个砂石样品的碱活性试验情况，综合补充如下：

一、八类岩石的碱活性试验综述

对八类岩石，我们首先用肉眼挑选代表性样品，切磨样片，在偏光显微镜下观察，发现以下五类有碱活性倾向矿物。

Ⅰ-1类岩石中，有一个石英岩样片，石英含量>90%，见有波状消光石英；另一个石英砂岩样片，石英含量>66%，见有波状消光石英；第三个石英片岩样片，石英含量100%，有较多波状消光石英；第四个石英砂岩样片，石英含量>95%，其中粒径5～10μm细晶约占70%；第五个石英砂岩样片，石英含量>95%，其中玉髓含量约占2～3%。

Ⅱ-1类岩石中，有一个条带状硅质岩样片，石英含量30～40%玉髓含量3～5%；另一个条带状硅质岩样片，石英加玉髓含量约占50%，玉髓约占20%；第三个条带状硅质岩样片，石

-1-

16种代表性石样碱活性试验综合表 表2

石样来源及编号			含五类活性岩石百分率(%)						砂浆棒膨胀量(%)	
			Ⅰ-1	Ⅱ-1	Ⅱ-2	Ⅳ-1	Ⅳ-2	小计	ASTM	南非法(14天)
永定河	卢沟桥南	1	12	5	4	11	21	53	0.082	0.131
		2	12	5	4	11	21	53	0.074	0.104
		3	11	6	3	11	22	53	0.096	0.122
	卢沟桥北	1	12	5	4	13	21	56	0.107	0.136
		2	11	5	5	10	23	54	0.114	0.099
	八宝山	1	13	5	3	15	17	53	0.119	0.127
		2	14	4	3	16	14	51	0.090	0.105
温榆河	龙凤山	1	14	2	4	5	5	30	0.043	0.113
		2	16	2	3	5	5	31	0.044	0.098
潮白河	怀柔	1	17	3	2	4	6	32	0.040	0.090
		2	19	3	2	6	4	34	0.051	0.073
	密云	1	15	2	1	5	5	28	0.050	0.086
		2	15	3	2	6	6	30	0.050	0.066
	顺义	1	14	3	2	5	6	30	0.047	0.087
		2	16	3	2	5	6	32	0.052	0.070
南口碎石			0	0	0	5	95	100	0.147	0.132

从表2综合数据可以清楚地看出北京三大水系和南口碎石、卵石

-5-

图 4 关于北京地区水泥混凝土碱骨料反应危害及对策研究补充报告

混凝土行业初期使用的砂石在国内沿海一带一直沿用英制（BS）标准，其后采用苏制（ГСТ）标准。20 世纪 90 年代初，接受国家建材局委托，北京市建材局调研及试验后

起草了我国首个建筑用砂石国家标准（GB/T 14684—1993、GB/T 14685—1993）。该标准于1994年正式施行，推动了各地砂石生产的快速稳步发展。标准倡导水洗工艺流程，环保绿色生产，生产的砂石品质稳定，成本降低；其后在北京地区建立了砂石矿山垦复基金制度，确保了矿山采掘生产与修整垦复作业密切衔接，资金摊入税前成本，资金使用由主管部门监督，保证了垦复安排落实，多年来进展良好。

混凝土预拌商品供应模式在20世纪80年代初进入首都，1980年，最早的预拌混凝土搅拌站成立；1984年，首个采用预拌混凝土浇筑的工程东郊长城饭店完工；20世纪90年代初禁止工地现场搅拌配制混凝土；到21世纪预拌混凝土快速增长，截至2018年，北京市预拌混凝土年生产量已达5000多万立方米。

三、混凝土外加剂类产品禁限

1994年，北京市混凝土协会外加剂分会成立。分会首先针对小规模和个体私人厂家较多的实际状况，加强了培训教育。以简化了的《质量管理体系　要求》（GB/T 9001）条例为蓝本，大体规范了小企业的内部管理机制，基本做到了可追溯与可追责的流程，稳定了生产供货品质，确保了混凝土工程质量可期。协会在此基础上依法推行了混凝土外加剂认证制度，并通过年检和不定期抽查，保证了企业的稳定管理。

混凝土外加剂以减水剂为基础，先后经历了从蒽系、萘系、脂肪系到聚羧酸系列的研究开发建设的漫长过程，到21世纪初业已建成了基本完整的体系，包括泵送剂、早强剂、防冻剂、速凝剂、膨胀剂等。除北京自用外，其还批量供应到外省市地区，促进了预拌商品混凝土的健康快速发展。

主管部门最初就将关注重点放在防冻剂和膨胀剂两个品种上。早在20世纪50年代，有些重点混凝土工程项目为工期所限，在冬期施工时将氯盐掺入混凝土以防止冻害，效果良好，曾作为一项新的保留技术成果。但人们很快就发现氯盐会腐蚀钢筋，铁锈膨胀使得混凝土开裂，副作用很大，于是开始禁止在冬期混凝土施工中使用氯盐。随着冬期施工工程逐渐增多，人们开始研究、开发新型的混凝土防冻剂，使得硫酸钠型和亚硝酸钠型防冻剂大量流行。每至冬季，混凝土防冻剂都是销售的热门品种，需求量大，限于成本，往往也有厂家使用廉价的氯化钠、氯化钙生产供货。政府及协会通过说服教育及市场引导，并对其加强监管，使得业内人士逐渐认识到氯盐对混凝土钢筋锈蚀的危害。早期就明确严禁使用氯盐配制防冻剂，多年来在业内已形成共识，加之混凝土应用规程及外加剂产品标准对氯盐都有严格限量，基本抑制了在配制混凝土时混入有害氯盐。2004年发布的《关于公布第四批禁止和限制使用建材产品目录的通知》（京建材〔2004〕16 号）中规定，因为容易锈蚀钢筋，危害混凝土结构安全，氯离子含量＞0.1% 的混凝土防冻剂被限制使用，不允许应用在预应力混凝土和钢筋混凝土中，其被氯离子含量≤0.1% 的无氯盐混凝土防冻剂替代。

而混凝土膨胀剂用量大，生产简易，销售收入高，厂家竞争激烈。膨胀剂以硫铝酸盐熟料为主，主要通过膨胀源钙矾石的适时膨胀来抑制混凝土的开裂并提升其抗渗性。少购入和少掺入熟料可以大大降低成本，但是会降低膨胀性能，失去掺入膨胀剂的意义，而且低劣的熟料往往又会延迟膨胀，使得已经开始硬化的混凝土开裂。为此通过试验，北京市规定了每立方米混凝土的膨胀剂最低掺入量不得低于水泥用量的 10%。有的厂家为追求低成本快膨胀，采用氧化钙作为膨胀源。20 世纪 90 年代中期，北京东郊发生了一起严重的基础膨胀剂开裂事故，受到人们关注。在事故分析会议上，有关专家引用了大灰厂高温煅烧石灰遇水延迟消解膨胀的原理。原来自然界的石灰石大多含有少量的镁成分，在煅烧过程中，约 600℃时开始释放出二氧化碳，到 900 ～950℃释放完毕（镁含量多温度会更低一些），当温度升高到 1000℃以上时，石灰的晶格会萎缩钝化，遇水就会延迟消解膨胀，从而导致已经开始硬化的混凝土开裂破损。据此确定，之后不得生产氧化钙（镁）型膨胀剂。1999 年发布《关于公布第二批 12 种限制和淘汰落后建材产品目录的通知》（京建材〔1999〕518 号）中明确规定，因碱含量高，易造成混凝土碱 - 集料反应，掺入膨胀剂量过大影响混凝土早期强度，强制淘汰高碱混凝土膨胀剂（氧化钠当量 7.5‰ 以上和掺入量占水泥用量 8% 以上）。2004 年发布的《关于公布第四批禁止和限制使用建材产品目录的通知》（京建材〔2004〕16 号）中规定，因生产工艺落后，过烧成分易造成混凝土胀裂，禁止使用氧化钙类混凝土膨胀剂，由硫铝酸钙类混凝土膨胀剂替代。

劣质的粉煤灰也会导致混凝土硬化后的开裂。在一次工程事故分析会上，有关专家也引用了石灰高温老化遇水延迟消解膨胀导致已经硬化的混凝土开裂的原理，本来粉煤灰用于混凝土一直是十分安全的，近年由于环保治理的要求，在煤粉燃烧时添加了一定量的石灰以消解二氧化硫的排放，而电厂的锅炉温度远高于 1000℃，于是粉煤灰带给混凝土不少的过烧石灰，意外造成硬化后的混凝土严重开裂事故。通过与标准编制组沟通，建议在粉煤灰国家标准《用于水泥和混凝土中的粉煤灰》（GB/T 1596—1991）修订时添加活性氧化钙的检测指标（≤2%），《用于水泥和混凝土中的粉煤灰》（GB/T 1596—2005）标准中正式列入该检验项目。

四、现实与展望

我们要关注盐碱环境对混凝土的腐蚀病害，如北方因冬季道路积雪，大量使用化冰盐，对路面、桥涵、排水道等依然造成严重持续损害。与此同时，沿海和内地干旱地区建设规模日益扩大，盐碱环境的混凝土的腐蚀病害也日益为人们所关注，成为混凝土耐久性研究的迫切课题。沿海和西部盐碱地区不只赋存了氯盐，而且包括硫酸盐、镁盐、碳酸盐。它们都会造成碱 - 集料反应的综合盐蚀损害。此外，煤炭等在燃烧过程中排放的大量二氧化硫与氮氧化物遇水后形成酸性水落入水域或土壤，又加重了对混凝土构筑物的侵蚀损害。治理环境中盐碱对混凝土构筑物的侵蚀病害成为亟待解决的课题。人们逐步理解了在配制混凝土时，对水泥、砂石、矿粉以及化学外加剂中的氯盐限量以抑制氯盐混入混凝土，只是治理混凝土腐蚀病害的一部分，更主要的还是要关注环境中的盐碱对混凝土的更严苛与持续的腐蚀侵害的治理。

环境中硫酸盐对混凝土的侵蚀损害早年就为人们所关注，为此研究开发了抗硫酸盐水泥，已有百年历史。但国标《抗硫酸盐硅酸盐水泥》（GB 748）规定其抗腐蚀系数 *K* 值达到 80% 就算合格，即这只是缓解而未能根治混凝土的盐蚀病害。原来抗硫酸盐水泥是针对水泥中过量的铝导致生成的钙矾石（$3CaO \cdot Al_2O_3 \cdot CaSO_4 \cdot 32H_2O$）膨胀开裂而设计开发的，即抗硫酸盐水泥是一种低铝的外加剂。近年研究发现硫酸盐对混凝土的侵蚀病害不只是钙矾石，还有水镁石 [$Mg(OH)_2$] 和碳硫硅钙石 [$2(CaO \cdot Si(OH)_4)_2 \cdot (CaCO_3 \cdot CaSO_4) \cdot 24H_2O$] 两种类型，于是抗硫酸盐水泥的抗腐蚀系数 *K* 值多年来囿于 80% 而不能改写就不难理解了，这是因为抗硫酸盐水泥对水镁石（由于多量镁离子的存在）和碳硫硅钙石（由于碳酸盐离子的过量存在）的侵蚀治理几乎是无效的，其均不是因为过量铝离子的存在，当然失去针对性治理的效果不彰也就不难理解了。抗硫酸盐水泥要根本改变历来的困境还需要创新性的突破。

近年，由于沿海和内陆干旱地区的建设规模日益扩大，加之一大批我国建设工程公司开赴中亚、西亚、非洲以至拉丁美洲开展业务，这些地方大部分属于盐碱地区，盐碱腐蚀混凝土构筑物的课题日益引起人们的关注。开发防盐碱腐蚀的混凝土外加剂被提到议事日程。人们首先从加强混凝土的抗渗效能入手，一批以减水剂或膨胀剂为主要成分的混凝土防盐蚀剂问世，而且推出了相应的产品标准（JC/T 1011），其抗腐蚀系数 *K* 值达到 85% 就属合格，一些以大量掺入矿粉（粉煤灰和高炉水淬矿渣粉等）来抑制盐碱对混凝土的侵蚀也援引用了该标准。但其抗腐蚀系数 *K* 值检测大概率稳定在 90% 左右，即也只是缓解了而未能根治盐碱对混凝土的侵蚀破损。其实从加强抗渗效能入手的思路还是可取的，但混凝土抗腐蚀系数 *K* 值要突破 100%，即掺入矿粉或防盐蚀剂后在盐碱环境长时间侵蚀条件下，至少要比在非盐碱环境的普通混凝土同配比同龄期的强度相同或略有增长为宜。这方面也需要有创新性的突破。

多年来，各方面学者持续探索，历经失败挫折，在提升抗腐蚀系数 *K* 值上做了大量工作。针对混凝土硫酸盐腐蚀的课题，人们在思考可否借用分析化学一项有关硫酸盐的经典试验来改变长时间以来以提高抗渗（即单单围堵有害盐碱侵入混凝土）的方法治理盐碱对混凝土的腐蚀病害。分析化学采用钡离子定量检定硫酸盐的含量（生成稳定的硫酸钡沉淀），众所周知，硫酸钡（地质学称作重晶石）是一种特殊、稳定、不会风化、不溶于水、同酸碱与其他物质不发生化学作用的物质。如果将离子化的钡掺入混凝土遇到硫酸根会及时结合生成矿物性的十分稳定的重晶石，硫酸根由离子转化为稳定矿物分子（重晶石）也就失去了腐蚀活性，从而形成一个在混凝土构筑物表面稳定的隔离层，进一步阻止有害离子的侵入，变害为宝。在理论的指引下，以富硅矿粉为载体适量掺入钡盐，再适量掺入配制的混凝土中，28 天标准条件养护后，在模拟自然界配制复合盐水（无水硫酸钠 30g，氯化钠 2g，七水氯化镁 18g 再配水 1000mL）中浸泡和烘干循环 100 次后，考核其抗压强度与同配比（但不掺入防蚀剂）的同龄期标准养护混凝土抗压强度之比 *K* 值竟达到大概率稳定在 105% ～110%，这有效验证了理论的判断。随后提请国家建材检测中心连续 4 年检测，同样 *K* 值大概率稳定在 110% 左右。其后，又提请同济大学专题考核了对抑制氯盐的抗渗速率的有效性，证实了次生的重晶石在混凝土表面形成的稳定的隔离层有效地抑制了外界氯离子的渗透，从而也抑制了氯盐对混凝土钢筋的腐蚀损害，并通过住建部主管领导的批示，新型混凝土防蚀剂可以进入工地推广使用。多年来，在新疆、福建、山东、河北陆续配制防盐蚀混凝土约 60 万立方米，重点工程如乌鲁木齐会展中心及其配套酒店办公楼、厦门储油库、山东莱阳河口挡潮坝、东营炼油厂与保税区、河北黄骅中国捷克炼油厂扩建工程等，取得良好经济与社会效益。近年，经国家专利局长时间实质审查核准授予 GN 混凝土防蚀剂发明专利证书（ZL201410535703.4）（图 5），为近年来首例混凝土外加剂专利证书获得的产品。在具体课题上建议如下：

（1）混凝土防蚀剂大力推广使用后，要进一步改进生产工艺，降低成本。

（2）试点将防蚀剂以适量掺入水泥熟料磨细，推出多效能防盐碱水泥新品种，将明显降低原抗硫酸盐水泥成本，提高其抗腐蚀系数 *K* 值到 105% 以上，改进提升原抗硫酸盐的性价比，也大大方便工地使用。

科技在进步，随着超低能耗建筑和建筑部品化趋势的发展，建筑将对建筑材料有更高的要求，促进建设领域资源节约和环境保护，推广应用节能、节地、节水、节材和环保的建筑材料，鼓励发展新型建筑材料及其应用技术，建材产品禁限推广将一直在路上。

要感谢广大的建筑科技人员、行业管理者在北京城市建设高速发展的过程中的不懈努力，推动了建筑材料技术的优化提升，保证了建设工程质量。

作者简介

李亚铃，1933 年生，高级工程师。主要研究方向为建筑石灰、混凝土掺合料、建筑用砂石骨料、混凝土外加剂、混凝土防蚀剂及防蚀混凝土。

大力发展散装水泥
奉献首都绿水青山蓝天

◎何惠勇

水泥是国家和社会经济建设必不可少且广泛使用的基础性建筑材料，在国民经济中占有极为重要的地位。发展散装水泥工作既涉及水泥生产、运输、使用环节，也涉及相关管理部门，与国家、社会、人民群众的切身利益关系紧密。大的方面涉及建设工程，小的方面涉及千家万户。对此，国家一直给予高度重视。最早 1956 年 5 月，毛泽东办公室批转关于散装水泥发展的人民来信，标志着中国散装水泥工作的开端，国家先后发布了一系列有关发展散装水泥政策。1997 年 1 月，国务院批复了国内贸易部等六部委、局《进一步加快发展散装水泥的意见》，设立散装水泥专项资金，1998 年财政部会同国家经贸委印发《散装水泥专项资金管理暂行办法》，2002 年重新修订了《散装水泥专项资金征收和使用管理办法》专项资金政策执行到 2017 年 3 月 31 日，对限制袋装水泥生产和使用以及发展散装水泥的有关扶持发挥了重要作用。2004 年商务部联合建设部等 7 部门颁布《散装水泥管理办法》，使散装水泥工作进入了规范化、法制化的轨道。2005 年《国务院关于做好建设节约型社会近期重点工作的通知》，确立了"从使用环节入手，进一步加大散装水泥推广力度"的工作方针和总体要求。2007 年《国务院关于印发中国应对气候变化国家方案的通知》，进一步明确了继续执行'限制袋装、鼓励和发展散装'的方针。2008 年"鼓励使用散装水泥，推广使用预拌混凝土和预拌砂浆"写进了《循环经济促进法》。商务部还会同住房城乡建设部等有关部门先后出台了禁止现场搅拌混凝土和禁止现场搅拌砂浆两个"禁现"文件，并先后印发了各个时期的发展散装水泥指导意见等一系列配套文件，不断完善了散装水泥产业政策及配套措施。国家把发展散装水泥、预拌混凝土和预拌砂浆、预制构件作为发展循环经济的重要内容。

在过去这 30 年发展历程中，北京市发展散装水泥工作不断取得划时代的新成绩，先后实现了水泥结构调整、建设工程全面禁止现场搅拌混凝土、砂浆和禁止采购使用袋装水泥，并使预拌混凝土和预拌砂浆成为最先列入绿色建材产品评价认证。水泥产业链上相关行业的生产工艺设施设备、运输和施工设备、智能化制造等水平得到显著提升。回顾30年来发展历程，种种翻天覆地的变化和变迁，让每一位参与其中的实践者、见证者充满自豪感、幸福感。回味过去30年发展之路，先后抓住了我国大力推行改革开放，建设中国特色社会主义市场，加入WTO和举办2008奥运会，实施北京蓝天行动计划，贯彻《北京城市总体规划》（2016—2035年）契机，在商务部和市委市政府、市住房和城乡建设委的坚强领导下，在市区各部门和各行业的大力支持下，历代散装水泥工作者千辛万苦、千言万语、千方百计，克服千奇百怪的困难最终锤炼出一条高质量散装水泥发展之路。30年来的推广散装、限制袋装的散装水泥发展，逐渐形成了以散装水泥应用为核心，以推广应用预拌混凝土和预拌砂浆、预制构件为主要途径的绿色发展，为北京节能减排、环境保护、资源综合利用、工程建设质量工作做出了重要贡献，可谓功在当代、利在千秋。在过去，人们一听见水泥两字，脑海里的印象只有厂区周围落满灰尘，厂内地面水泥飞扬，水泥工人易得的尘肺病；一听见施工现场必然想象到污水横流、异常脏乱差的场景。但是这一切都已经成为过去，走入了历史，早已今非昔比。通过30年持续性的推优限劣工作，北京市在水泥相关方面实现了材料和施工变革，不仅造福社会，也造福劳动者，为国民经济健康发展做出了重要贡献。

一、水泥是保证建设工程质量与安全的基石

水泥生产技术传入我国，很快就被列入重要建设物资，得到了国家的高度重视。过去由于我国缺少水泥，在很长的一段时期内，一些散乱污的小水泥企业一哄而上，节能、环保等方面没得到应有的重视。这期间水泥计划分配方式的取消，许多区、县及乡镇水泥企业纷纷上马，技术设备落后，所生产的水泥大多是低强度等级的矿渣水泥。立窑水泥占绝大多数，而新型干法生产工艺水泥占少数，也就是高品质的水泥不多，仅仅解决了水泥的有无问题。而散装水泥设施一次性投入大，回收期长，资金占用大，企业无力仅依靠自有资金承担散装水泥设施的建设缺少发散设施，不具备发散能力，影响了北京市散装水泥发展的整体水平。

1988年8月，当时的北京市建设委员会会同市计委、市财政局、中国工商银行北京市分行、北京市散装水泥办公室联合印发《关于加快发展散装水泥有关问题的联合通知》，给水泥生产企业下达了散装水泥供应率应达到的目标，并要求新建、改建和老厂改造项目

应配套不低于生产能力70%的散装水泥装车设施，也设立专项资金用于调节水泥的生产、流通和使用。

到1988年年底，全市40多家水泥生产企业散装水泥供应量为81.5万吨，散装水泥供应率仅26%左右；全市17家搅拌站预拌混凝土供应量为130万立方米；全市17家构件生产企业生产水泥构件121万立方米；专业预拌砂浆企业尚未出现。

推进"发展散装水泥、限制袋装水泥"较为缓慢，主要原因：一是发展管理体制机制不合理。因机构设在企业，协调能力受限；二是相关行业对发展散装水泥重要意义的思想认识严重不足；三是发展散装水泥措施匮乏，主要依靠反复宣传、协调、收取散装水泥专项经费、支持水泥散装发放能力技改；四是机立窑或小水泥企业占比很大，散装水泥设备设施能力严重不足，且侧重生产而对使用环节重视不够；五是有关法律法规政策标准不完善。

为破除徘徊不前的局面，1993年4月市散办被划到北京市建委，具体负责全市水泥行业管理和散装水泥的日常管理工作。

1997年1月，国务院批复了国内贸易部等六部委局《进一步加快发展散装水泥的意见》，明确了散装水泥管理机构的地位和职责。为此，北京市由市建委、计委、经委和市财政局联合转发《意见》，建立了由市建委牵头，市计委、市经委、市财政局和市环保局参加的散装水泥协调会制度，主要协调解决散装水泥发展中的有关问题。同时，继续实行施工企业材料供应单位与主要水泥生产厂家的产需协调会，初步形成了两级协调会制度。

1997年6月，根据国家经贸委《关于公布第一批严重污染环境（大气）的淘汰工艺与设备名录的通知》（国经贸资〔1997〕367号），市散办会同有关单位收回了红旗水泥公司、琉璃河乡水泥厂的生产许可证，停发了应淘汰立窑生产线的准用证（图1）。北京市琉璃河水泥厂、北京水泥厂和北京兴发水泥有限公司试制并生产低碱普通硅酸盐水泥。低碱水泥第一次在重点工程中大量使用，填补了北京市生产和使用低碱水泥的空白。1999年，市政府办公厅转发市建委、市经委、市计委、市环保局、市质量技术监督局《关于本市淘汰落后小玻璃、小水泥的实施意见》，市有关部门成立了淘汰工作领导小组，市建委专门为淘汰任务较重的房山区发了《关于提请房山区政府按时取缔、关闭淘汰技术落后小水泥企业的函》。2000年，北京市进行机构改革，把水泥工业管理职能划转到当时的市经委负责，产品生产质量管理归当时的市质量技术监督局负责，而市建委则主抓建设工程使用环节的水泥质量管理工作，配合市经委和市环保局淘汰小水泥，支持水泥生产企业发展散装水泥技术改造。淘汰落后小水泥工作，始终得到了市政府高度重视，北京市淘汰小水泥工作受到国家建材局的表扬。也是在这一年，经过几年的努力，市政府办公厅同意由市建委、市计委、市经委、市财政局和市环保局共同制定的《北京市散装水泥管理办法》发布，其中，要求混凝土搅拌站、预制构件厂等水泥制品企业应使用散装水泥。2001 年，市编办书面核定了北京市散装水泥办公室机构和职责。为科学评价水泥生产和使用过程的环境污染影响，在市建委科技处和市环保局的支持下，北京市环科院和市散办等 4 家单位联合完成了《北京市水泥行业环境污染问题研究》和《北京市水泥使用过程粉尘排放的分析研究》等两项课题。通过这两项课题，为北京市推广散装水泥和预拌混凝土提供了科学依据。其中重要可量化的研究成果是：水泥在使用过程中，袋装水泥粉尘排放量每吨 3.6 千克，散装水泥粉尘排放量每吨为 0.13 千克，两者相差 30 倍。

图 1　北京早已淘汰机立窑水泥企业

这之后，对水泥产业调整力度不断加大，2003 年，北京市在全国率先完成机立窑水泥淘汰工作，散装水泥供应能力得到根本性的提升，新型干法水泥比率达 100%。为实现 2008 年“绿色奥运”理念和北京市“四个中心”战略定位北京市先后关闭了多家生产企业。目前北京市仅剩余 2 家花园式水泥企业（图 2），产能降至 400 万吨左右，成为承担着消纳北京城市危险废弃物、污泥等的重要处置企业，实现转型发展，而水泥产品本身成为处置首都危废物的附属产品。外埠进京水泥市场份额上升到 80% 左右，供应建筑主体结构工程用水泥全部为新型干法水泥，质量更加可靠和稳定。

图2　北京市大型水泥生产企业

二、全面禁止现场搅拌混凝土，大力推广应用预拌混凝土

预拌混凝土具有计量精准、混合均匀、规模化生产、质量稳定、生产效率高、可资源综合利用工业废气物等诸多优点。而现场搅拌混凝土带来的弊端很多，施工现场占用面积大、粉尘污染大、原材料质量和搅拌质量波动大、浪费包装袋、生产力水平低下等，难以满足经济发展需要，需要加快取消现场搅拌混凝土这一落后的施工方法（图3）。

图3　过去工地现场搅拌混凝土场景

（1）逐渐实现全市范围禁止现场搅拌混凝土。加快散装水泥供应率的提高，1995年，散装办领导提出了“散装工作与行业管理相结合，发散企业与使用单位工作相结合”的“双结合”发展散装水泥思路。建设工程是散装水泥推广应用的最为重要的领域，这当中

水泥混凝土的施工应用又是促进散装水泥发展的重要途径和方式。从认识论和方法论来研判发展散装水泥工作，自然而然地将禁止现场搅拌混凝土作为重要突破口。为此，1998年，市建委发布《关于扩大预拌混凝土的使用范围和在施工现场使用散装水泥的通知》（京建材〔1998〕107号），将原三环路以内混凝土浇筑量在100立方米以上的施工现场必须使用预拌混凝土的规定，扩大为四环路范围内。这部文件发布后，预拌混凝土推广应用走上快速发展通道。

2002年，北京市政府《关于发布本市第八阶段控制大气污染措施的通告》中规定："规划市区、北京经济技术开发区自2002年5月1日开始，凡浇筑混凝土量在100立方米以上的施工现场必须使用预拌混凝土，各远郊区县城关镇地区自2002年10月1日开始，施工现场预拌混凝土使用率要达到80%以上。"2003年，北京市政府《关于发布本市第九阶段控制大气污染措施的通告》中，规定"城近郊区和各远郊区县城关镇地区，凡浇筑混凝土量超过100立方米的施工现场，必须使用预拌混凝土。"

2003年根据商务部文件通知要求，北京市成为全国首批全面禁止现场搅拌混凝土的城市，要求混凝土浇筑量在100立方米以上，必须使用预拌混凝土。

2004年，市建委会同市商务局、市公安局、市交通委共同印发了《关于转发〈商务部、公安部、建设部、交通部关于限期禁止在城市城区现场搅拌混凝土的通知〉的通知》文件，对禁止现场搅拌混凝土的区域、新建预拌混凝土企业及供应资质的条件、专用车辆运营进一步做出要求。其中，提出新建预拌混凝土生产企业应建在五环路以外，要符合土地、规划和环保的要求。

2013年《北京市建设工程施工现场管理办法》（市政府令247号）规定了全市建设工程禁止现场搅拌混凝土。2014年《北京市大气污染防治条例》不仅规定了全市建设工程禁止现场搅拌混凝土。这两部法规或政府规章没有保留"混凝土浇筑量在100立方米以上"限制性条件。由此，2014年可以作为北京市全面实现禁止现场搅拌混凝土的里程碑性质的年份，即全面禁止现场搅拌混凝土。

（2）预拌混凝土行业进入减量集约高质量发展阶段。2002年《北京市人民政府关于印发北京市第二批取消和调整行政审批事项目录的通知》（京政发〔2002〕16号）发布，取消"商品混凝土搅拌站建设立项"审批事项，不再对商品混凝土搅拌站进行审批。混凝土企业数量进入增长阶段，加之禁止现场搅拌混凝土政策力度不断加大，有力推动了预拌混凝土推广应用，预拌混凝土产业发展迅猛。经过十几年，北京市混凝土行业开始出现无序发展的问题。预拌混凝土供过于求，企业恶性竞争、环保未跟上发展要求。为进一步促进混凝土行业健康有序发展，市住建委进行充分研究。一是于 2008 年印发《关于停止（暂停）预拌商品混凝土、混凝土预制构件资质受理、审批事项的通知》，停止生产地在五环路以内的预拌商品混凝土、混凝土预制构件所有资质受理、审批事项；暂停生产地在五环路以外的预拌商品混凝土、混凝土预制构件所有资质受理、审批事项。二是组织开展混凝土行业治理整合工作，市住建委、市发改委、市环保局联合发布《北京市混凝土搅拌站治理整合专项工作规划（2009—2012 年）》和《预拌混凝土绿色生产管理规程》地方标准，同时按照全市货运车辆黄标车淘汰工作有关政策文件要求，加快推进混凝土搅拌车更新工作。2013 年《北京市 2013—2017 年清洁空气行动计划》，提出了“组织压缩混凝土搅拌站的数量和规模。2013 年，五环路内未通过治理整合的混凝土搅拌站基本退出”工作任务。2014 年《北京市大气污染防治条例》规定了禁止新建、扩建混凝土搅拌站，标志着北京市混凝土行业进入严禁增量的阶段。2016 年北京市大气污染综合治理领导小组办公室发布《关于进一步做好混凝土搅拌站治理整合与绿色生产管理工作的通知》（京大气办〔2016〕26 号），提出：坚决杜绝已关停搅拌站死灰复燃；坚持严格禁止新建、扩建混凝土搅拌站；加强对混凝土搅拌站绿色生产工作的监督管理；加大执法力度，净化建筑市场秩序；研究制定发展规划，有序调整退出不符合规划的企业，加快推动本市预拌混凝土行业向高水平、低排放方向发展等。通过 10 年的整合治理工作，全市混凝土行业发展秩序和发展质量有了显著提升。

为深入贯彻落实党的十九大关于打赢蓝天保卫战的重大决策部署，2018 年市政府发布《北京市打赢蓝天保卫战三年行动计划》，其中提出：进一步调整优化混凝土搅拌站布局，坚持产能减量置换，修订本市预拌混凝土绿色生产管理规程，2020 年年底前完成绿色生产和密闭化升级改造的工作任务。为此，2018 年重新修订了《预拌混凝土绿色生产管理规程》，对厂区、生产、运输、环保等方面提出更为严格的标准。

30 年的发展，预拌混凝土供应量由 1988 年的 130 万立方米，最高到 2012 年的 6378 万立方米，达到最高的历史纪录。近些年，虽然因疏解非首都功能而建设规模有所压缩，但年均预拌混凝土供应量依然在 5000 万立方米左右（图 4）。

截至 2018 年年底，全市有资质搅拌站点为 150 家，预拌混凝土供应量为 4899 立方米，取得全国绿色建材评价标识三星级认证的搅拌站达 62 个。预拌混凝土早已被参建单位广泛接受并普遍得到采用，极大地保证了建设工程施工需要。目前，全市无行政许可搅拌站、无资质搅拌站已基本实现关停，已有部分混凝土搅拌站点因自身经营困难、规划调整、土地租赁到期等原因出现了停产甚至拆除情况，搅拌站点数量呈现缓慢降低。

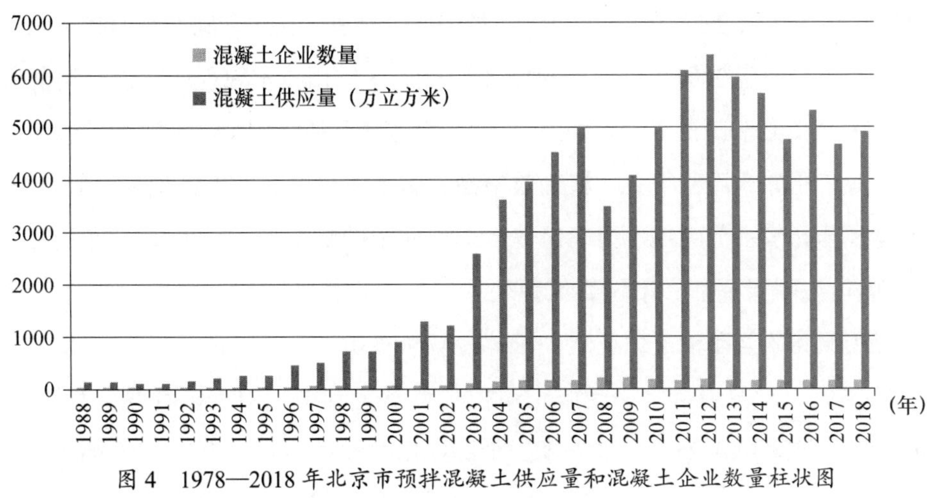

图 4　1978—2018 年北京市预拌混凝土供应量和混凝土企业数量柱状图

三、紧抓契机，高标准推广应用预拌砂浆

推广应用预拌砂浆是发展散装水泥的又一种途径，它的应用领域主要是建设工程的基坑处理、注浆、二次结构或者装饰装修和家庭住宅装饰施工。虽然在发达国家预拌砂浆已经应用得很普遍，技术成熟，深受认可，但 1988 年在我国还基本处于空白阶段。而北京市直到 1997 年北京凯捷机械设备有限公司设计、制造、安装出本市第一条国产小型干混砂浆生产线，2001 年开始开发研制干混砂浆施工设备。北京市建兴新建材开发中心引进欧洲先进成熟技术在国内率先应用聚合物干混砂浆机进口化工原料助剂开发生产了单组分水泥基预配置聚合物干混砂浆 TDL 外墙外保温系统。2000 年，北京建筑材料科学研究总院引进英国技术建成一条年产 10 万吨干混砂浆生产线，其中，普通砂浆 6 万吨、特种砂浆 4 万吨，代表了当时干混砂浆生产先进水平。北京市预拌砂浆推广应用工作采取的思路是：以建设工程为重点抓使用领域，以大型施工集团为重点抓落实对象，以砌筑、抹灰、地面砂浆为重点抓散装应用方式。同时，鉴于北京气候较为干燥、交通拥堵比较严重、预拌砂浆骨料基本为机制砂等因素，我们确定了“干湿均可、市场选择”的预拌砂浆推广应用基本原则，认为其更切合北京情况。因此，北京市预拌砂浆应用的大部分为干混砂浆，湿拌砂浆应用比例很小。

发展到 2016 年，北京市建设工程基本实现现场搅拌砂浆，预拌砂浆基本得到广泛应用，家装市场预拌砂浆应用也呈现快速增加，推广应用发展水平处于全国前列。

（1）开展预拌砂浆应用试点、示范项目。一是抓预拌砂浆应用试点工程。2001 年 9 月，组织市住总集团技术开发中心等单位确定昌平区天通苑项目作为干混砂浆应用的试点工程，召开了现场演示会，完成施工总结和经济造价分析。在此基础上，编制完成《干拌砂浆应用技术规程》于2003年发布。解决了缺乏施工应用技术规程的问题，为全市推广预拌砂浆做好技术准备工作。工程实践证明预拌砂浆产品质量完全满足施工需求，而且具有更多的优势，比如产品种类多、施工效率高、施工质量好、施工扬尘少。二是抓2008年奥运工程预拌砂浆示范应用。为确保奥运工程使用砂浆质量，2006年年初组织召开了由2008年奥运工程指挥部、市建委工程处、混凝土搅拌站、奥运工程承建单位参加的奥运工程使用预拌砂浆研讨会，开展国家体育场（鸟巢）和国家游泳中心（水立方）等项目预拌砂浆应用示范项目，深受施工单位的好评。其中，国家体育场工程项目占地20.4公顷，总建筑面积约25.8万平方米，全部使用了预拌砂浆，成为当时全国第一个完全使用预拌砂浆的最大单体工程，总计使用了预拌砂浆21906.2吨。此示范项目是北京市乃至全国预拌砂浆推广应用历史上的一个重要里程碑，发挥了非常好的宣传带动作用，影响很大，因此也引起了商务部高度重视，对北京进行了工作调研，为之后全国首次推出要求部分省市城区禁止现场搅拌砂浆政策提供了有力依据。图5为国家体育场。

图5　国家体育场

（2）重点抓散装预拌砂浆应用。在预拌砂浆推广应用初期，曾经有段时期内市场上供需两侧有部分企业处于观望状态。施工单位主要使用袋装砂浆，散装砂浆应用形式不多见。预拌砂浆供应企业则主要供应袋装砂浆，严重缺乏散装预拌砂浆的生产、运输、应用等配套能力。因此，这段时期内预拌砂浆在环保、效率等方面的优势并未得到充分发挥，发展水平不高，未形成良性互促提高的发展态势。针对这一症结，我们认为必须抓散装预拌砂浆应用。于是从2012年开始，一方面再进一步组织实施散装预拌砂浆应用示范工程及现场观摩会，展示施工应用配套技术；与此同时，抓紧制定散装预拌砂浆应用通知并安排在现场会前发布（图6）。2012年年初我们同中国新兴建设开发总公司进行沟通并获得支持，于2012年5月30日在昌平回龙观地区“西城区定向安置房项目”隆重组织召开北京市建设工程预拌砂浆散装化应用工作会。当时，市住建委副主任冯可梁及商务部、市环保局等有关工作负责同志应邀出席会议并讲话。来自相关部门和相关行业企业认真观摩了散装预拌砂浆从生产、流通，到使用整个过程的技术、设备、环保情况以及自动加水搅拌出成品砂浆以及机械化墙体喷涂施工过程。散装预拌砂浆体现出的粉尘近零排放、使用方便、施工高效、质量可靠等诸多优势，深深震撼了各与会代表。散装预拌砂浆应用技术引起各大新闻媒体记者的浓厚兴趣。中央电视台、北京电视台、新华社等 10 余家权威媒体参与报道，市建筑节能建材办负责人接受了中央电视台、北京电视台采访，并在各电视台播放。现场会的广泛报道和散装预拌砂浆优势引起了各大施工集团和预拌砂浆行业的高度重视，认真组织落实散装预拌砂浆应用通知文件精神，进一步推进了政策落地工作。这之后，预拌砂浆推广应用开始走上快速发展阶段，供需两端形成良性发展。北京大兴国际机场从开工伊始，就设计使用散装预拌砂浆。

图 6　散装预拌砂浆应用现场会

（3）增强散装预拌砂浆供应保障能力，为实现政策目标提供坚实物质保障。要想转变当初工地实际以袋装普通砂浆为主要使用形式，提升预拌砂浆推广应用水平，实现散装预拌砂浆应用。我们认为必须从生产规模、砂浆种类、生产和供应设备设施、环境保护等方面给予必要的引导，才能做好推行散装预拌砂浆的后盾。于是 2011 年制定发布的《北京市“十二五”时期散装水泥、预拌制品和预制构件发展规划》提出：引导预拌砂浆生产企业在北京东北部和西南部五环路以外地区及北京周边地区新建 11 条高水准的普通干混砂浆自动化生产线，新增产能 440 万吨。新建普通干混砂浆生产企业规模应在 20 万吨 / 年（单班 8 小时）以上，发散能力应达 75% 以上（图 7）。引导北京市预拌混凝土搅拌站供应普通预拌湿砂浆，支持外埠散装普通干混砂浆供应北京市场。在规划引导的同时，开展大量的协调、服务、指导工作，引导各种投资主体按照规划要求，高起点、高标准、高质量地在本市或者周边地区投资建设预拌砂浆生产线。2012 年 5 月《关于加快推进本市散装预拌砂浆应用工作的通知》发布后，狠抓政策执行情况的专项检查工作，预拌砂浆应用量大幅度增长。良好的市场应用和前景给预拌砂浆产业发展带来巨大机遇，短短几年内就新建成投产一大批颇具规模、技术先进环保型预拌砂浆生产线。散装砂浆车辆和筒仓数量快速增长，保证了施工需要，预拌砂浆产业链上各行业受益匪浅，取得了很好的经济效益、社会效益和环保效益。2014 年 2 月 26 日，习近平总书记视察北京提出“四个中心”，即全国政治中心、文化中心、国际交往中心、科技创新中心，要求努力把北京建设成为国际一流的和谐宜居之都。这之后，北京进入非首都功能定位产业疏解整治促提升的发展模式。一些投资主体将建厂地点逐渐转到北京周边省市地区，本市的一些生产企业迁往周边地区新建上规模上水平先进生产线。散装预拌砂浆供应保障能力已完全满足北京市需求。

图 7　北京市大型预拌砂浆生产企业

截至 2018 年，北京市具有一定规模预拌砂浆生产企业 21 家，产能 716 万吨，生产预拌砂浆 223.6 万吨，散装砂浆 160.7 万吨，取得全国绿色建材评价标识的预拌砂浆生产企业有 14 家。已有预拌砂浆生产企业被评为“2018 年北京市智能制造标杆企业单位”。

四、水泥预制件助推装配式建筑发展

除桥梁、轨道交通、城市综合管廊等项目在广泛使用箱梁、管道或管片、管廊等水泥预制件、制品外，近几年，北京市大力发展装配式建筑，2017 年发布的《北京市人民政府办公厅关于加快发展装配式建筑的实施意见》（京政办发〔2017〕8 号），提出自 2017 年 3 月 15 日起，新纳入本市保障性住房建设计划的项目和新立项政府投资的新建建筑应采用装配式建筑；通过招拍挂文件设定相关要求，对以招拍挂方式取得城六区和通州区地上建筑规模5万平方米（含）以上国有土地使用权的商品房开发项目应采用装配式建筑；在其他区取得地上建筑规模10万平方米（含）以上国有土地使用权的商品房开发项目应采用装配式建筑。目前，装配式建筑混凝土部品、部件逐渐增长，主要应用在外墙预制挂板、内隔墙板、楼梯、阳台板、楼板等，替代一部分预拌混凝土。

五、30年发展散装水泥的主要经验

一是理顺散装水泥管理体制机制加强领导力。发现散装机构设在企业存在协调和管理力度不足后，1993年，北京市将散装水泥管理机构划转至当时的市建委，成为北京市发展散装水泥工作的一个重要转折点。1997年《国务院对进一步加快发展散装水泥意见的批复》明确散装水泥办公室的职责和地位，从国务院层级上为散装管理机构发挥作用提供更加有力的制度保障。2001年，市编办批复核定了散装水泥机构编制，明确了管理职责。这些是发展散装水泥取得成就的组织保障。

二是发布规划和建材使用管理目录引导行业健康发展。在各个时期编制发展专项规划，针对生产、流通和应用等环节提出发展目标、重点任务，使相关行业了解今后一段时期散装水泥发展预期和需求，使企业发展与国家倡导的节能、减排、绿色、低碳、可循环的发展理念紧密结合起来，大力促进发展散装水泥工作。除编制规划外，我们结合制定有关推广、限制和禁止的建材产品目录工作，将发展散装水泥的有关内容纳入其中；先后限制预拌混凝土、砂浆或预制构件等水泥制品的生产活动使用袋装水泥（特种水泥除外）、机立窑水泥，鼓励使用新型干法水泥。2015年，禁止全市建设工程使用袋装水泥、现场搅拌混凝土或砂浆，绿色建筑、市政基础设施、大型公共建筑等新建工程推广使用高性能混凝土。

三是不断完善发展散装水泥政策体系并走上法制化。过去一些年，北京市抓住水泥产品结构调整、建设节约型社会、绿色奥运、清洁空气行动计划、蓝天保卫战等国家和本市发展部署，相继出台了一系列禁止现场搅拌混凝土、砂浆的政策并逐渐扩展到全市范围。尤其是《北京市建设工程施工现场管理办法》（市政府令247号）、《北京市大气污染防治条例》将禁止现场搅拌混凝土、砂浆以及散装预拌砂浆纳入其中，并设置了处罚条款，给予发展散装水泥强大的法制保障。2018年新修订《北京市建设工程施工现场管理办法》，明确将禁止搅拌砂浆和推行使用散装预报扩展到全市工地，给予更为清晰和有力的规定。

四是加强科研课题技改标准编制，破解瓶颈问题。在财政部门大力支持下，根据散装水泥专项资金政策规定，采取专项投入解决了一系列瓶颈问题。比如，支持水泥技改，提升发散、中转设施设备能力；支持预拌砂浆生产线建设或机械化施工项目，为北京市禁止现场搅拌砂浆政策落地提供物质保障；开展散装水泥相关课题研究，给出衡量经济、社会、环境效益情况的指标；支持标准编制覆盖预拌混凝土、预拌砂浆质量管理、施工管理、设计、设备等相关标准。比如，承担干混砂浆运输车、干混砂浆散装移动筒仓、预拌砂浆质量管理规程等商务部标准编制工作；编制促进预拌混凝土和预拌砂浆生产企业绿色生产规程，提升生产和运输环节绿色生产管理；编制轨道交通和城市地下管廊管理有关规程，拓展预拌混凝土和预拌砂浆应用。总之，编制一系列技术标准，覆盖了水泥、搅拌站、预拌砂浆生产企业及施工应用、设备或资源综合利用等诸多方面，有力地推进了散装水泥发展工作。

五是宣传培训指导和监督管理相结合。发展散装水泥工作，离不开宣传培训工作。再好的政策标准如果没有得到行业的正确理解和有效执行，不能从思想认知达到与政策精神保持高度一致，是很难实现快速推进工作。因此，采取了多种形式的宣传培训手段。比如，利用杂志、报纸、电视等媒体进行宣传报道或播放公益广告；举办城市限制施工现场搅拌混凝土现场会和散装预拌砂浆机械化施工现场会，举办参建各方和监督管理单位的宣传培训班等。明代首辅张居正曾经说过“天下之事，不难于立法，而难于法之必行”，习近平总书记也曾引用过这句话强调依法治国，可见有效监督管理是有多么重要。因此在政策和标准以及供应保障等基础准备到位的情况下，不断加大监督管理工作力度，能够加快促使发展散装水泥各方面各环节的知行合一，能够严格按照政策标准要求贯彻执行。强化监督管理不是最终的目的，最终的目的是通过监督管理帮助企业查找问题，指导企业整改问题，使发展散装水泥效益得到充分发挥。

六是积极采用信息化手段提升管理效能。随着信息技术的发展，企业和政府各自信息化管理水平不断得到提升。比如，散装水泥、混凝土、预拌砂浆等行业企业生产经营和运输车辆采用信息化管理系统；大型预拌砂浆生产企业对干混砂浆散装移动筒仓实行了定位和计量监控管理，可以随时掌握并满足工地预拌砂浆进场需求，大大降低了物流配送成本，提高了服务水平。混凝土生产企业安装扬尘视频监控和环保排放检测系统，促使混凝土行业更加重视环境保护工作，能够严格按照《预拌混凝土绿色生产管理规程》等标准执行。作为政府管理部门开发建设了混凝土原材料采购信息填报及混凝土生产管理信息平台，并利用二维码技术提升混凝土生产使用质量可追溯性。水泥生产企业污染物有组织排放安装在线监测系统，实施上传至环保监管部门。互联网、北斗定位、云计算、大数据、智能化等技术应用，极大地推动散装水泥行业快速发展。

六、发展散装水泥为国家和北京市的节能减排、环境保护、资源综合利用、工程建设做出巨大贡献

30 年来，因为散装水泥发展工作，不断推动水泥、预拌混凝土、预拌砂浆、预制构件等产业技术进步，实现清洁生产或者绿色生产管理；推动现代化物流发展，各种专用车辆和设备得到广泛应用，使运输环节变得清洁环保；推动使用环节普遍应用预拌混凝土和预拌砂浆，装配式混凝土部品部件也逐渐增加，全方位推进工作大大降低了施工工地粉尘排放，工地环境得到显著提升。不仅如此，发展散装水泥还综合利用了大量的粉煤灰、钢渣、矿粉、尾矿等工业废弃物和生活垃圾、污泥、飞灰、建筑垃圾再生骨料等。仅以“十二五”期间为例，本市累计使用散装水泥 9073 万吨，预拌混凝土供应量 28836 万立方米，普通预拌砂浆使用量 1160 万吨，综合利用粉煤灰、矿粉、尾矿等固体废弃物 2 亿吨以上。根据国家研究成果测算，共节约能源 242.3 万吨（标煤），减少二氧化碳排放 1137.3 万吨，减少水泥粉尘排放量 36.1 万吨，节约水泥 1263.9 万吨（包括因综合利用粉煤灰而节约水泥用量因素），节省水泥包装袋 18.1 亿条以上，创造综合经济效益 61 亿元以上（图 8）。由此可见 30 年的推广散装、限制袋装的散装水泥发展工作，其带来的社会效益、环境效益、经济效益十分显著。

目前，北京市正在如火如荼地深入贯彻《习近平新时代中国特色社会主义思想》和《北京城市总体规划（2016—2035 年）》等要求，让我们坚定秉持“创新、协调、绿色、开放、共享”发展理念，瞄准北京“四个中心”战略定位，怀着“不忘初心、牢记使命”担当，不断开拓创新、锐意进取，继续深入发展散装水泥，努力为首都的绿水青

图 8　每万吨散装水泥节能减排数据

山蓝天做出新的更大贡献。

作者简介

何惠勇，北京市建筑节能与建筑材料管理办公室数据室主任，工程师。主要研究方向为促进散装水泥发展相关政策、标准制定、研究等方面。

北京市天然砂石禁采和再生骨料推广的历史发展和作用

◎李　飞

一、引言

砂石又称骨料或集料，与人类生存密切相关，是建筑、道路、桥梁、水利等建设工程不可或缺、不可替代、用量最大的原材料。然而，由于早期砂石行业采用传统而分散的生产方式，人们对砂石产品和砂石行业认识与重视不够，导致在政府规划、行业统计等方面相对落后。

北京市作为现代化的国际大都市，建设工程量十分巨大。过去主要以天然砂石为主，随着对环境保护的越来越重视，北京市政府于 2001 年开始逐步关停北京市范围内的砂石场，并于 2003 年 5 月底全部完成。一方面，禁采后大量的砂石生产机组迁至河北省，直接促进了河北省砂石生产的发展，但开采和生产的同时也对河北省环境造成了较大的破坏；另一方面，尾矿、建筑废弃物循环利用制备机制砂得以迅速发展。笔者结合北京市住建委组织的调研和自身工作了解的情况，围绕北京市砂石的需求、现状和未来发展方向进行展开（图 1）。

图 1　北京西郊砂石厂（速写）　作者：刘崇，发表于《建筑工人》1992 年

二、北京市城乡建设用砂石的需求

近年来，北京市城乡建设取得了长足的发展。房屋建筑开复工面积从 2001 年的 8200 万平方米发展到 2018 年的 1.8 亿平方米（表 1）。特别是 2008 年奥运会后，北京市建设工程大面积开工，商品混凝土产（用）量也逐年上升，2011 年、2012 年连续两年超过 6000 万立方米，2013 年开始略有回落，目前产（用）量保持在 5000 万立方米 / 年左右；交通基础设施建设方面，“十二五”期间总投资额为 3640.7 亿元；随着京津冀交通一体化的发展，《北京市“十三五”时期交通发展建设规划》提出在“十三五”期间交通基础设施项目总投资约为 7505 亿元，包含民航、铁路、城市轨道、公路、城市道路、枢纽场站等领域，是“十二五”期间交通基础设施投资额的 2 倍多。虽然北京市城乡建设要求稳定的建筑用砂石供应渠道，但是目前砂石生产相关统计信息还不完善，信息收集渠道不畅通，砂石需求未有准确数量。总体来看，“十三五”期间北京市辖区内砂石需求较大，混凝土行业（包括混凝土搅拌站、工地现场拌制、预制构件、砂浆和农村建设等）砂石消耗量将维持在 1.8 亿吨以上，从 2003 年开始，北京砂石全面禁采，部分已有开采许可的企业陆续到期关停，为保障建设工程的正常开展，砂石供应和质量问题成为热点（图 2）。

表 1　房屋建筑施工及竣工面积（2001—2018 年）

年　份	施工面积（万平方米）	竣工面积（万平方米）
2001	8203.3	2554.6
2002	9697.7	3121.8
2003	11262.2	3222.8
2004	13121.9	4203.2
2005	14096.2	4679.2
2006	14069.2	4191.0
2007	14146.7	3866.4
2008	14145.3	3840.7
2009	14380.6	4252.6
2010	15572.1	3908.4
2011	18065.2	4033.2
2012	20045.4	3723.5
2013	21526.0	3989.7
2014	21549.8	4837.4
2015	20009.1	4170.2

续表

年　份	施工面积（万平方米）	竣工面积（万平方米）
2016	22721.9	3593.7
2017	21512.7	2671.1
2018	17956.3	2384.9

注：2007 年及以前，表中数据不包含农村农户房屋施工和竣工面积。
资料来源：北京市统计局 http：//www.bjstats.gov.cn/

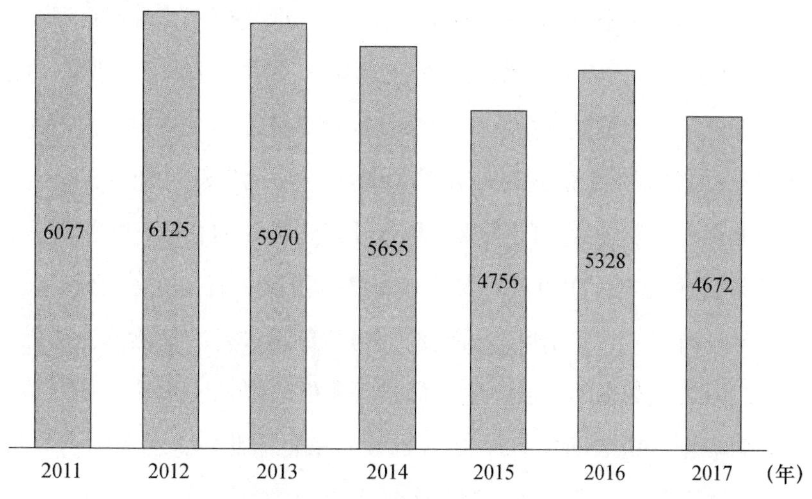

图 2　北京市预拌混凝土年产量

北京市公路、城市道路及桥梁建设（2001—2010 年）见表 2。

表 2　北京市公路、城市道路及桥梁建设（2001—2010 年）

年　份	境内公路道路总里程（千米）	公路里程（千米）	城市道路里程（千米）	城市道路面积（万平方米）	城市道路桥梁（座）
2001	—	13891	4312	6062	891
2002	—	14359	5444	7645	1051
2003	18942	14453	3055	5345	848
2004	19010	14630	4067	6417	949
2005	19015	14696	4073	7437	964
2006	25377	20503	4419	7258	1079
2007	25765	20754	4460	7632	1230
2008	26921	20340	6186	8941	1738
2009	27436	20755	6247	9179	1765
2010	27907	21114	6355	9395	1855

资料来源：北京市统计局 http：//www.bjstats.gov.cn/

三、限采天然砂石对北京市砂石产业供应现状的影响

位于北京市南部的拒马河流域蕴藏着丰富的河砂和卵石资源，开采集中在涿州市和涞水县，主要供应北京市场。经多年大量开采，资源已大幅度减少。位于北京市西部、北部的桑干河、滦河等流域也有丰富河砂和卵石资源，近年也大量开采。环北京西、北、东三面的太行山、军都山、燕山等山区蕴藏非常丰富的石灰石矿藏，尤其东部的三河市集中开采加工机制砂石，占北京砂石市场很大份额。在北京市住建委的支持下，先后于 2011 年和 2016 年组织开展了两次砂石生产和应用情况调研。调研结果表明：北京本地利用废石和尾矿生产砂石占生产砂石总量的 30% ～40%，大部分依靠河北省供应。

据河北省建设厅材料和装备处 2011 年调研数据，河北省环首都圈 13 个县（市、区）内，经水利、国土资源、矿管等部门批准，具有开采许可证的企业，并按其设计能力可开采 5 ～10 年的资源储量为 78471 万吨，其中砂 17395 万吨，石 61076 万吨，详见表 3。而各县（市、区）未对河道砂石、山区砂石资源的自然储量进行准确测算，估计有数百亿吨至上千亿吨之多，但大多资源因交通、生态保护等条件所限无法开采。

依据上述调研数据分析表明仅有约 40% 的砂石来自河北省，因此约占总量 30% 的砂石来源不明，疑似其来源是无序开采甚至是盗采盗挖。

表 3　河北省环首都圈建筑砂石情况统计表

序号	县（市、区）	可开采资源储量（万吨）			年开采加工能力（万吨）		
		合计	砂	石	合计	砂	石
1	涿州市	433	130	303	144	43	101
2	涞水县	5310	1000	4310	1150	340	810
3	三河市	46572	—	46572	5000	1000	4000
4	大厂县	—	—	—	—	—	—
5	香河县	—	—	—	—	—	—
6	固安县	—	—	—	—	—	—
7	廊坊市	—	—	—	—	—	—
8	涿鹿县	2900	1400	1500	69	49	20
9	怀来县	1670	370	1300	310	40	270
10	赤城县	9686	4745	4941	153	85	68
11	丰宁县	4850	4750	100	170	70	100
12	滦平县	4550	4500	50	230	100	130
13	兴隆县	2500	500	2000	250	50	200
合计		78471	17395	61076	7476	1777	5699

（一）尾矿利用情况

北京地区的废石和尾矿资源是非常巨大的，主要分布在密云区和房山区，见表4。每年新排放的废石和尾矿若能够充分利用，可提供约5000万吨的机制砂石；若砂石生产基地规模需要继续扩大时，充足的存量废石、尾矿可提供原料保障。

表4　废石、尾矿资源储量

<table>
<tr><th colspan="2" rowspan="2">区县/矿场</th><th colspan="3">目前存量（万吨）</th><th colspan="3">年排放量（万吨）</th></tr>
<tr><th>废石</th><th>尾矿</th><th>合计</th><th>废石</th><th>尾矿</th><th>合计</th></tr>
<tr><td rowspan="6">密云县</td><td>首云矿业</td><td>6000</td><td>1700</td><td>7700</td><td>2240</td><td>230</td><td>2470</td></tr>
<tr><td>云冶矿业</td><td>3000</td><td>1100</td><td>4100</td><td>720</td><td>310</td><td>1030</td></tr>
<tr><td>威克冶金</td><td>4500</td><td>1200</td><td>5700</td><td>600</td><td>100</td><td>700</td></tr>
<tr><td>建昌矿业</td><td>1000</td><td>500</td><td>1500</td><td>500</td><td>55</td><td>555</td></tr>
<tr><td>放马峪铁矿</td><td>1700</td><td>700</td><td>2400</td><td>700</td><td>80</td><td>780</td></tr>
<tr><td>合计</td><td>16200</td><td>5200</td><td>21400</td><td>4760</td><td>775</td><td>5535</td></tr>
<tr><td rowspan="5">房山区</td><td></td><td colspan="3">废石储量（万吨）</td><td colspan="3">年排放量（万吨）</td></tr>
<tr><td>金隅矿业</td><td colspan="3">12000</td><td colspan="3">600</td></tr>
<tr><td>小蒋沟采石厂</td><td colspan="3">2386</td><td colspan="3">30</td></tr>
<tr><td>立马长流水矿业</td><td colspan="3">1651</td><td colspan="3">300</td></tr>
<tr><td>合计</td><td colspan="3">16037</td><td colspan="3">930</td></tr>
</table>

密云冶金矿山公司成立于1985年，是集采选、铸造、开发为一体的国有大型冶金矿山企业，年产铁精粉200余万吨，是密云区的支柱产业，密云区成为北京市的主要废石和尾矿产生区域。近年来，密云冶金矿山公司及其下属5家矿山开采公司均配备了废石、尾矿综合利用砂石生产线，大力开展用废石和尾矿生产机制砂石。

目前，密云冶金矿山公司现有废石和尾矿生产机制砂石的总利用能力为2215万吨，公司近年来共投入59300万元用于生产线的建设和改造，新建砂石生产线8条（其中首云铁矿4条）利用废石加工建筑用砂石生产能力达到1890万吨/年，利用尾矿生产建筑用砂石生产能力达到325万吨/年。改造后预计年生产砂石能力可达到2215万吨，见表5。根据矿山企业“十二五”规划目标，“十二五”期间将再投资1.8亿元，新增砂石产能1420万吨/年，到“十二五”末形成全公司砂石年产3635万吨的能力，见表6。

表5　密云五家矿山企业现有综合利用生产能力

单位	总投资（万元）	开采年限	废石加工能力（万吨）	尾矿利用能力（万吨）	合计（万吨）
首云矿业	27500	10年以上	800	100	900
云冶矿业	12100	25年	130	15	145
威克冶金	8600	12年	600	100	700
建昌矿业	4300	40年（露天14年）	60	50	110
放马峪铁矿	6800	20年	300	60	360
公司合计	59300	—	1890	325	2215

表6　"十二五"期间五家矿山企业新增生产能力

单位	新增投资（万元）	增加生产能力（万吨）		合计（万吨）
		废石	尾矿	
首云矿业	5000	500	—	500
云冶矿业	—	—	—	—
威克冶金	3000	300	—	300
建昌矿业	6500	350	—	350
放马峪铁矿	3500	250	20	270
合计	18000	1400	20	1420

其中，首云和威克矿业公司位于密云区巨各庄镇，毗邻京承高速和京密路，距离市区约70千米，交通便利，如图3所示。目前已形成年生产能力1600万吨，且销售情况较好；而建昌、云冶和放马峪位于密云水库东北部，目前受运距影响，市场竞争力较弱，产品滞销情况较明显。

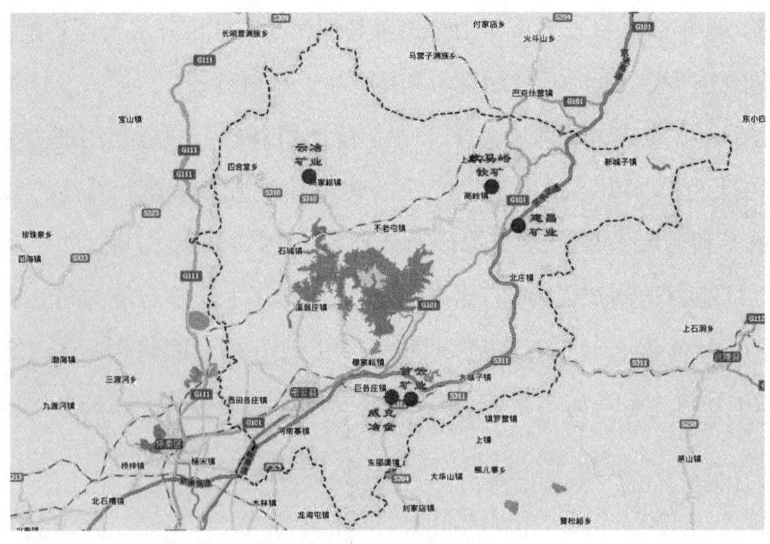

图3　密云矿山企业分布图

密云区还在大力发展废石、尾矿综合利用，建设绿色矿山（图 4）。

图 4　密云废石、尾矿综合利用，建设绿色矿山

此外，河北省环首都圈还有大量的废石尾矿资源有待开发利用，见表 7。

表 7　河北省环首都圈废石、尾矿资源情况统计表

地区		目前存量（万吨）			年新增量（万吨）
		废石	尾矿	合计	
迁安市	大石河铁矿	59800	15000	74800	3500
	水厂铁矿	88000	20000	108000	5800
承德市		—	—	160000	20000
合计		—	—	342800	29300

（二）再生骨料推广和利用情况

从《北京市推广、限制、禁止使用建筑材料目录（2010 年版）》发布后，北京市开始在预拌混凝土、预拌砂浆、混凝土制品中推广使用再生骨料，旨在对建筑物、构造物拆除过程中形成的废弃物循环利用，以利于资源节约和环境保护。在 2014 年版中，禁限目录又继续明确了推广使用建筑工程用再生骨料制备的墙体材料、市政道路和工程用再生骨料无机混合料。目前，北京市在建筑垃圾再生骨料的资源化利用方面走在国内的前列。

根据北京市政府办公厅《关于全面推进建筑垃圾综合管理循环利用工作意见的通知》（京政办发〔2011〕31 号），北京市在 2011 年成立了建筑垃圾综合管理循环利用领导小组。2013 年北京市政府发布的《北京市生活垃圾处理设施建设三年实施方案》中，已将大兴、石景山、朝阳、海淀、丰台、房山等 6 个区的建筑垃圾资源化处置建设项目纳入规划。2018 年又发布了《北京市环境卫生事业发展规划》（京管函〔2018〕375 号），规划中新增平谷区、密云区、通州区 3 座固定式建筑垃圾资源化处置工厂，并增加了建筑垃圾治理相关内容。2018年8月，委托北京建筑大学承担北京市建筑垃圾治理远期规划编制工作。

根据北京市城市管理委员会委托北京城市管理研究院对建筑垃圾产生量的预测，预测“十三五”期间，年建筑垃圾产生量约4000万吨，其中85%～90%为渣土，施工、拆除、装修等其他垃圾占10%～15%。在拆违专项行动的特殊时期内，每年预计产生拆除垃圾6000～7000万吨。目前北京市建筑垃圾临时性资源化处置设施77处（当地称为“半固定式”），固定式资源化处置工厂3座，资源化能力接近8000万吨/年。此外，朝阳区、海淀区、丰台区的固定式资源化处置项目均已开工建设，其中朝阳项目于2018年年底完成建设，海淀区、丰台区项目预计2019年年底完成建设。

资源化利用方面，2018年北京市累计资源再生拆除垃圾2500余万吨，主要的资源化处置方式有现场临时设施处置和固定设施处理两种，以临时处置为主。对于现场临时处置，部分结合“留白增绿”工作，将拆除现场的建筑垃圾，经简单处理后，直接回用至后期现场景观绿化工程。如石景山区衙门口棚户区改造拆除垃圾现场、大兴区瀛海镇建筑垃圾堆景点等。还有一大部分临时处置点用进口的移动式破碎、筛分设备，将建筑垃圾加工成再生骨料后向市场销售，已售出的主要用于修路。对于固定设施，由于固定式建筑垃圾资源化处置工厂因投资大、生产成本高，往往只选择建筑垃圾中的废混凝土作为原料，所加工生产的再生骨料质量较好，容易被销售市场接受。但拣剩后留在拆违现场的建筑垃圾，仍有待进一步全面解决。

四、北京市砂石产业发展的方向及建议

建设用砂石是构筑混凝土骨架的关键原料，是年消耗自然资源很多的大宗建材产品，随着资源和环境约束日益强化，机制砂石逐渐成为我国建设用砂石的主要来源。我国已成为最大的机制砂石生产国和消费国，年产量高达200亿吨。机制砂石生产已由简单分散的人工或半机械的作坊逐步转变为标准化规模化的工厂承担，但机制砂石行业也面临着质量保障能力弱、产业结构不合理、绿色发展水平低等突出问题。为贯彻落实《国务院办公厅关于促进建材工业稳增长调结构增效益的指导意见》（国办发〔2016〕34号）等文件的精神，日前工信部发布的《关于推进机制砂石行业高质量发展的若干意见》提出贯彻“创新、协调、绿色、开放、共享”的发展理念，以质量和效益为中心，以供给侧结构性改革为主线，利用现代信息技术改造提升砂石产业，着力打造数字矿山，着力建设智能工厂，着力构建绿色物流，利用综合标准依法、依规关停落后产能，倒逼提升质量保障能力和节

能减排水平，增强本质安全，调整优化结构布局，加快联合重组，因地制宜发展循环经济，提高全要素生产率，推进机制砂石产业高质量发展，为工程质量提升提供有力支撑和保障。

北京市建筑垃圾资源化利用和再生骨料推广应用典型情况见表8。

表8 北京市建筑垃圾资源化利用和再生骨料推广应用典型情况

序号	处置点	处置能力（万吨/年）	已处置量（万吨）	产品种类	产品售价
1	怀柔区大屯简易填埋场（北京建工）	70（2018年10月份投入运营）		年产道路材料30万吨，含0～5mm骨料、5～10mm骨料、10～25mm骨料、0～10mm还原土	
2	石景山首钢建筑垃圾资源化处置工厂	100	2018年已处置40万吨	0～3mm骨料、0～5mm骨料、3～5mm骨料、5～10mm骨料、5～25mm骨料、0～10mm还原土、混合无机料	混合无机料：110～120元/吨 骨料：5元/吨，含税
3	衙门口棚户区改造拆除垃圾现场处置项目（石泰）	48.45×3	共266万吨	0～6mm骨料、6～20mm骨料、20～40mm骨料、市政砖	各种产品都不外销，只用于衙门口棚户区改造项目
4	大兴建筑垃圾资源化处置工厂（北京路桥）	100		各尺寸再生骨料、再生混凝土、无机料	每年可生产60万吨再生混凝土、70万吨无机混合料
5	大兴区北藏村垃圾处置现场（兴华祥云）	1万吨/天		再生骨料	90元/吨
6	大兴区瀛海镇建筑垃圾堆景处置		44	微地形塑造	
7	大兴区西红门镇积存垃圾现场处置		40×1.4	再生骨料	40～50元/吨
8	朝阳区孙河建筑垃圾资源化处置项目（北京建工集团）		2017年9月至今处置约30万吨	无机料、各型号骨料、还原土	无机料110元/吨；骨料12元/吨；还原土不要钱
9	朝阳区十八里店建筑垃圾资源化处置项目（董氏兄弟）	4000吨/天	2018年8月运营至今已处置30万吨	骨料	

《意见》还指出："到2025年，基本完善砂石质量保障体系，产品符合《建设用砂》（GB/T 14684）和《建设用卵石、碎石》（GB/T 14685）要求，以机制砂Ⅰ类产品为代表的高品质机制砂石比例不断提高。大多数县级行政区布局建设服务当地的砂石加工基地或集散中心。年产500万吨及以上的机制砂石企业集团生产集中度达25%。利用尾矿、建筑废弃物和石料等加工的机制砂石，产量占比达30%。新建和改扩建机制砂石企业的万吨产品能耗（不含矿山开采和污水处理）不高于10吨标煤（以石灰石等软岩为原料）或不高

于13吨标煤（以花岗岩等中硬岩为原料），水耗不高于1400吨，非公路运输物料占比达30%，培育20家以上智能化、绿色化、质量高、管理好的示范企业。”

北京市的尾矿综合利用作建筑砂石属于机制砂石的范畴。密云冶金矿山公司在资源开发利用时坚持“生态开发、科学利用、循环经济”的总体方针，将建设生态矿山、打造环境友好型企业作为新的经营思路和管理理念，5家矿山开采公司先后入选国家级绿色矿山试点单位，具备较好的工作基础。通过政府的引导和支持，企业严格质量管控、加快技术创新，将有望引领北京市机制砂石行业的高质量健康发展。

此外，发展循环经济也是北京市砂石的必然趋势。鼓励利用尾矿、建筑废弃物和石料等加工生产砂石骨料，节约一次天然矿产资源。目前尾矿利用相对成熟，而建筑废弃物资源化利用行业刚刚起步，资源化利用率还不高，北京市多部门联合印发了《北京市建筑垃圾治理实施方案》《关于进一步加强建筑废弃物资源化综合利用的意见》等相关文件，并在已建成的建筑垃圾综合管理循环利用平台和建筑垃圾运输车辆管理系统基础上启动建设《北京市建筑垃圾治理城市监管平台升级改造项目》。建议加大对再生骨料及产品的推广和支持力度，解决建筑废弃物资源化利用行业关心的产品出路问题，将有助于提升北京市砂石行业的绿色循环发展。

作者简介

李飞，北京建筑大学副教授，主要研究方向为建筑垃圾资源化、高性能混凝土及其原材料。

北京市矿物掺合料禁限和推广的历史发展与作用

◎张增寿　黄天勇

一、引言

30多年来，我国正在经历人类历史上规模最大的基础设施建设高潮，其中混凝土材料扮演着重要的角色。土木工程对混凝土的需求量越来越大，混凝土材料的性能与质量成为影响钢筋混凝土结构可靠性的重要因素。在影响混凝土材料质量的若干因素中，掺合料质量的控制是重要的环节。随着建筑业的迅速发展，现代建筑工程逐渐向大跨度、重载、超高层结构发展，工程上对混凝土强度和耐久性的要求越来越高。提高混凝土耐久性的最佳方法就是采用活性矿物掺合料取代部分水泥。在配制混凝土时，加入较大量矿物掺合料不仅能节约水泥，降低混凝土的水化热温升，而且由于掺合料的形态效应、微集料效应和火山灰效应还能改善混凝土的工作性，增进混凝土的后期强度，改善混凝土的内部结构，提高混凝土的抗裂性及耐久性。因此，矿物掺合料又被称为辅助性胶凝材料，是配制高性能混凝土不可缺少的组分。高效减水剂的广泛使用改变了混凝土的一切，也使矿物掺合料能够成为现代混凝土必不可少的组分，赋予了现代混凝土各种特性。目前，部分地区的混凝土企业对不同矿物掺合料的性质和作用缺乏正确的认识，往往单纯从降低混凝土成本出发，只是保证强度，却忽略了现代混凝土的其他特性。另一些混凝土公司，则存在对矿物掺合料不敢用或不会用的问题。

在水泥净浆、砂浆或混凝土拌制前或拌制过程中加入的，可以减少水泥用量并改善新拌和硬化混凝土性能的矿物类物质主要有粉煤灰、矿渣等，其掺量一般较大。如粉煤灰是一种优质的混凝土掺合料，已经在各类工程中得到了广泛的应用，不仅保证了混凝土的后期强度等各种性能，而且解决了混凝土的温控等问题，因而在混凝土材料中具有举足轻重的地位。混凝土质量是工程质量、建筑寿命的重要保障因素，科学使用矿物掺合料将有效提高混凝土的强度和质量。

与此同时，面对日益恶化的地球环境和资源的不断匮乏，专家学者提出了“绿色”混凝土的概念。“绿色”混凝土应具备的特征是：（1）节约资源、能源，实行可持续发展；（2）有利于环境保护，减少 CO_2、粉尘的排放，减轻大气温室效应；（3）混凝土耐久性能优越，提高建筑物的使用寿命，减少直接或间接的维护费用；（4）组成混凝土的原材料放射性核素比活度满足要求，游离甲醛、释放氨含量应尽可能得低，满足对公共及民用建筑舒适、健康、安全的需要；（5）减少烧结熟料用量，大量利用粉煤灰、粒化高炉矿渣粉等工业废料。进入21世纪以来，国内混凝土行业发展迅速，如何实现发展方式从以规模促效益到以技术促增长的科学转变，是保证混凝土行业健康发展的首要任务。积极推进矿物掺合料技术将大幅降低企业生产成本，为企业提供一条全新的发展之路，进而推动产业转型，实现行业绿色健康可持续发展。

二、矿物掺合料的发展历史

（一）北京市混凝土的发展简介

矿物掺合料是混凝土的重要组成部分，矿物掺合料的发展离不开混凝土的发展，因此简要回顾北京市混凝土的发展。北京市预拌混凝土起步于20世纪80年代。建设工程中使用的混凝土从现场分散搅拌向搅拌站集中搅拌的变革，是混凝土生产由粗放型向集约型，向工业化、商品化、专业化、产业化转变的重要变革。

1998年，北京市建委印发《关于扩大预拌混凝土的使用范围和在施工现场使用散装水泥的通知》，规定四环路内混凝土浇筑量在100立方米的施工现场必须使用预拌混凝土。

2002年，市政府《关于发布本市第八阶段控制大气污染措施的通告》，规定“规划市区、北京经济技术开发区自2002年5月1日开始，凡浇筑混凝土量100立方米以上的施工现场必须使用预拌混凝土，各远郊区县城关镇地区自2002年10月1日开始，施工现场预拌混凝土使用率要达到80%以上。”

2004年，北京市散装水泥办公室同市商务局、市公安局、市交通委共同印发了《关于转发〈商务部、公安部、建设部、交通部关于限期禁止在城市城区现场搅拌混凝土的通知〉的通知》文件，对禁止现场搅拌混凝土的区域、新建预拌混凝土企业及供应资质的条件、专用车辆运营做出要求，同时倡导发展预拌砂浆的应用。

2009年6月，市建委发布《预拌混凝土生产管理规程》，对预拌混凝土生产厂址选择、设备设施、生产管理、排放监测控制等方面进行了规定，对原材料运输企业和混凝土使用企业提出了要求。

《北京市推广、限制和禁止使用建筑材料目录（2014年版）》中明确了将具有高耐久性、高工作性和高体积稳定性的高性能混凝土推广使用于绿色建筑、市政基础设施、大型公共建筑等新建工程中。

（二）矿物掺合料的标准、规范发展

矿物掺合料的发展与政府出台的相关政策和标准规范息息相关。为推广应用粉煤灰，国家出台相关税收支持政策，相关应用技术规程在20世纪80年代后期以后发布执行，分别为《粉煤灰在混凝土和砂浆中应用技术规程》（JGJ 28—1986）和《粉煤灰混凝土应用技术规程》（GBJ 146—1990），粉煤灰才逐渐应用于混凝土。

《粉煤灰在混凝土和砂浆中应用技术规程》（JGJ 28—1986）标准中第三章第一节中规定：Ⅰ级粉煤灰允许用于后张预应力钢筋混凝土构件及跨度小于6m的先张预应力钢筋混凝土构件；Ⅱ级粉煤灰主要用于普通钢筋混凝土和轻骨料钢筋混凝土（注：经专门试验，也可当Ⅰ级粉煤灰使用）；Ⅲ级粉煤灰主要用于无筋混凝土和砂浆（注：经专门试验，也可用于钢筋混凝土）。第二节关于最大限量规定：在普通钢筋混凝土中，粉煤灰掺量不宜超过基准混凝土水泥用量的35%，且粉煤灰取代水泥率不宜超过20%。预应力钢筋混凝土中，粉煤灰最大掺量不宜超过20%。其粉煤灰取代水泥率，采用普通硅酸盐水泥时不宜大于15%。

《粉煤灰混凝土应用技术规程》（GBJ 146—1990）中第三章规定：Ⅰ级粉煤灰适用于钢筋混凝土和跨度小于6m的预应力钢筋混凝土；Ⅱ级粉煤灰适用于钢筋混凝土和无筋混凝土；Ⅲ级粉煤灰主要用于无筋混凝土；对于设计强度等级C30及以上的无筋粉煤灰混凝土，宜采用Ⅰ级、Ⅱ级粉煤灰；用于预应力钢筋混凝土、钢筋混凝土以及设计强度等级C30及以上的无筋混凝土的粉煤灰等级，如经试验论证，可采用比上条规定低一级的粉煤灰。标准中未对试验项目做明确规定，是抗压强度满足设计要求即可，还是再增加检测项目，未明确表述。标准中第四章第一节中规定，混凝土中掺用粉煤灰可采用等量取代法、超量取代法和外加法。粉煤灰混凝土配合比设计，应按绝对体积法计算。第四章第二节中规定，粉煤灰在各种混凝土中取代水泥的最大限量（以重量计），使用普通硅酸盐水泥，配制预应力钢筋混凝土，取代限量15%；配制钢筋混凝土、高强混凝土和高抗冻性混凝土，取代限量25%配制大体积混凝土、中低强度混凝土和泵送混凝土，取代限量40%。目前使用市场上，普通硅酸盐水泥应用最广泛，结构上混凝土主要是钢筋混凝土，可见，粉煤灰混凝土实际应用中，粉煤灰取代限量应为25%。

比较《粉煤灰在混凝土和砂浆中应用技术规程》（JGJ 28—1986）和《粉煤灰混凝土应用技术规程》（GBJ 146—1990），《粉煤灰混凝土应用技术规程》（GBJ 146—1990）中粉煤灰取代率提高了5%，这也表明矿物掺合料的掺量在不断地增加。

矿渣粉前期主要应用于水泥，作为水泥的混合材料，生产矿渣水泥等复合水泥，后期随着预拌混凝土的发展，矿渣粉逐渐应用于混凝土。在2000年后，矿渣粉才大量应用于实际混凝土工程。2002年北京市建委发布实施北京市地方标准《混凝土矿物掺合料应用技术规程》（DBJ/T 01-64—2002），此标准第6章中规定了粉煤灰和矿渣粉的取代水泥率，增加了水灰比的限制，使用普通硅酸盐水泥，水灰比＞0.40，粉煤灰取代率≤25%，矿渣粉取代率≤40%，复合掺合料取代率≤50%；水灰比≤0.40，粉煤灰取代率≤35%，矿渣粉取代率≤55%，复合掺合料取代率≤60%。由此可见，随着粉煤灰的应用经验的积累和试验研究，掺合料的应用技术不断提高。该规程对混凝土矿物掺合料技术指标、施工应用中的要求、质量验收与复试等方面做出了规定，属国内首次提出，对北京混凝土行业大量应用粉煤灰、粒化高炉矿渣粉等工业废料做出指导和规定，引领混凝土行业从单掺粉煤灰快步走向粉煤灰、矿渣粉的双掺技术，同时又减少了水泥用量，这是一种技术进步，在国内也属于领先地位。

北京市建委组织相关单位对《混凝土矿物掺合料应用技术规程》（DBJ/T 01-64—2002）进行修订，制定了《混凝土矿物掺合料应用技术规程》（DB11/T 1029—2013），该标准增加了硅灰、钢铁渣粉和石灰石粉，同时相应增加了硅灰、钢铁渣粉和石灰石粉的质量指标和应用要求等内容，矿物掺合料的质量指标、应用要求及掺矿物掺合料混凝土的配合比设计、耐久性要求等也根据现行标准进行了修订。标准第6章中规定了各类矿物掺合料取代水泥率，其中使用普通硅酸盐水泥，水灰比＞0.40，粉煤灰取代率≤30%，矿渣粉取代率≤45%，复合掺合料取代率≤55%；水灰比≤0.40，粉煤灰取代率≤35%，矿渣粉取代率≤55%，复合掺合料取代率≤65%。

从以上标准中对有关粉煤灰和矿渣粉的相关规定，可以看出，随着预拌混凝土技术的发展，各项标准、规范的规定均趋向于加大掺合料掺量，这符合可持续发展需要；粉煤灰和矿渣粉等混凝土用掺合料已成为配制混凝土不可缺少的组分，在部分标准中有所体现，这促进了矿物掺合料的推广应用。

（三）矿物掺合料在北京市工程的应用

1. 中央电视台新台址

中央电视台新台址位于光华路和东三环路交界处的CBD中央商务区内。中央电视塔底板混凝土强度等级 C40P8，底板厚度 10.9m，一次最大浇筑量 40000m^3，采用 60d 为验收龄期，中心最高温度 54.6℃，底板混凝土配合比见表 1。

表 1　C40P8 底板配合比　kg/m^3

水胶比	砂率（%）	水泥	水	砂	石	外加剂	粉煤灰
0.40	39	200	155	721	1128	3.97	196

2. 首都国际机场

北京首都国际机场是国家重要的、规模最大的国际航空港。北京首都国际机场交通中心及停车楼（GTC）工程中 C35P10 混凝土的配合比见表 2。

表 2　C35P10 底板配合比　kg/m^3

水胶比	砂率（%）	水泥	水	砂	石	泵送剂	矿渣粉	粉煤灰
0.45	41	200	164	756	1089	9.1	100	80

3. 北京南站改扩建工程

北京南站是北京铁路枢纽“四主两辅”客运布局中的四个主要客运站之一，地处北京市崇文区与丰台区交界处。底板共分三区，Ⅰ区和Ⅲ区混凝土量共计 110000m^3，分块浇筑，采用 60d 为验收龄期，中心最高温度 49.9℃。内外温差满足要求。底板混凝土的配合比见表 3。

表 3　C35P10 底板配合比　kg/m^3

水胶比	砂率（%）	水泥	水	砂	石	外加剂	矿渣粉	粉煤灰	CSA	纤维
0.43	42	170	170	760	1070	8.4	118	80	32	0.9

4. 京津城际轨道交通工程

京津城际轨道交通工程位于华北地区，连接北京、天津两大直辖市，地处环渤海湾地区的中心地带。全长 115km，建成后满足开行时速 200km 以上列车的要求。该系统将是我国最先建成的第一条高标准铁路客运专线。该工程的连续梁以及桩基、墩身、承台等均需高耐久性（使用寿命 100 年以上）与体积稳定的高性能混凝土，混凝土强度等级为 C20～C50。京津城际轨道交通工程桩基 C30、承台和墩身 C30 以及连续梁 C50 配合比见表 4～表 6。

表 4　桩基 C30 配合比　kg/m^3

水胶比	砂率（%）	水泥	水	砂	石	外加剂	矿渣粉	粉煤灰
0.39	44	228	149	809	1029	3.8	57	95

表5　承台、墩身C30配合比　　kg/m³

水胶比	砂率（%）	水泥	水	砂	石	外加剂	矿渣粉	粉煤灰
0.39	40	247	149	740	1111	4.18	57	76

表6　连续梁C50配合比　　kg/m³

水胶比	砂率（%）	水泥	水	砂	石	外加剂	矿渣粉	粉煤灰
0.3	40	340	147	713	1070	7.35	60	90

5. 某超高层建筑

北京市朝阳区CBD核心区Z15地块项目总建筑面积约43.7万m^2，建筑高度528m，地上108层，地下7层。基础形式为桩筏基础，塔楼底板厚度6.5m，纯地下室部分底板厚度2.5m，两者间过渡区底板厚度4.5m，底板混凝土一次浇筑的最大体量约5.6万m^3。底板混凝土强度等级为C50，抗渗等级为P12，设计要求混凝土强度验收按60d或90d考虑。巨柱与剪力墙结构选用C70高强混凝土。底板C50和剪力墙C70混凝土配合比见表7和表8。

表7　底板C50配合比　　kg/m³

水胶比	砂率（%）	水泥	水	砂	石	外加剂	粉煤灰
0.36	38	230	165	650	1060	8.7	230

表8　剪力墙C70配合比　　kg/m³

水胶比	砂率（%）	水泥	水	砂	石	外加剂	硅灰	粉煤灰
0.28	47	360	160	760	850	9.61	25	180

由北京市各项工程混凝土配合比可以看出多种矿物掺合料得到了充分的利用，并且随着混凝土技术的发展和进步，矿物掺合料种类和掺量均在增加，同时由于不同的工程要求，矿物掺合料的种类和掺加比例有很大差异，这需要对于矿物掺合料进行合理选择。矿物掺合料在混凝土中发挥了形态效应、活性效应、微集料效应和超叠加效应，保证所配制的混凝土具有较好的工作性能、力学性能和耐久性能。

三、结语

因大规模建设的需要，结构工程对混凝土及其原材料的需求与资源匮乏之间的矛盾十分突出，工业废弃物资源化利用和延长结构物使用寿命已成为当今社会可持续发展的重要战略要求。随着国家环境治理工作力度的不断加强，绿色建筑将成为今后行业发展的主题，科学利用矿物掺合料，不但节约建设成本，同时有效利用了固体废弃物，实现了资源循环利用，对于全面推进绿色建筑发展将发挥重要的作用。对于矿物掺合料的推广使用还应该从以下几点进行改进：

（1）标准的更新落后于混凝土掺合料技术的发展，一定程度上阻碍了掺合料技术的发展和应用；

（2）研究领域、标准规范与实际应用之间存在差异；

（3）对于新的可用的矿物掺合料的研究开发、标准规范及推广应用的发展缓慢。

作者简介

黄天勇，北京建筑材料科学研究总院有限公司，高级专家/高级工程师，主要研究方向为混凝土、预拌砂浆及固体废弃物资源综合利用。

矿物掺合料，绿色混凝土的必然选择

◎葛 栋

当下“可持续发展”和“绿色中国”理念深入人心，混凝土建筑行业也需要向着“低能耗”“绿色化”可持续方向转变。绿色混凝土的特征：能更多地节约水泥熟料，更有效地减少环境污染，同时也能大量降低料耗与能耗；能更多地掺加以工业废渣为主的矿物掺合料，节约熟料，改善环境，减少二次污染等。同时，矿物掺合料作为“可持续发展”和“绿色”混凝土主要研究材料因其在某方面能够完全代替水泥，而且成本比较低，这样可以给企业创造经济利润；并且能在一定程度上改善混凝土工作性能、耐久性能，增强混凝土的后期强度，所以在混凝土中被广泛使用。

矿物掺合料从开始的不被认可，到渐渐使用，再到主动研究使用，目前已成为混凝土中除水泥、砂、石、水、外加剂之外第六大组分。而且矿物掺合料无论从节能降耗方面和降控成本方面，还是改善和提高混凝土性能方面，均已经得到人们广泛认可、研究、推广应用。

一、矿物掺合料的发展和现状

（一）国内外发展和现状

自从工业锅炉改为煤粉炉后，人们就开始对粉煤灰的火山灰性质进行了研究。最初，粉煤灰等工业废渣只是被当作节省水泥、降低成本的一种措施，在很长时间内人们对其应用都持一种消极的态度，甚至认为矿物掺合料的掺入是以牺牲混凝土性能为代价的。20世纪30年代，美国开始对粉煤灰掺入混凝土和砂浆进行较完整的研究，而较早地把矿渣作为水泥混凝土掺合料的公开论文是德国学者R.Grun在1942年发表的“高炉矿渣在水泥工业中的应用”。1948年，R.E.Davis成功地将粉煤灰大规模应用于美国蒙大拿州的俄马坝工程，为矿物掺合料的应用树立了典范。此后，矿物掺合料的研究进展一直相当缓慢。

直到20世纪70年代，能源危机、环境污染以及资源枯竭问题的出现，才又强烈激发人们对粉煤灰、矿渣等工业废渣进行再利用的研究，为工业废渣用作水泥混凝土掺合料开辟了新篇章。第七届国际水泥化学会议关于火山灰和粉煤灰的主报告指出，粉煤灰可以成为一种优质的有特色的混凝土原材料。20世纪80年代，我国已有许多研究者认为1吨矿渣在水泥混凝土中的作用几乎等于1吨水泥的作用。

此后，随着高效减水剂的普及应用和对混凝土高强性能的需求，混凝土水胶比不断降低和单方水泥用量不断提高，矿物掺合料仅具有潜在水化活性的弱点在低水胶比条件下被掩盖，而其降低混凝土水化温升等一系列优点更加明显，矿物掺合料的作用越来越得到重视。

现在，经过一定的质量控制或制备技术获得的优质矿物掺合料，可明显改善硅酸盐水泥自身难以克服的组成和微结构等方面的缺陷，包括劣化的界面区、耐久性不良的晶相结构、高水化热造成的微裂纹等，赋予了混凝土优异的耐久性能、工作性能、泵送性能、强度等，超越了传统的降低成本和环境保护的意义，已成为混凝土材料一个不可或缺的组分，有人称之为混凝土的第六组分。

随着矿物掺合料在混凝土各类工程中应用越来越多，为规范矿物掺合料在混凝土中的应用，引导其技术发展，达到改善混凝土性能、提高工程质量、延长混凝土结构物使用寿命的目的，并有利于工程建设的可持续发展，中华人民共和国住房和城乡建设部发布了由中国建筑科学研究院主编的国家标准《矿物掺合料应用技术规范》（GB/T 51003—2014），自2015年2月1日起实施。

此规范定义了矿物掺合料概念：以硅、铝、钙等一种或多种氧化物为主要成分，具有规定细度，掺入混凝土中能改善混凝土性能的粉体材料；列举了其品种分类，包含粉煤灰、粒化高炉矿渣粉、硅灰、石灰石粉、钢渣粉、磷渣粉、沸石粉和复合矿物掺合料等；并为广大学者和企业提供了矿物掺合料的指标要求、试验方法以及使用要求等规范依据。

（二）北京市发展和现状

矿物掺合料的发展与预拌混凝土的发展、环境污染、资源匮乏等因素有着紧密的关联。环境污染、资源匮乏促使了矿物掺合料的研究与应用，预拌混凝土为寻求最佳经济效益、寻找新材料扩大发展同样也激励着矿物掺合料的研究与使用。

二十世纪五六十年代，国内还无商品混凝土，这一时期的预拌混凝土是针对某一工程专门设立搅拌站集中搅拌混凝土，而不向其他工程和社会供应，一般采用翻斗车运输，多数是塑性混凝土。此时的矿物掺合料一般用在水泥厂，其作用主要是节约水泥。

1. 矿物掺合料初始阶段

二十世纪七八十年代，预拌混凝土开始社会化供应，同时遇到能源危机、资源枯竭以及工业废渣所带来的粉尘污染等问题，矿物掺合料开始替代少部分水泥用于混凝土生产。1971—1995年是北京市预拌混凝土起步阶段，此时大部分搅拌站粉料仍单用水泥生产混凝土，一些搅拌站从降控成本考虑开始掺入矿物掺合料替代部分水泥生产混凝土。这时矿物掺合料主要为粉煤灰，其他粒化高炉矿渣粉、石灰石粉等矿物掺合料还未被用于混凝土生产。

粉煤灰大部分源于电厂燃煤锅炉烟道气体中收集的粉末。粉煤灰按煤种和氧化钙含量分为F类和C类。随着粉煤灰的大量使用，我国1979年首次制定了粉煤灰的产品规范GB 1596—1979，为规范粉煤灰的使用性能和推广应用发挥了重要作用，之后1986年发布了《粉煤灰在混凝土和砂浆中应用技术规程》(JGJ 28—1986)(已废止，不再更新)，1990年发布了《粉煤灰混凝土应用技术规范》(GBJ 146—1990)。随着经济社会的发展对电力的强劲需求，大型电厂纷纷投产，粉煤灰的产量和品质稳步提升，粉煤灰在建筑行业的利用率不断增加。

2. 矿物掺合料发展阶段

1996—2005年为北京市预拌混凝土推动发展阶段，随着改革开放的发展，工程建设越来越多，建筑行业中对于混凝土的使用也越来越多，从1996年开始预拌混凝土迎来了大发展时期，混凝土企业数量和供应量持续增长。2000年以后，随着国家及北京市一系列“禁止现场搅拌混凝土”政策的实施及北京市建设规模的进一步扩大，北京市预拌混凝土搅拌站进入高速发展时期。

伴随着预拌混凝土的发展，矿物掺合料也得到了迅速发展，不仅粉煤灰在混凝土中掺加量提高，而且高炉矿渣粉开始替代部分水泥应用在混凝土生产。而且大体积混凝土、高泵送混凝土、高强高性能混凝土等诸多设计要求的混凝土工程也越来越常见，促使着矿物掺合料在混凝土中的研究应用，例如，大体积混凝土工程中掺加矿物掺合料降低混凝土中的水化热控制其绝热温升，避免产生温度裂缝；高性能混凝土工程中掺加矿物掺合料提高混凝土密实性和抗渗能力、减少收缩、改善混凝土耐久性等。

粒化高炉矿渣粉是从炼铁高炉中排出的，以硅酸盐和铝硅酸盐为主要成分的熔融物，经淬冷成粒后粉磨所得的粉体材料。自20世纪90年代起，我国开始了矿渣粉的特性及应用研究工作，主要经历了三个阶段：第一阶段，1995年以前，粒化高炉矿渣主要作为水泥混合材使用；第二阶段，1995—2000年，粒化高炉矿渣粉作为混凝土的掺合料在建筑工程中逐步推广使用；第三阶段，2000 年以后，矿渣粉在水泥、混凝土中均得到了大力推广使用。

2000 年国家标准《用于水泥和混凝土中的粒化高炉矿渣粉》（GB/T 18046—2000）颁布实施，以活性指数、流动度比和比表面积三个指标将矿渣粉划分为三个等级：S75、S95 与 S105。2002 年北京市发布了由北京市混凝土协会主编的地方标准《混凝土矿物掺合料应用技术规程》（DBJ/T 01-64—2002），定义矿物掺合料：指以氧化硅、氧化铝为主要成分，在混凝土中可以代替部分水泥、改善混凝土性能，且掺量不小于 5% 的具有火山灰活性的粉体材料，列举了其品种分类，包含粉煤灰、粒化高炉矿渣粉、硅灰、沸石粉和复合掺合料等。

3. *矿物掺合料研究发展阶段*

预拌混凝土高速发展之后，遇到了很多问题，包括技术质量管理和监督、原材料紧缺、环境治理等，所以 2006 年之后，北京市预拌混凝土是发展整合治理阶段。但是混凝土生产一直保持着快速增长态势，尤其是成功申办奥运会到奥运会开幕前夕，混凝土企业数量增加与产品产量增长的速度之快更是前所未有。产能过剩，竞争更加激烈，混凝土行业渐渐进入微利时代，同时大体积混凝土、自密实混凝土、高层泵送混凝土、高强混凝土的出现，迫切促使了矿物掺合料在混凝土行业的研究与应用。

北京奥运工程建设秉承“绿色奥运”理念，国家体育场包含的耐久性（100 年）混凝土、清水混凝土、自密实混凝土、透水混凝土均大量使用了矿物掺合料，推动了矿物掺合料的使用。2013 年北京市颁布更新了由北京市混凝土协会和北京市建设工程安全质量监督总站主编的地方标准《混凝土矿物掺合料应用技术规程》（DB11/T 1029—2013），同时代替了之前的 DBJ/T 01-64—2002。矿物掺合料定义无变化，品种分类，包含粉煤灰、粒化高炉矿渣粉、硅灰、钢铁渣粉、石灰石粉和复合矿物掺合料等，增加了石灰石粉和钢铁渣粉，去除了沸石粉。

随着混凝土产业越来越多地使用矿物掺合料，尤其是粉煤灰需求量越来越大。我国粉煤灰资源分布不均匀，目前在许多地区粉煤灰供应量不足，尤其是优质粉煤灰更是供不应求。以北京市为例，商品混凝土搅拌站每年混凝土用矿物掺合料超过 1000 万吨，其中粉煤灰达到 850 万吨以上，但是北京市自产粉煤灰仅约 400 万吨，更多的约 450 万吨粉煤灰每年都要从河北、山西、内蒙古等地调入，且使用的主要是Ⅱ级粉煤灰。

矿物掺合料在研究发展阶段已经不限于粉煤灰和粒化高炉矿渣粉的应用，硅灰、石灰石粉、复合矿物掺合料等在混凝土工程中也逐渐被使用，如在高强混凝土掺加硅灰、大体积或低强度等级混凝土掺加石灰石粉、大流态混凝土掺加复合矿物掺合料等。

随着工业技术的不断进步和环保意识的逐渐增强，探索如何对废弃矿物材料进行再利用日益被重视。研究发现：混凝土中添加石灰石粉、钢渣粉等废弃矿物掺合料，能够改善浆体中的水泥水化环境，发挥微集料效应以及火山灰活性作用，改善混凝土的微结构和性能。绿色混凝土是材料科学与技术可持续发展的必然，探索开发利用不同废弃物在混凝土中的应用有显著的经济、社会以及环境效益。针对粉煤灰、粒化高炉矿渣粉等传统矿物掺合料的研究已有多年，并已基本明确它们在混凝土中的应用机理及其对混凝土微结构和性能的影响。由于土木工程、水利工程等基础建设的高速发展，粉煤灰和粒化高炉矿渣粉等传统矿物掺合料逐渐短缺，需要开发新型矿物掺合料。

二、建材禁限和推广对矿物掺合料的影响与推动作用

为保证北京市建设工程质量，进一步提高建筑物的使用功能，节约资源，保护环境，促进建材行业健康发展，北京市住房和城乡建设委员会在1998—2015年共计公布了七批推广、限制、禁止和淘汰的建材名单。

（一）前期无影响

2001年以前公布的三批限制和淘汰建材名单，无与混凝土及矿物掺合料相关的建材，对其基本无影响。因为混凝土和矿物掺合料在20世纪90年代属于起步、初始发展阶段，属于新兴行业和建材，正是迅速发展的时期。

（二）后期影响与推动作用

2001年以后公布的四批相继出现了与混凝土行业相关的内容：2004年公布限制使用袋装水泥、禁止使用氧化钙类混凝土膨胀剂；2007年公布限制使用现场搅拌混凝土/砂浆、禁止使用高碱混凝土膨胀剂；2010年在预拌混凝土中推广使用散装水泥、聚羧酸高性能外加剂及推广预拌砂浆；2015年推广高性能混凝土、禁止使用现场搅拌混凝土。

（1）从限制袋装水泥、限制现场搅拌混凝土、禁止现场搅拌混凝土，到推广散装水泥、推广预拌混凝土/砂浆、推广高性能混凝土，这些推广禁限令推动着混凝土行业的前进、引导着混凝土的发展。

（2）禁止使用氧化钙类/高碱混凝土膨胀剂，促使找寻抑制和减少混凝土裂缝的新方法、新材料，矿物掺合料的使用可以降低混凝土水化热、减少混凝土收缩、提高混凝土密实性，从而有效减少混凝土裂缝的产生。

（3）推广聚羧酸高性能外加剂、高性能混凝土，说明建筑市场对混凝土的工作性能、力学性能、耐久性等方面要求越来越多样化、越来越高端化、越来越精细化，这就需要材料来改善、提高混凝土性能，达到市场要求。矿物掺合料因具有较好的填充效应、活性效应和微集料效应，掺入混凝土可改善其微结构，提高其工作性能、增强其耐久性。因此，矿物掺合料应运而生，因时而发展。

（4）与此同时，预拌混凝土的产生与发展影响带动着矿物掺合料的使用、升级，以及新种类的产生。

三、矿物掺合料的发展方向和前景

目前，矿物掺合料中粉煤灰和粒化高炉矿渣粉已被人们广泛熟知，且已成熟应用在各类混凝土中。其余的硅灰、钢铁渣粉、石灰石粉和复合矿物掺合料，在混凝土中的使用比较有限。一方面是因为粉煤灰和粒化高炉矿渣粉的性能特点以及其对混凝土性能的影响研究比较成熟，能够应用到大部分混凝土工程中；另一方面是硅灰、钢铁渣粉、石灰石粉和复合矿物掺合料的研究应用相对较少，因为价格、材料质量稳定性或工程要求，用到的混凝土工程类型比较少。

（一）粉煤灰

随着经验的积累和技术的进步，粉煤灰应用技术也走向成熟和规范化，由过去一般作为混凝土填充材料使用转变为一种功能性材料，不但被广泛用于各种混凝土，甚至还是配制高性能混凝土的必需组分。同时，需要加强对粉煤灰生产质量的控制，按照粉煤灰品质的不同分类作用，以提高粉煤灰的综合利用率。

（二）粒化高炉矿渣粉

随着粉磨设备节能技术和粒化高炉矿渣粉应用技术研究的深入，在大力发展循环经济的推动下，其产量年年递增，销量却供不应求，现在不仅是生产水泥的重要原料之一，更是作为常用胶凝材料之一在混凝土生产中替代水泥使用。

（三）硅灰

硅灰是从冶炼硅铁合金或工业硅时通过烟道排出的粉尘，经收集得到的以无定形二氧化硅为主要成分的粉体材料。我国硅灰产品和应用的标准研究相对滞后。目前，硅灰价格较高，一般均在每吨千元以上，硅灰主要用于配制高性能混凝土，提高混凝土强度，改善混凝土密实性，主要用于 C60 及以上、高层泵送、抗冲耐磨等混凝土。

随着科技的发展，高强混凝土、特殊要求混凝土工程逐渐增多，硅灰的使用量会逐渐增大。

（四）石灰石粉

石灰石粉是以一定纯度的石灰石为原料，经粉磨至规定细度的粉状材料。石灰石资源在我国分布十分广泛，资源非常丰富，在取代水泥降低造价成本，减小混凝土水化热，降低单位体积用水量，提高资源利用以及保护生态环境等方面有突出的作用。

开始时石灰石粉作为混凝土的惰性掺合料进行研究，重点研究它的微集料效应。近些年，一些研究人员通过研究发现石灰石粉掺加到混凝土中对强度是有贡献的，它参与了混凝土的水化反应。石灰石粉对混凝土性能的影响，与其细度有很大关系，因此在选用石灰石粉时，选取细度合适的、生产质量稳定的石灰石粉是至关重要的因素。

另外，石灰石粉不像粉煤灰那样抗硫酸盐侵蚀能力强，主要是存在发生碳硫硅钙石型硫酸盐腐蚀的可能性，所以对于石灰石粉混凝土对硫酸盐或有水环境中的碳硫硅钙石腐蚀应该高度重视，慎重使用。这一特性也局限了石灰石粉的使用，一些工程考虑到此风险拒绝使用石灰石粉。相信随着石灰石粉的深入研究，和资源紧张的驱使，石灰石粉会越来越多地应用在混凝土中。

（五）钢铁渣粉

钢铁渣粉是从炼钢炉中排出的，以硅酸盐为主要成分的熔融物，经消解稳定化处理后粉磨所得的粉体材料。钢铁渣粉作为混凝土掺合料的研究最早出现在20世纪90年代，一般配制C20及以下混凝土；直到21世纪初，开发了高活性钢渣粉后，逐渐被工程界广泛接受。将钢铁渣粉作为水泥混合材和混凝土掺合料，具有良好的环境效益，符合我国可持续发展战略。

（六）复合矿物掺合料

复合矿物掺合料指采用两种或两种以上的矿物原料，单独粉磨至规定的细度后再按一定的比例复合、或两种及两种以上矿物原料按一定的比例混合后粉磨达到规定细度并符合规定活性指数的粉体材料。

随着社会的发展，矿物掺合料生产和应用也越来越广泛，人们在研究过程中发现，将两种或者两种以上的矿物掺合料复合产生的混凝土具有的颗粒效应、填充效应和叠加效应比在混凝土中掺入一种矿物掺合料取得的效果更佳，为了能够将各种矿物掺合料之间不同的优势进行互补，建筑行业中已经流行将复合矿物掺合料用于混凝土工程。

总之，优质矿物掺合料的加入对混凝土物理力学性能及耐久性有较大的改善作用，可克服纯硅酸盐水泥许多潜在的及现实的问题，矿物掺合料成为配置不同功能的混凝土的重要组成部分。同时，使用矿物掺合料还可提高工业废渣的利用率及降低其利用成本，改善水泥生产不足和工业废渣污染环境等方面的矛盾。

作者简介

葛栋，北京市混凝土协会会长，金隅冀东（唐山）混凝土环保科技集团有限公司总经理，教授级高级工程师，主要研究方向为混凝土、无机非金属材料（硅酸盐水泥）。

北京市混凝土外加剂产品禁限和推广的历史发展与作用

◎王子明　冯　浩

最近，朋友圈转发的一篇题为《77种建筑材料将被禁止使用，看看为什么？》的文章。文章内容是关于北京市住房和城乡建设委员会发布的《关于征求〈北京市禁止使用建筑材料目录（2018年版）〉意见的通知》，其中大部分提到的建筑材料多年前已被多次限制或禁止使用。本次“萘系减水剂”被列入禁止或限制使用目录，想必会对北京市乃至全国混凝土和混凝土外加剂行业产生深刻的影响，并引发行业从业者对混凝土外加剂行业发展历程的回顾和发展前景的思考。毕竟萘系减水剂曾经是减水剂领域的主导品种，对混凝土技术和施工的发展起到过不可替代的作用。

一、北京市混凝土外加剂行业发展回顾和现状

众所周知，萘系高效减水剂是第二代减水剂产品的代表，其推广应用成就了混凝土技术的第三次突破。1963年，日本花王株式会社的服部健一博士发明了萘系高效减水剂，并迅速在流动性混凝土和高强混凝土中获得了成功应用，推动了混凝土配制技术、施工技术的迅速发展，极大地扩展了混凝土材料的应用范围。1975年，我国自主研究成功了萘系减水剂的生产工艺技术，并逐渐开始了其工程应用。1978年，北京建工二公司的混凝土首次用上了二公司构件厂生产的合成萘系减水剂产品，开始了我国混凝土生产技术和施工发展的新阶段。使用后工人师傅做了这样的评价：“过去打混凝土是汗出得多，活儿出得少；现在加了减水剂后，是活儿出得多，汗出得少。”此外，加入减水剂还能大大提高混凝土强度，改善混凝土耐久性。用最朴实无华的话语赞誉“萘系减水剂”的人虽然已经退休，但是他们看好的新产品逐渐推广开来，发展很快，曾经如日中天。

1978年，载入中国共产党史册的十一届三中全会召开，中华人民共和国的经济从此

开始腾飞。当时混凝土行业以及为它服务的外加剂行业显然还没有做好准备。当年，北京只有焦化厂减水剂车间和二建公司构件厂具有合成萘系减水剂生产条件，年产量也不过 200 余吨。至于复合减水剂只是各个工地的单独行为，根本没有形成产业。到 1984 年，统计表明北京市也只有北京焦化厂、延庆腐殖酸厂等五家企业生产萘系减水剂，年产总量不到 22 吨。

工程中的大量应用才是推动外加剂行业发展的巨大动力。当年毛主席纪念堂工程 1 米厚的整体基础使用了“建一”减水剂，为外加剂应用树立了标杆。北京市建工二公司混凝土搅拌站的建成开启了北京市混凝土产业化、工业化的先河。商品混凝土时代从此拉开大幕，外加剂产业才有了生命力。经过 1/4 个世纪的发展，到 2007 年北京已有 150 多家企业生产外加剂全系列的 30 多个品种产品，而在北京市场上销售外加剂的企业已经达到 230 家以上。2003 年北京地区外加剂年产量是 46.4 万吨，以 1984 年为起点计，年产量翻了 210 倍。当年统计北京排头的是朱德题匾的北京焦化厂，年产减水剂约 1100 吨，五家在列的单位也只有北京建工研究所（现更名为北京市建筑工程研究院）在 1992 年建立生产基地，并延续到今算是硕果仅存，其余均已“关停并转”。

市场发展的需要又一次促进了外加剂行业的发展，使人们看见新的增长点，这就是聚羧酸高效减水剂。20 世纪末，北京市建筑材料科学研究院、辛庄外加剂厂等单位就开始研究合成酯型聚羧酸减水剂，当时没有感到需求的压力，迟迟未投产，自然也就形不成市场。随着上海修建世界上第一条投入商业运营的磁悬浮列车路基和支撑结构全部用掺聚羧酸的混凝土，意大利马贝公司用聚羧酸产品敲开了中国市场的大门，在举世瞩目的三峡大坝主体混凝土中分到一杯羹，抢走了日本人想了 20 年而没有到手的生意。而北京后来修城铁轻轨使用的清水混凝土，地铁隧道急需的管片构件，也都采用了这种减水剂。另一方面，混凝土技术的快速发展对商品混凝土保塑性能的要求越来越高，而早强、高强的要求却没有降低。与此同时，外加剂与水泥、砂石适应性的矛盾却越来越尖锐，同样使人们感到生产一种更好的减水剂的必要性。国务院批准的铁道客货分运规划（即高速铁路网）更直接导致生产和应用聚羧酸减水剂的紧迫性。

根据北京市混凝土协会外加剂分会统计，2017 年北京市预拌混凝土完成生产供应量为 4671.75 万立方米，北京地区聚羧酸高性能减水剂的生产量达到 45.64 万吨（按 20% 计算），占所有品种减水剂总量的 99.96%。聚羧酸高性能减水剂已经成为混凝土外加剂行业的绝对主导品种，氨基磺酸盐系减水剂统计产量只有 0.02 万吨，占总量百分比的 0.04%。而传统的第二代减水剂的代表品种——萘系减水剂几乎没有产量。减水剂的技术进步和品种更新换代之快速的现状，在 10 年前是不敢想象的，在 30 年前更是匪夷所思。

二、北京市混凝土外加剂管理体制及其历史作用

为推进新材料、新技术、新工艺的开发应用，加速淘汰落后建材及其应用技术，优化北京市建设工程材料的结构，提高建筑功能，确保工程质量和安全，北京市行业主管部门采用过准用证管理、建材供应备案管理和发布强制禁止（淘汰）和限制使用建材产品目录管理，以引导企业重视技术开发和调整产品结构。

（一）准用证（使用认证）和供应资格认证

北京市混凝土外加剂行业的限制和禁止管理还得从 20 世纪 90 年代初期说起。当时，受亚运工程影响，北京迎来了一轮建设高峰期。据统计，1992 年，北京建设工程开复工面积超过了 3000 万平方米，1994 年超过 4000 万平方米。北京市建设工程开复工面积从 2000 万平方米增长到 3000 万平方米用了 8 年时间（1984—1992 年），从 3000 万平方米到 4000 万平方米仅用了 2 年时间 [《北京年鉴》（1984—2003）]。建设规模迅速增加拉动了建材行业的快速发展，随着建设规模的增加和建筑技术的进步，冬期施工也越来越多。当时，经济体制正处于计划经济向市场经济转轨时期，建设物资相对比较匮乏，一些企业为了追求暴利，用工业盐（主要成分为 NaCl）生产混凝土防冻剂。由于盐中所含的氯离子成分对混凝土中钢筋有锈蚀作用，虽然短时间很难发现，但长期会危害到建筑结构安全。随着人们对混凝土结构耐久性问题认识的深入，氯盐型防冻剂的危害性越来越为人们所认识。最深刻的教训是北京 20 世纪 50 年代的“十大建筑”。据报道，北京工人体育场在使用 29 年后（1959—1988 年）进行翻新时，把混凝土破型后发现，25 毫米的钢筋锈蚀得只有 8 毫米了，承载力和原设计相差甚远。民族文化宫也是在翻新时发现直径 20 毫米的钢筋锈蚀得仅剩 12 毫米了（浅析我国建筑“短寿”的原因；专家自揭我国建筑短寿，北京科技报 2007/10/7）。由于当时的知识所限，20 世纪 50 年代北京市十大建筑建设正值冬季，施工使用了氯盐型的防冻剂，40 年后经检验部分结构部位的钢筋已经被腐蚀得仅仅有小拇指粗了，必须耗费大量的资金进行修补和加固。因此，劣质防冻剂的使用对建筑结构安全造成了隐患。

鉴于氯盐类防冻剂在北京建筑工程中造成的耐久性危害和留下的深刻教训，1994 年，北京市建委成立建筑材料行业管理办公室，并在同年 8 月 26 日成立了北京市混凝土协会外加剂分会，协助政府管理部门对混凝土外加剂行业规范发展和技术培训等开展工作。当

时在工地抽查中，发现使用氯盐型防冻剂的现象屡有发生，为此市建委下发了《关于对建筑结构用混凝土防冻剂实行使用认证的通知》，要求在工地中使用防冻剂必须得到市建委的使用认证。1995 年使用认证的名称改为准用证，准用证制度实际上是原来的使用认证制度的翻版，考虑到建设领域的特殊性，在混凝土防冻剂实行使用认证的基础上，逐步将影响建筑结构安全和涉及建筑质量通病的材料列入准用证管理，其中，水泥、混凝土外加剂被列入影响建筑结构安全的材料，外加剂品种包括颁布国家标准和行业标准的 14 类外加剂产品。准用证实施以后，通过市建委和市技术监督部门的联合检查发现，混凝土外加剂质量有了大幅提高。

（二）实施备案管理，加强公共服务

根据市场的变化和市政府削减行政审批事项的精神，2001 年北京市建委率先在全国取消准用证制度，开始实施建材供应备案管理制度。北京市实施建材供应备案管理的主要手段是对主要建设工程材料实行备案。涉及结构安全和重要使用功能，与环境保护和人身健康关系密切的部分建设工程材料由材料的生产供应单位将其产品的技术指标向建设行政主管部门申请备案，审核后在网上公布，提供给建设工程材料的采购单位选用。建设行政主管部门对备案的产品和供应单位进行监督。将产品性能优良与经营行为规范的建设工程材料供应单位记录到良好行为系统，将发生质量事故与抽检不合格的产品、经营行为违规的供应单位记录到不良行为提示系统和警示系统，并在网上公布。对发生恶性质量事故和抽检屡次不合格的产品在一定时期内禁止在本市建设工程中使用，对发生严重违法经营行为的供应单位一定时期内清除出本市建设工程材料市场。截至 2005 年，混凝土外加剂备案企业 230 家，在京年销售额近 15 亿元。

在国家没有出台相关管理措施的情况下，北京市为全国建设工程领域材料管理探索了新的准用证管理模式。备案管理与准用证管理的区别在于：准用证管理带有浓郁的政府对生产领域的宏观调控色彩：一方面，通过发放准用证来调整产业结构和布局；另一方面，确保施工单位选购合格的建材产品。而备案管理没有了工业生产管理的特征，不再对企业的生产设备和生产规模提出前置条件，更关注的是产品的使用信息、企业的警示信息。准用证管理方式很快在全国形成了一定影响，从建设部到各省市建委（建设厅）都不同程度地参照北京市的政策制定了国家和各地方的相关规定。在市场经济不完善的情况下，通过发放准用证，将不合格产品拒之门外，可以说在特定的历史时期准用证制度为保证建设工程质量和安全起到了积极作用和意义。

（三）通过发布强制禁止（淘汰）和限制使用建材产品目录，引导企业调整产品结构

自 1998 年开始，建设行政主管部门通过发布强制禁止（淘汰）和限制使用建材产品目录，引导企业调整产品结构。在淘汰限制使用落后建材和推广应用新型建材方面显然要比原来单纯由工业主管部门管理的模式更有力度。根据建筑技术进步的需要，经过慎重的调研，根据市场的热点和难点工作，1998 年出台了第一批淘汰和限制使用落后建材产品的目录（京建材〔1998〕480 号），共有 11 种石油沥青纸胎油毡类建材产品禁止或限制其在建设工程中使用。1999 年，又公布了第二批目录（京建材〔1999〕518 号），其中“掺量超过 8%，碱含量大于 0.75% 的混凝土膨胀剂”被列入禁止使用目录；含有尿素成分的混凝土防冻剂的混凝土外加剂产品被列入限制使用的目录，不得使用在住宅工程及公共建筑工程中。2001 年 4 月 18 日公布第三批淘汰和限制使用落后建材产品的通知（京建材〔2001〕192 号）。2004 年发布的第四批名录（京建材〔2004〕16 号），涉及混凝土外加剂的有膨胀剂和防冻剂产品。由于氧化钙类膨胀剂生产工艺落后，产品质量不易控制，过烧成分易造成混凝土胀裂，因此禁止使用氧化钙类混凝土膨胀剂。氯离子含量超过 0.1% 的混凝土防冻剂在钢筋混凝土结构工程中被限制使用。2007 年 8 月 13 日，发布了北京市第五批禁止和限制使用的建筑材料及施工工艺目录的通知（京建材〔2007〕837 号），本次被禁止使用的混凝土外加剂产品是“混凝土多功能复合型（2 种或 2 种以上功能）膨胀剂”“氧化钙类混凝土膨胀剂”和“高碱混凝土膨胀剂（氧化钠当量 7.5‰ 以上和掺入量占水泥用量 8% 以上）”，要求自 2007 年 10 月 1 日起停止设计，2008 年 1 月 1 日起禁止在本市建设工程中使用。

由于喷射混凝土用粉状速凝剂存在碱含量高，回弹大，喷射混凝土损失大；作业场所扬尘大，污染环境，且易对施工人员的身体健康造成损害和对混凝土耐久性不利等问题，第一次被列入限制使用目录范围，自 2008 年 1 月 1 日起，不得在规划市区内建筑工程、所有重点工程中使用。

应该说，淘汰和限制建材产品目录的发布，不仅提高了建筑物的使用功能，消除了施工隐患，对调整产品结构、推优限劣起到了积极的推动作用，也促进了从事混凝土外加剂生产、使用的企业单位技术研发和产品升级，推动了北京市混凝土外加剂行业健康稳定的发展，在全国混凝土外加剂行业发展中发挥了引领带头作用。

聚羧酸高性能减水剂的快速发展与推广应用与北京市行业主管部门的正确引导密不可分。2005 年 5 月 8 日，北京市建委发布《北京市建设工程材料使用导向目录（2005—

2008）》的通知（京建材〔2005〕399号），推广应用非萘系高效减水剂（聚羧酸系、氨基磺酸盐系、三聚氰胺系、脂肪族磺酸盐系混凝土高效减水剂），要求各区、县建委，各建设施工总公司和各有关单位站在贯彻科学发展观和实现"新北京、新奥运"目标的高度，要加大科研工作力度，以建筑施工的新技术保证和推动新材料的推广应用，并拓展新材料应用发展的新空间。

2010年北京市住建委发布了《北京市推广、限制、禁止使用建筑材料目录（2010年版）》，要求在结构混凝土工程中推广使用聚羧酸系高性能减水剂。2015年，北京市住建委发布《北京市推广、限制和禁止使用建筑材料目录（2014年版）》的通知，提出推广应用"高性能混凝土"和"建筑工业化预制构件及部品"，进一步为高性能混凝土减水剂的推广应用提供了有力条件。

结果是明显的，北京市场聚羧酸的用量从2005年不到5000吨，且基本是由外资公司供应或由外资公司购进浓液后复配产品，发展到2017年的45万吨，且全部国产。聚羧酸减水剂占减水剂总量的百分比也从2005年的不足10%，发展到现在的接近100%。因此，不论是混凝土中使用的聚羧酸减水剂总量，还是聚羧酸减水剂用量占比，北京市建筑工程行业在新品种高性能减水剂的推广应用技术方面，达到了当前国际先进的水平。

（四）行业协会的桥梁和引导作用

北京市混凝土协会外加剂分会经过不断探索，忠实履行协会作为企业和政府间桥梁与纽带和行业利益代言人的职责，做了大量开创性的工作。北京市混凝土协会外加剂分会充分利用北京市人才优势，在全行业首创成立了包括大专院校、科研院所和全国企业知名专家组成的专家委员会。专家委员会受政府委托于1999年制定了《混凝土外加剂行业三年发展规划》，2004年制定了《北京市混凝土外加剂发展导向意见（2005—2008）》，成为北京市混凝土外加剂领域的行业政策。此外，依托北京市混凝土协会外加剂分会专家委员会开展了系列技术培训，为行业发展培养了急需人才。从2003年起，针对外加剂行业人才严重不足的现状，分会开行业之先河，在国内第一次与高等院校联合举办外加剂工程师培训班，学员来自混凝土搅拌站和外加剂企业。学员学成毕业后，已经成为混凝土外加剂行业的技术和管理骨干力量，引起了各地行业同仁的关注，为北京市混凝土及外加剂行业的健康发展起到人才保障作用。北京市混凝土协会外加剂分会倡导会员单位加强行业自律，维护会员利益。分别于1997年、2003年两次号召全体会员单位签署《行业自律公约》。2004年，分会结合签署行业自律公约，积极响应政府部门的部署，开展了清理拖欠款活动，倡导实施《混凝土外加剂买卖合同》示范文本，规范市场行为。2005年3月1日由外加剂分会起草的《混凝土外加剂买卖合同》示范文本已经由北京市工商局、北京市建委批准推行使用。此次示范文本对供货数量及质量的验收确认、价款结算及支付、双方义务、违约责任做了明确的约定，特别是对质量责任的认定和价款结算的时限有了较详细的约定，避免了在合同执行过程中由于界限不清而造成工程长期不能验收和价款不能及时结算的合同纠纷。此举对于规范北京市混凝土外加剂市场，保护买卖双方合法权益、推动行业整体管理水平的提高，促进行业健康发展具有重要意义，是建设领域规范预拌混凝土及混凝土外加剂市场行为的重要措施。

三、结语

经过了 30 年的风雨发展，混凝土外加剂行业已经从朝阳产业发展成为一个充分竞争的成熟行业，成为首都经济建设的积极参与者和贡献者。很难想象，如果没有北京市住建委等行业管理部门的正确领导和科学管理、没有混凝土外加剂行业一代代新产品的推陈出新，高楼大厦会以怎样的方式如雨后春笋般屹立在北京的大地上。甚至可以说没有混凝土外加剂就没有现代混凝土集中生产方式，就没有现代混凝土快速高效的浇筑施工技术，更谈不上高性能混凝土和各种各样新型混凝土材料的应用。所以，混凝土外加剂在北京建设工程中的地位是“量小作用大，业微责任重”。相信北京市混凝土外加剂行业会迎来更加美好的发展前景。

作者简介

王子明，北京工业大学教授，主要研究方向为高性能水泥基材料、水泥混凝土流变学与化学外加剂和生态建材方面。

北京市预拌砂浆行业30年发展纪实

◎蔡鲁宏

预拌砂浆是国家鼓励和发展的绿色建材。正如《北京市“十二五”时期散装水泥、预拌制品和预制构件发展规划》中所描述的那样，“发展预拌砂浆对节约资源，保护环境，推进住宅产业化，提高建设工程品质和施工水平具有重要作用”。

我国建筑砂浆完整经历了石灰砂浆、水泥砂浆、混合砂浆到预拌砂浆的发展历程。建筑砂浆又称细粒混凝土，是由无机胶凝材料、集料、骨料、添加剂、增强材料按照一定比例在工厂预制而成的混合物，按应用形式分为预拌和现场拌和两类。预拌建筑砂浆又分为干混砂浆和湿拌砂浆，预拌干混砂浆也称为干拌砂浆或干粉砂浆。

从20世纪80年代末开始，伴随着中国经济的高速发展，城市化进程的不断提速，国家在节能减排、保护环境、提高建筑工程质量和文明施工等方面要求的大幅提高，全面禁止建筑工程施工现场搅拌砂浆，推广使用预拌砂浆，成就了预拌砂浆30年的高速发展，目前已成为世界上预拌砂浆行业发展最快、应用量最大的国家。据统计，2017年全国预拌砂浆产量已达1.32亿吨，应用规模位居世界第一。北京市作为率先发展预拌砂浆的国际化大都市，在产业政策、技术标准、装备水平、应用技术等方面在全国起到了示范和引领作用，在破解区域资源与环境压力的同时，为预拌砂浆行业健康可持续发展铺就了一条康庄大道。

预拌砂浆行业的发展与预拌混凝土行业发展类似，也是以政府主导推动的行业，行业的发展历程大致可分为三个阶段。

一、导入期（1988—2003年）

20世纪80年代末，北京、上海等经济发达地区率先开展了预拌砂浆的推广应用。1986年，在北京市科委的指导下，北京市建筑材料科学研究所从英国FEB公司引进了代表当时国际先进水平的干混砂浆配料技术，开始小规模生产瓷砖粘结砂浆、石材粘结砂浆、地面自流平砂浆、混凝土界面剂、防水砂浆等特种砂浆。1990年北京承办的第11届亚运会极大地推进了北京城市建设的步伐，奥体中心、亚运村等一大批亚运场馆，海关大楼、国贸中心等地标性建筑开始使用瓷砖粘结砂浆、混凝土界面剂等特种砂浆。亚运会后，腻子、粉刷石膏等非水泥基砂浆产品开始被广泛使用，预拌砂浆行业初步形成。1998年，由于北京市在全国率先提高建筑节能设计标准，各种保温体系专用砂浆被大量地应用于各种居住建筑，有力地推动了预拌砂浆的发展。

这期间，国家和北京市多次出台相关产业政策以推动预拌砂浆事业的快速发展。国家经贸委在《散装水泥发展“十五”规划》中提出“要加快发展预拌混凝土和干粉砂浆，实现散装水泥持续、快速、健康发展”；财政部、国家经贸委下发的《散装水泥专项资金征收和使用管理办法》中规定“散装水泥专项资金使用范围包括新建、改建和扩建散装水泥、预拌混凝土、预拌砂浆建设项目贷款贴息；散装水泥、预拌混凝土、预拌砂浆科研、技术开发、示范与推广”；商务部、公安部、建设部、交通部联合下发商改发〔2003〕341号文《关于限期禁止在城市城区现场搅拌混凝土的通知》，通知要求：“各城市要根据本地区实际情况制定发展预拌混凝土和干混砂浆规划及使用管理办法，采取有效措施，扶持预拌混凝土和干混砂浆的发展，确保建筑工程预拌混凝土和干混砂浆的供应”。2002年年初，北京市建委、计委、经委和环保局联合下发了《北京市散装水泥发展导向意见》的通知，通知要求：“积极推广预拌混凝土、预拌砂浆（干混砂浆）在建筑工程中的应用，注意解决在推广应用中的技术、经济问题。破除人们使用袋装水泥在现场搅拌的旧观念，逐步限制、取消现场搅拌的施工方式”。“积极培育预拌砂浆（干拌）的使用市场，四环路以内工程、奥运工程应率先使用预拌砂浆（干拌）。鼓励采用合资、合作等方式建设干拌砂浆生产线”。2002年9月，北京市建委在天通苑住宅小区消防综合楼进行了预拌砂浆应用试点工程并召开了现场演示会。通过试点，摸索出了预拌干混砂浆在运输、使用和施工机具制造等方面的经验，是国内第一家使用散装干混砂浆进行施工的试点工程。在此基础上，北京市建委组织编写了《北京市干拌砂浆应用技术规程》（试行）（DBJ/T 01-73—2003），将散装干混砂浆运输、存放及使用方式和施工机具编入规程，为推广工作奠定了技术基础。

这期间，北京预拌砂浆生产企业发展到150家左右，但普遍规模较小，单一企业年最大实际产量为2000～4000吨，绝大多数企业产品研发能力差、生产设备落后、生产工艺控制不严格，缺少龙头企业和知名品牌。2000年3月，在北京市经委的支持下，北京市建筑材料科学研究院采用法国OCI公司设计，日本欧姆龙C200PC控制系统的年产10万吨粉体材料生产线投产；2002年北京敬业达新型建筑材料有限公司具有完全自主产权设计的年产15万吨干混砂浆的自动化生产线投产。这两条干混砂浆生产线代表了当时北京市最为先进的砂浆生产线。

二、成长期（2004—2009 年）

2004 年 4 月，中国散协干混砂浆专业委员会成立，秘书处设在北京市建筑材料科学研究院，这标志着我国预拌砂浆事业发展进入一个新的阶段。在此期间，技术进步成为北京市预拌砂浆行业发展的主要推动力。在北京市 65% 节能设计标准实施推广和奥运工程进入施工旺季的有力推动下，5 年内基本完成了干混砂浆产品及标准体系的建设、示范试点工程的应用，各种外墙保温体系及配套专用砂浆不断出现，预拌普通砂浆推广政策密集出台。

这期间，北京市有关部门相继出台了一系列政策措施，并制定了相应的预拌砂浆标准、定额。这些政策文件的出台，增强了行业发展的推动力，统一了预拌砂浆生产和施工的质量控制标准，使企业生产和施工应用在技术、管理和结算上有章可循，为推广预拌砂浆奠定了坚实基础。建设部出台了《关于发布〈建设部推广应用和限制禁止使用技术〉的公告目录》建设部公告第 218 号），将预拌砂浆及其应用技术列入推广应用技术目录，同时公告指出："大中城市发展砂浆的专业化集中生产和商品化供应，有利于提高砂浆质量，减少城市环境污染，提高劳动效率"；2004 年 7 月 1 日，北京《居住建筑节能设计标准》（DBJ 01-602—2004）开始实施，是我国第一部节能 65% 的地方性建筑设计标准；2004 年 1 月，北京市建委出台了《关于在本市建设工程中推广使用预拌砂浆的通知》。通知要求："本市行政区域内的房屋建筑、市政基础设施应积极推广使用预拌砂浆，四环路以内工程、奥运工程应率先使用，工程维修、家庭装修提倡使用干拌砂浆，鼓励发展节约资源、提高工程质量、保护环境的散装干拌砂浆"。同时还明确规定根据概算定额，将工程增加费用列入建设工程造价；2006 年，北京市政府发布《北京市第十二阶段控制大气污染措施的通告》（京政发〔2006〕5 号）中规定"自 2006 年 4 月 1 日起，本市四环路内的建筑工程要全部使用预拌砂浆"；北京市建委等六部门下发了《关于在本市建设工程中推行使用预拌砂浆的通知》（京建材〔2006〕223 号），通知要求："本市四环路以内新开工的建筑工程必须使用预拌砂浆，四环路以外申报优质工程和文明施工工程的工程、政府投资工程、奥运工程应当使用预拌砂浆。根据使用情况，本市将逐步扩大强制推行使用预拌砂浆的地域范围。同时，建设、设计、施工（含装饰装修）、监理等单位应当依照本通知的要求，确保在规定范围内的建设工程中使用预拌砂浆"；2007 年 8 月下发了《关于发布北京市第五批禁止和限制使用的建筑材料及施工工艺目录的通知》（京建材〔2007〕837 号），通知将现场搅拌砂浆列入限制类产品，使预拌砂浆的推广工作有了执法依据；2007 年，印发了

《关于北京市建设工程中进一步禁止现场搅拌砂浆的通知》(京建材〔2007〕897号),通知要求:从2007年9月1日起中心城区、市经济技术开发区新开工的工程禁止现场搅拌砂浆。新开工的工程项目使用预拌砂浆情况,作为市建设系统进行文明安全工地评比和工程质量评优的一项考核内容。将施工现场预拌砂浆使用情况纳入市建筑业企业资质动态监管内容,并由有关主管部门依法进行处罚;2009年,下发了《关于转发〈商务部、住房和城乡建设部关于进一步做好城市禁止现场搅拌砂浆工作的通知〉的通知》(京建材〔2009〕831号),一是进一步扩大了"禁现"范围;二是提升了预拌砂浆企业备案管理要求;三是对违反规定的施工现场不得评为绿色文明安全施工工地,对违反规定的建设单位所缴专项资金不予返退;四是建立了监督举报制度。

为巩固业已发展的良好市场局面,市建委在不断扩大"禁现"范围的基础上,将"禁现"工作要求从工程的招标、开工、验收等多环节贯彻落实,稳步推进"禁现"工作。同时,有关部门联合开展禁止施工现场搅拌砂浆政策落实情况专项检查,重点加大了对"禁现"的市场监管力度,从2009年执行"禁现"政策抽检情况看,使用预拌砂浆的比率已达到76.5%。

这期间,北京市建委组织实施了一系列行业共性科研课题的研究,完成了一系列标准规程的编制,其综合技术水平处于全国各省市的前列。《干拌砂浆应用市场质量状况及对策调研》《我国散装水泥现代物流体系研究》《散装干混砂浆在物流设备中的均匀性研究》等课题的研究成果为北京市调整行业管理措施、制定散装砂浆现代物流发展规划等工作奠定了良好的基础;完成了《干混砂浆应用技术规程》(DB11/T 696—2009)编制工作,对普通砂浆性能指标及检测方法、特种砂浆性能指标和散装干混砂浆物流施工设备等方面进行了修改和完善;完成了《散装干混砂浆运输车》(SB/T 10546—2009)行业标准编制工作,填补了国家行业标准空白,有力地促进了干混砂浆物流散装化、标准化、专业化进程;2007年下半年,相继出台了《绿色施工管理规程》《散装干混砂浆移动筒仓》《88J1-4(2006)干拌砂浆》和《08BJ1-1工程做法》等建筑构造通用图集,《北京市建设工程造价预拌砂浆补充定额》等地方行业标准,为"禁现"工作提供了执法的依据。

这期间,北京市干混砂浆生产企业数量大约发展到220家,备案的预拌普通砂浆生产企业35家,总产能309万吨,行业集中度不断提高。2006年北京新港干混砂浆建材有限公司年产20万吨干混砂浆生产线投产;8月,北京特首砂浆有限公司利用首钢工业废钢渣为主要原料的年产36万吨干混砂浆生产线投产;2008年8月,北京艺高世纪科技股份有限公司年产30万吨散装干混砂浆生产线投产;2009年4月,北京建筑材料科学研究总院第二条年产15万吨干混砂浆环保示范生产线建成投产。同时，预拌砂浆散装物流体系开始形成。2009年，北京市拥有干混砂浆罐车数量为13辆，干砂浆罐车总容量达260吨。拥有干砂浆移动筒仓37个，移动筒仓总容量约为1110吨，备案企业的发散能力达到37.2%（图1）。

图1　砂浆罐车与储罐

三、快速成长期（2010年至今）

在市场推动和政策干预的双重作用下，北京市预拌砂浆行业自2010年开始进入快速成长期，科研开发、装备更新、原料供应、产品生产、物流体系及产品应用等完整产业链已初步形成。北京市的"禁现"工作已通过《北京市大气污染防治条例》立法推广。

这期间，北京市预拌砂浆行业发展的推动力已由节能减排和提高建筑工程质量，转变为环境保护、劳动力成本的快速提高和熟练建筑工人的短缺。相关政策法规也发生了一定的变化。2010年市政府发布《第十六阶段控制大气污染措施的通告》，将"禁现"范围扩大至本市中心城区、市经济技术开发区、新城城关镇地区和其他区域政府投资建设工程。2011年12月，北京市住建委发布《北京市"十二五"时期散装水泥、预拌制品和预制构件发展规划》，这是全国范围第一个预拌砂浆的发展规划，规划确定了"十二五"末发展目标："北京市预拌砂浆产能总量控制在800万吨以内，预拌砂浆使用量达600万吨，普通预拌砂浆的散装率达到50%。列入'禁限'范围的建设工程普通砂浆施工作业全部使用散装预拌砂浆"；2012年5月，市住建委下发《关于加快推进本市散装预拌砂浆应用工作的通知》（经建法〔2012〕15号文），通知要求自2012年10月1日起，本市中心城区、北京经济技术开发区、新城地区、全市所有政府投资建设工程使用的砌筑、抹灰、地面类砂浆，应当使用散装预拌砂浆；2013年3月，北京市政府下发《北京市建设工程施工现场管理办法》（政府令〔2013〕247号），第二十六条规定"由政府投资的建设工程以及在本市规定区域内的建设工程，禁止现场搅拌砂浆；其中，砌筑、抹灰以及地面工程砂浆应当使用散装预拌砂浆”；2013年8月，北京市政府下发《北京市2013—2017年清洁空气行动计划 重点任务分解》(京政办发〔2013〕49号)，要求：“2013年，城镇新建居住建筑率先执行建筑节能75%的强制性标准；自2015年1月起，全面禁止现场搅拌”；2014年，《北京市大气污染防治条例》开始实施，条例第八十九条规定“本市施工工地禁止现场搅拌混凝土。由政府投资的建设工程以及在本市规定区域内的建设工程，禁止现场搅拌砂浆”；2014年，《关于在全市建设工程中使用散装预拌砂浆工作的通知》(经建法〔2014〕15号)，通知要求本市自2015年1月1日起，全市范围内的房屋建筑和市政基础设施工程禁止现场搅拌砂浆，其中砌筑（包括砌块专用砂浆和砌块粘结剂等配套砂浆）、抹灰、地面类砂浆，应使用散装预拌砂浆。施工现场不得设立水泥砂浆搅拌机。

这期间，市住建委组织实施了散装干混砂浆物流及机械化施工系统课题和干混抹灰砂浆机械化施工成套技术研究与示范应用课题的研究，项目成果为北京地区散装干混砂浆在物流运输、使用、维护、信息化管理、机械化施工等方面树立了标杆，为后续企业进入预拌砂浆行业提供了技术支撑。2012年5月30日，北京市住建委组织召开了北京市建设工程预拌砂浆散装化应用工作会，会议就北京市推广应用散装预拌砂浆的工作进行了部署，会议要求建设工程各参建单位应认真做好散装预拌砂浆应用的各项管理和保障工作。会后，全体参会人员前往西城区定向安置房建设现场观摩了由北京建材科研总院主持的散装预拌砂浆输送及机械化施工演示（图2）。

图2 砂浆机械化施工

这期间，技术标准也发生了相应的变化，从产品和应用技术标准向生产线整厂设计、生产管理、质量控制、清洁化生产和绿色生产等全产业链标准体系转变。《干混砂浆生产管理规程》《干混砂浆生产线设计规范》《预拌砂浆清洁生产技术规程》（地标）、《预拌砂浆单位产品综合能源消耗限额》（地标）、《干混砂浆机械化施工技术规程》等标准相继发布。尤其是北京在绿色生产方面的标准规范在国内同样起到表率作用。

这期间，在疏解非首都功能、推进京津冀协同发展国家战略等宏观政策下，北京市预拌砂浆生产企业数量呈减少趋势，行业集中度进一步提升，规模、规范、绿色生产企业市场占有率进一步扩大。2014 年，金隅砂浆第三条年产 40 万吨普通干混砂浆生产线投产，北京京城久筑公司两条年产 30 万吨干混砂浆生产线投产。“金隅”“久筑”“美巢”等品牌获得住建部、工信部绿色砂浆三星产品认证，北京市位居国内各省获得绿色砂浆三星产品认证的企业数量之首。

这期间，北京市预拌砂浆产供基本平衡。2017 年普通干混砂浆生产企业 34 家，产量约 310 万吨。其中，普通干混砂浆产量 270.9 万吨，散装率 62.7%；湿拌砂浆产量 22.37 万立方米；拥有干混砂浆罐车数量为 107 辆，干砂浆罐车总容量达 3255 吨。拥有干砂浆移动筒仓 2517 个，移动筒仓总容量约为 8.1 万吨。

经过 30 年的发展历程，预拌砂浆仍然秉承节约资源、保护环境、提高建设工程品质和施工水平的发展初衷，仍然承载着绿色发展的重任。未来，预拌砂浆行业的发展将在完成“快速取代现场搅拌砂浆”的基本要求下，更进一步在超低能耗建筑、工业和城市固废综合利用、施工现场扬尘治理等领域做出更大贡献。

作者简介

蔡鲁宏，北京金隅砂浆有限公司经理，高级工程师。主要研究方向为干混砂浆性能调控与系列产品制备成套技术开发应用及产业化。

建筑钢材篇

建筑钢材的发展概述

◎张　莹

一、产品基本情况

（一）产品概述

建筑用钢材是量大面广、有较广泛影响力的钢材品种，广泛用于房屋建筑、桥梁、铁路、公路、机场、大坝、电站等诸多领域。建筑钢材用量最多的是钢筋混凝土用热轧带肋钢筋（简称热轧带肋钢筋，俗称螺纹钢），其次是预应力钢材等。我国房屋建筑和土木工程，主要以钢筋混凝土结构为主，热轧带肋钢筋是主要原材料，其质量直接影响工程建设的质量，关系到公共安全和人身、财产安全。据统计，目前我国热轧带肋钢筋产量约占我国钢材总产量的五分之一，在我国冶金工业中占有重要地位，在国民经济中占有举足轻重的地位。图 1 和图 2 为盘卷状钢筋和直条状钢筋的典型图示。

图 1　盘卷状钢筋

图 2　直条状钢筋

热轧带肋钢筋将向高强度、高性能、节约型优质钢筋方向发展，不同种类的钢筋产品通过不同的搭配使用能够提高建筑物的安全性，还能大幅降低钢筋使用量，节约成本，降低消耗。如在有抗震要求的构筑物中使用抗震钢筋；在近海环境使用耐蚀钢筋等。高强钢筋是指屈服强度达到400MPa级及以上的热轧带肋钢筋，它具有强度高、综合性能优的特点。

预应力钢材也属于建筑钢材一个种类，广泛用于铁路、水利、桥梁、城市高架、轨道交通线、机场建筑结构、核电站的安全壳、厂房等重要的大跨度公共和民用建筑结构中，在国民经济中占有举足轻重的地位。图3和图4为盘卷状预应力钢绞线和预应力钢丝的典型图示。预应力钢材将向高强度、节约型方向发展。

图3　预应力混凝土用钢绞线

图4　预应力混凝土钢丝

当前，我国大力推进节能减排，而建筑物的节能对节能成果具有重大意义。钢筋和预应力钢材作为建筑用重要材料，其强度等级和质量水平对节约资源、降低能耗有着直接影响。据推算，在工程建设中，使用400MPa钢筋替代335MPa钢筋可节约钢材用量12%～14%，使用500MPa钢筋替代400MPa钢筋可节约钢材用量5%～7%。在高层或大跨度建筑中应用高强度钢筋和预应力钢材，效果更加明显。

（二）全国企业数量及年总产（销）量、企业分布和产业集中区域

截止到2018年2月1日，我国具有钢筋混凝土用热轧带肋钢筋生产许可证的企业共有457家，遍布全国29个省（直辖市、自治区）。具有钢筋混凝土用热轧带肋钢筋生产许可证的企业共有342家，遍布全国28个省（直辖市、自治区）。

获证企业分布情况，如图5、图6所示。热轧带肋钢筋获证企业数最多的11个省份是江苏省、河北省、广东省、福建省、辽宁省、山西省、山东省、四川省、浙江省、广西省、湖北省；热轧光圆钢筋获证企业数最多的11个省份是河北省、江苏省、广东省、福建省、四川省、山西省、浙江省、山东省、河南省、辽宁省、安徽省。热轧带肋钢筋和热轧光圆钢筋这11个省份的企业数分别占获证企业总数的70%和68%。2017年全国各大区热轧带肋钢筋产量分布如图7、图8所示。

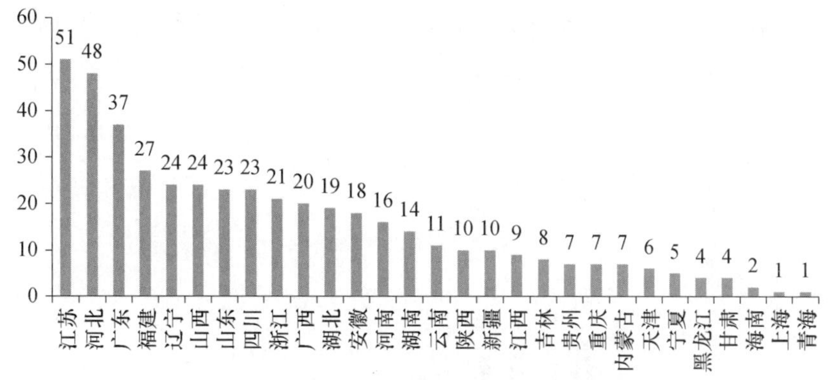

图 5　热轧带肋钢筋获证企业分布情况

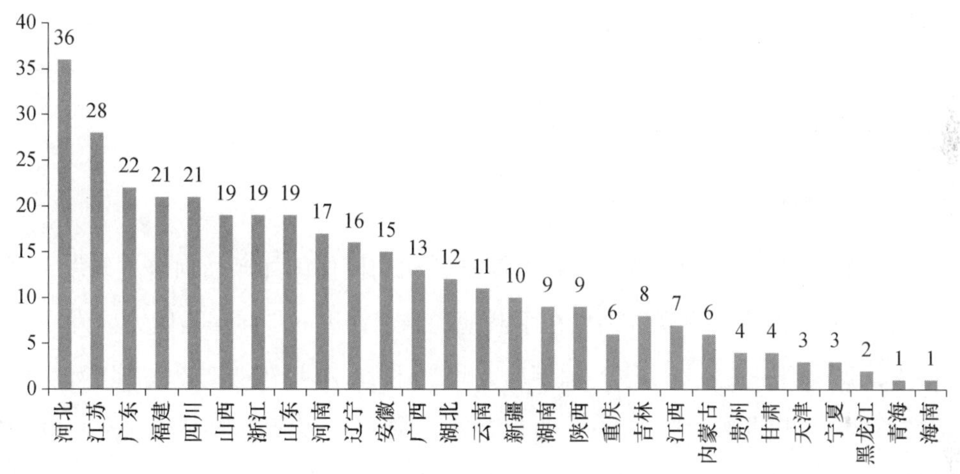

图 6　热轧光圆钢筋获证企业分布情况

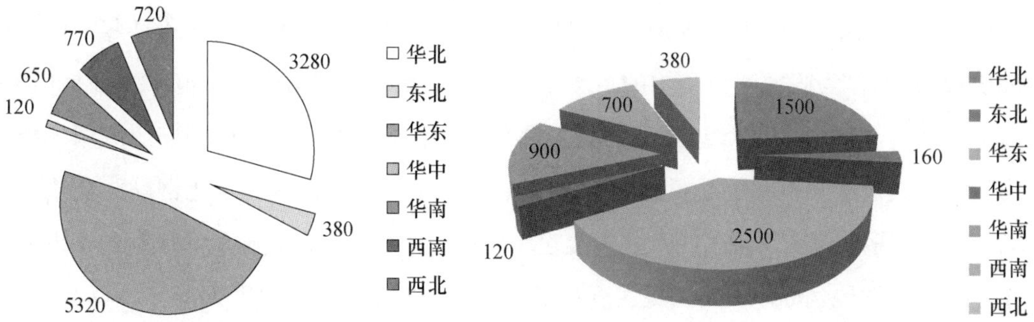

图 7　2017 年热轧带肋钢筋各区域产量对比情况

图 8　2017 年热轧光圆钢筋各区域产量对比情况

截止到 2018 年 2 月 1 日，预应力混凝土用钢材产品获得生产许可证企业有 261 家，遍布全国 24 个省（直辖市、自治区），获证企业数最多的 4 个省份是江苏、天津、浙江和河北，占获证企业总数的 47%。其中，钢绞线生产企业有 89 家，主要分布在天津和江苏；

钢丝生产企业有 79 家，主要分布在天津；钢棒生产企业有 129 家，主要分布在浙江、江苏、广东。获证企业分布情况，如图 9 所示。

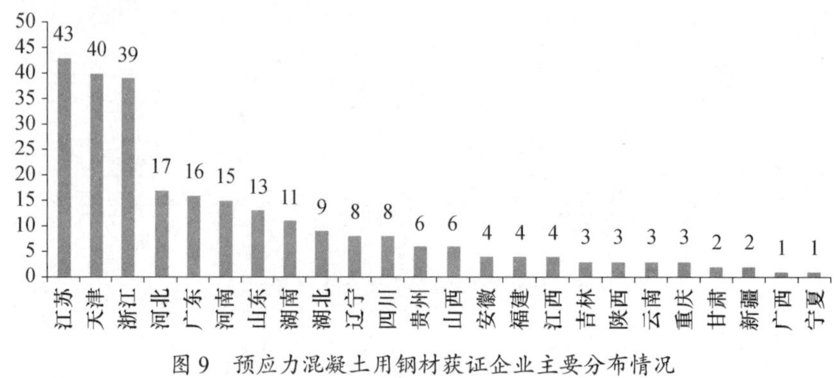

图 9　预应力混凝土用钢材获证企业主要分布情况

二、建筑钢材发展历程

（一）热轧钢筋

从热轧钢筋发展过程看，我国钢铁企业从最初的模仿国外产品到自主研发，再到吸收和创新，钢筋的性能和强度级别也在不断地提升，并进一步向高强度方向发展。20 世纪 50 年代，我国钢筋主要是 I 级光圆钢筋，到 20 世纪 70 年代初期，我国开始大规模研制、生产、推广应用Ⅱ级钢筋 16Mn、Ⅲ级钢筋 25MnSi、Ⅳ级钢筋 45MnSiV、40Si2MnV 和 45Si2MnTi。“六五”（1980—1985 年）攻关期间，开始研制低合金钢，随着微合金化、轧后余热处理等新工艺的使用，研制出新Ⅲ级钢（400MPa）。“七五”（1986—1990 年）计划期间，国家开始对 400MPa 级钢筋可焊性开展系统的技术攻关。2004 年，国家将 400MPa 级钢筋作为我国建筑结构的主力钢筋写入《混凝土结构设计规范》（GB 50010—2002）。但是，当时 400MPa 新Ⅲ级钢筋并没有因为它的良好性能而得到广泛应用，推广阻力较大，其用量只占钢筋总量的 1/3 左右。到了 21 世纪初，微合金化钢筋、余热处理钢筋和细晶粒钢筋完全实现了国产化，经过半个多世纪的发展，我国从低强度的 I 级钢筋（A3、AY3），发展到 600MPa 级高强度钢筋，甚至 700MPa 级高强度钢筋，不仅在品种、技术工艺、质量上都有较大的进步。目前我国已淘汰 I 级钢筋（HPB235），广泛使用性能良好的 400MPa 级高强度钢筋，目前 400MPa 级钢筋已成为建筑业广泛使用的主力钢筋。HRB500 级钢筋具有强度高、延性好、可焊性强的特点，符合我国积极倡导的低碳、环保可持续发展的要求，可应用于对强度级别要求高的高层、超高层建筑中，其良好的性能不仅满足建（构）筑物的使用功能，而且还能产生良好的经济和社会效益。高强度钢筋作为节材节能环保产品，在建筑工程中大力推广应用，是加快转变经济发展方式的有效途径，是建设资源节约型、环境友好型社会的重要举措，对推动钢铁工业和建筑业结构调整、转型升级具有重大意义。

（二）预应力钢材

从预应力钢材发展过程看，我国预应力钢材生产技术起步于20世纪60年代初期，受当时计划经济影响，发展较慢，直到20世纪80年代中期，仍以生产低档普通松弛级别预应力钢丝和钢绞线为主。随着我国改革开放和经济建设的不断深入，在经历我国“六五”“七五”“八五”“九五”计划期间的发展，预应力钢材产品及装备已发生了质的变化，预应力钢丝产品由最初最高1670级发展到现在1860级，钢绞线由最初最高1770级发展到现在2000级。经过半个多世纪的发展，我国从Ⅰ级（普通松弛）预应力钢材，发展到Ⅱ级低松弛2000MPa高强度预应力钢材，甚至2100MPa级高强度预应力钢材，在品种、技术工艺、质量上都有较大的进步。目前我国已淘汰Ⅰ级普通松弛预应力混凝土用钢丝和钢绞线，广泛使用Ⅱ级（低松弛）预应力钢材产品。高强度Ⅱ级（低松弛）预应力钢材产品具有抗拉强度高、延伸率好、松弛值低、应力损失小、抗疲劳性能优良等到特点，主要应用于铁路、公路、跨江、跨海大桥、大型工业建筑、水利、能源和岩土锚固等领域，与国家基础建设密切相关，目前，该产品质量水平达到发达国家标准要求。

三、建筑钢材标准

（一）热轧钢筋

1. 钢筋标准的发展

我国钢筋标准经历了12次修订，每次修订都充分体现了钢筋生产技术水平的提高和用户需求的提升。

钢筋产品始于1952年，是在苏联专家指导下生产出来的竹节型钢筋，但是没有标准，只有技术条件，到1955年中华人民共和国重工业部成立后制定了重工业部钢筋标准，编号为重111—1955。20世纪60年代冶金工业部成立，重工业部的冶金领域标准随之转化为冶金部标准。重111—1955热轧钢筋标准转为冶金工业部标准YB 171—1963，此后进行了两次修订为YB 171—1965和YB 171—1969。到20世纪70年代钢筋标准经修订后上升为国家标准GB 1499—1979。20世纪80年代进行一次修订为GB 1499—1984，进入20世纪90年代，钢筋国家标准进行了两次修订，第一次修订将原标准GB 1499—1984

拆分成为带肋钢筋GB 1499—1991和光圆钢筋GB 13013—1991两个标准，第二次修订为GB 1499—1998。到21世纪，钢筋标准又进行了两次修订为GB 1499.2—2007、GB 1499.1—2008和GB/T 1499.2—2018、GB/T 1499.1—2017。2016年国家标准化管理委员会贯彻落实《深化标准化工作改革方案》和《强制性标准整合精简工作方案》的要求，2016年12月29日，国务院标准化协调推进部际联席会议第三次全体会审议通过11224项强制性标准和2066项强制性标准计划项目的整合精简结论，此次精简涉及冶金领域的强制性国家标准均转化为推荐性国家标准。

2. 钢筋标准的现状

（1）标准分类

按钢筋在混凝土结构中的作用，钢筋可分为普通混凝土用钢筋和预应力混凝土用钢筋两类。

按钢筋生产工艺，钢筋可分为热轧钢筋、热轧后控冷控轧钢筋、热处理钢筋、冷轧带肋钢筋四类。

按钢筋外形，钢筋可分类为光圆钢筋与带肋钢筋两类。

按交货状态，钢筋可分为直条与盘卷两类。

（2）标准体系

①产品标准构成

a. 热轧钢筋标准构成

我国热轧钢筋产品标准体系按钢筋外形，将《钢筋混凝土用钢》（GB/T 1499）分为三个部分：

《钢筋混凝土用钢 第1部分：热轧光圆钢筋》（GB/T 1499.1—2017）；

《钢筋混凝土用钢 第2部分：热轧带肋钢筋》（GB/T 1499.2—2018）；

《钢筋混凝土用钢 第3部分：钢筋焊接网》（GB/T 1499.3—2010）。

GB/T 1499与《钢筋混凝土用余热处理钢筋》（GB 13014—2013）构成热轧钢筋产品标准。

b. 冷轧带肋钢筋标准构成

我国冷轧钢筋产品标准体系主要包括：

《冷轧带肋钢筋》（GB/T 13788—2017）。

c. 预应力混凝土用钢筋标准构成

我国预应力混凝土用钢筋产品标准体系主要包括：

《预应力混凝土用螺纹钢筋》（GB/T 20065—2016）。

d. 耐蚀钢筋标准构成

我国耐蚀钢筋产品标准体系主要包括：

《钢筋混凝土用环氧涂层钢筋》（GB/T 25826—2010）；

《钢筋混凝土用不锈钢钢筋》（GB/T 33959—2017）；

《钢筋混凝土用耐蚀钢筋》（GB/T 33953—2017）。

②钢筋试验方法标准构成

我国钢筋应用试验方法标准主要包括：

《钢铁及合金化学分析方法》（GB/T 223）；

《碳素钢和中低合金钢 多元素含量的测定 火花放电原子发射光谱法（常规法）》（GB/T 4336—2016）；

《不锈钢 多元素含量的测定 火花放电原子发射光谱法（常规法）》（GB/T 11170—2008）；

《钢铁 总碳硫含量的测定 高频感应炉燃烧后红外吸收法（常规方法）》（GB/T 20123—2006）；

《钢铁 氮含量的测定 惰性气体熔融热导法（常规方法）》（GB/T 20124—2006）；

《低合金钢 多元素含量的测定 电感耦合等离子体原子发射光谱法》（GB/T 20125—2006）；

《钢筋混凝土用钢材试验方法》（GB/T 28900—2012）；

《金属平均晶粒度测定法》（GB/T 6394—2017）；

《金属显微组织检验方法》（GB/T 13298—2015）；

《预应力钢材试验方法》（GB/T 21839—2008）。

（二）预应力钢材

1. 预应力钢材标准的发展

我国预应力钢材标准经历了 5 次修订，每次修订都充分体现了预应力钢材生产技术水平的提高和用户需求的提升。

预应力钢材产品始于 20 世纪 60 年代初期，冶金工业部成立后制定了冶金部标准《预应力混凝土结构用碳素钢丝》（YB 255—1964）、《预应力混凝土结构用刻痕钢丝》（YB 526—1964）和《预应力混凝土用钢绞线》（YB 286—1964）。到 20 世纪 80 年代预应力钢材标准经修订后上升为国家标准《预应力混凝土用钢丝》（GB 5223—1985）和《预应力混凝土用钢绞线》（GB 5224—1985）。20 世纪 80 年代中期预应力钢棒引入我国，20 世纪90年代我国对预应力混凝土用钢丝、钢绞线国家标准进行了修订，使其成为推荐标准GB/T 5223—1995和GB/T 5224—1995，制定了行业标准《预应力混凝土用钢棒》（YB/T 111—1997）和行业标准《中强度预应力混凝土用钢丝》（YB/T 156—1999）。到21世纪，预应力钢丝、钢绞线标准又进行了两次修订为GB/T 5223—2002、GB/T 5224—2003和GB/T 5223—2014、GB/T 5224—2014。预应力混凝土用钢棒第一次修订后上升为国家标准GB/T 5223.5—2005，第二次修订为GB/T 5223.5—2017。预应力混凝土用中强度钢丝第一次修订后上升为国家标准GB/T 30828—2014。

2. 预应力钢材标准的现状

（1）产品标准构成

①预应力混凝土用钢丝标准构成

我国预应力混凝土用钢丝产品标准体系主要包括：

《预应力混凝土用钢丝》（GB/T 5223—2014）；

《预应力混凝土用中强度钢丝》（GB/T 30828—2014）。

②预应力混凝土用钢绞线标准构成

我国预应力混凝土用钢绞线产品标准体系主要包括：

《预应力混凝土用钢绞线》（GB/T 5224—2014）。

③预应力混凝土用钢棒标准构成

我国预应力混凝土用钢棒产品标准体系主要包括：

《预应力混凝土用钢棒》（GB/T 5223.3—2017）。

（2）预应力钢材试验方法标准构成

我国预应力钢材应用试验方法标准主要包括：

《金属材料 拉伸试验　第1部分：室温试验方法》（GB/T 228.1—2010）；

《金属材料 夏比摆锤冲击试验方法》（GB/T 229—2007）；

《预应力钢材试验方法》（GB/T 21839—2008）。

四、建筑钢材发展方向和前景

（一）建筑钢材发展方向

热轧带肋钢筋是向高强度、高性能、耐腐蚀等绿色钢筋的方向发展的。围绕这一发展方向，应继续坚持淘汰落后产品、生产装备的产业政策，加大科研投入，重视钢筋新产品、新应用的科研开发，提高行业技术水平，促进热轧钢筋产品行业稳定、健康发展。

结合国家发展和改革委员会 2013 年第 21 号令《国家发展改革委关于修改〈产业结构调整指导目录（2011 年本）〉有关条款的决定》要求，全行业各部门联合，稳定开展淘汰落后产品，推广新型钢筋产品的工作。发挥下游行业（如建筑、水利、海港、公路、铁路、桥梁等应用领域）的产品应用优势，引导各行业进行技术创新，开发应用高强度、高性能、节约型等新型钢筋产品，促使行业技术进步和良性发展。由于每年因腐蚀造成显著危害与经济损失，所以根据不同环境开发不同程度的高性能耐蚀钢筋十分必要。

预应力钢材产品在国外起步早，且应用领域与生产技术共同发展，尤其是欧、美、日等国家在预应力技术的发展上一直处于领先地位。我国预应力钢材产品起步晚，技术应用与产业多模仿国外技术思想。进入 21 世纪，我国在应用与产业的结合中不断进行创新和突破。我国预应力行业开始根据工程应用进行原料成分及冶炼技术研发，改进和创新生产工艺，在如火如荼的高铁建设中尝试应用，并获得了成功。目前，预应力混凝土用钢丝产品正向耐蚀高强度 2000MPa 级及以上方向发展，预应力混凝土用钢绞线产品正向 2000MPa 级及以上和大规格方向发展。

（二）建筑钢材发展前景

1. 热轧钢筋

为了提高建筑物的安全性和使用寿命，房屋、港口、立交桥、厂房等钢混结构迫切需要低成本、高性能、耐蚀钢筋。目前国内耐蚀钢筋的应用还是空白，但研发工作已经开展，并取得一定的进展。另外，从减少火灾损失，国家对建筑物进行了耐火等级的限制，要求对建筑材料的耐火极限进行量化，钢筋作为建构筑物中主要的增强材料，其耐火性也成为新的研究方向。

液化天然气储罐、低温冷藏仓库、寒冷地区的建构筑物、低温环境下的勘探、低温环境下的浮动码头建设等均对钢筋混凝土结构的耐低温性提出了更高的要求，研究低温环境下钢筋混凝土结构力学性能及超低温条件下钢筋与混凝土粘结锚固性能具有十分重要的意义。因此研发低成本、高性能耐超低温钢筋产品具有十分重要的意义和发展前景。

2. 预应力钢材

在民用建筑领域的城乡民用住宅和公用建筑设施方面，采用预应力技术的空间极大，如墙体、平布结构梁和高层建筑框架结构的预应力钢材及技术应用，其量巨大，发展前景可观。

作者简介

张莹，女，国家建筑钢材质量监督检验中心总工程师，教授级高级工程师。主要研究方向为金属材料研究及检测技术。

墙体材料篇

回顾墙改30年点点滴滴

◎陈福广

“墙体材料革新与建筑节能”工作开展至今已整整30年了。这是20世纪90年代震憾中国建筑业和建材业，乃至具有世界影响的伟大事业。之所以称为“伟大事业”是因为它除了具有重大的社会经济意义外，还牵涉社会方方面面的复杂性和艰巨性，又是需要几代人坚持不懈做出艰辛努力才能完成的历史性的重大社会经济活动。它的开展开辟了我国向几千年传统的秦砖汉瓦挑战的新时代，是引导我国12万砖瓦企业由手工作坊式生产向工业化规模生产过渡的里程碑，是推进住宅产业由传统方式向现代化过渡，实现这一历史性变革的突破口。不仅如此，更为重要的是它关系到子孙后代生存发展的耕地和生态环境的保护，是实现我国社会、经济、环境协调发展，实施可持续发展战略的一项重大举措。

30年来，这项事业在我国各级政府的关心和支持下，取得了举世瞩目的成就，赢得了国内外同行的高度赞誉和支持。国内外电视台、电台、报刊均有大量报道，新华社以“机密”文稿刊发《动态清样》10多期，不时报道和采访这项经济活动，在各级领导干部和社会各界中引起了广泛、深入的影响。据不完全统计，从1989年到2000年的10多年间，我国中央报刊上就有1000多篇报道，国内外网站发布信息有6000多条，中央电视台新闻联播、焦点访谈、东方时空、经济信息联播、科技教育、农村科技等栏目和各省市电视台进行报道和宣传的就有数百条。

实践表明，由于我国国情复杂，开创这项事业十分艰辛，30年来所走的道路极不平坦，为记录和反映这一历史时期墙改工作的艰辛历程，我作为这项事业的开拓者、两部两局墙改办主任，始终站在引领行业发展的前沿，有义务和责任借助北京市提供这一平台，共同展示我国墙材革新与建筑节能推广历程中的点点滴滴，以供业界同行分享和后人参考。同时也非常感谢北京市提供了这一平台。

一、实心黏土砖毁地耗能十分惊人，工业废渣却堆积如山

多年来，我国墙体材料产品95%是实心黏土砖，据1992年实际统计，全国砖瓦企业12万余个，黏土砖总量高达5253多亿块标砖，到1994年达到6000多亿块标砖，其工艺落后，生产能耗达到6000万吨标煤，用它砌成墙体保温隔热性能差，房屋采暖能耗多达1.2～1.5亿吨标煤，两者合计占我国全年能源消耗总量15%以上，这还不包括夏季空调降温电耗。实心砖墙体与国外同体积材料相比，其生产能耗平均多一倍，外墙保温隔热性能相差4～5倍，单位建筑面积的采暖能耗是同等条件下发达国家的3倍。全国砖瓦企业占地约500万亩，每年烧砖毁田近10万亩，破坏耕地尚不计其内，每年烧砖耗土量达14.3亿立方米，相当于毁地120多万亩，把这些砖横向排列，围绕地球赤道达1600多圈，砌成24cm厚2m高的围墙，可绕地球赤道60多圈，可见耗土量之大，破坏土地之严重。世界上没有哪个国家像我国这样挖土烧砖严重破坏土地。

与此同时，我国每年排放2亿多吨粉煤灰和煤矸石没有得到充分利用，既占用大量土地，又污染了环境。此外，大量使用实心黏土砖，使我国墙体材料短途年运输量高达200多亿吨千米，大大加剧了我国城乡交通运输紧张状况。因此，大力发展节能、节地、利废、保温隔热的新型墙体材料，加快墙体材料革新，推进建筑节能，是节约能源，贯彻保护耕地、保护环境两项基本国策的大事，具有极其深远的社会经济意义。

二、“以政策为先导”的思路由来

在当年计划经济体制下，任何产业发展都必须依靠国家计划投资才能得到保证，我们曾向当时的国家计委汇报争取一定的专项资金扶持，然而墙体材料属于地方性材料，在国家计划体制下“地方材料地方办”，得不到任何资金扶持，我们只能一面争取政策，调动地方政府和企业的积极性，为墙材革新创造条件；一面通过试点，结合实际，得出切实可行的科学方法，发挥示范作用，树立样板，推动各地自发开展墙材革新工作。

为此，在以后拟订的墙材革新和节能建筑推广的思路中，我们提出了“以政策法规为先导”的指导思想，并在实施过程中始终把制定和落实政策法规作为首要工作内容来抓。我们在出台国务院国发66号文件中就争取得到相关部门16项政策扶持，这些政策内容包括行政、经济、技术各方面相互配套的法规体系。在全国推广中，我们一个省一个省地做发动和推进工作，帮助各省因地制宜出台地方政策法规，建立组织机构，充分调动地方政府积极性。30年来，墙材革新和节能建筑推广工作，无不秉承这一思路才得以可持续发展。

三、“系统工程”来之不易

鉴于“发展新型墙体材料，替代实心黏土砖”已断断续续开展 30 多年了，有些地区也取得一些进展，但就全国范围来说进展十分缓慢，而且出现实心黏土砖不降反而迅速增长，在历史上形成三起三落的局面，为此国家建材局党组提出了采用系统工程方法推进墙体材料革新。

我深深知道，系统工程方法说起来容易，然而什么是“系统工程”？什么是“墙体材料革新和建筑节能系统工程”？包括哪些实实在在的具体内容？怎样组织开展这项工作？这些问题不搞清楚，不拿出切实可行的设计方案来，系统工程还是一句空话。怎样用系统工程方法组织这项工程实施呢？这是一个难度不小的课题。

在无奈的情况下，我只好自己走到研究第一线，亲自承担这一具体研究任务。1989 年 4 月，国家建材局以材政〔1989〕10 号文下达《墙体材料改革系统工程研究》软科学课题（同年 9 月该课题更名为《墙体材料革新与节能建筑推广系统工程研究与实践》)，我担任课题研究负责人。从那以后几年，我花了所有业余时间，研读有关系统工程的书籍、文章，请教有关系统工程专家，搞清什么是“系统工程”、系统工程的基本原理和实用方法，如何把它应用到墙体材料革新和节能建筑推广中。同时查阅国家建材部、建材局有关墙体材料的历史文献和资料，认真总结历史经验和教训。

我粗略理解，“系统工程”是为实现某项目标，把若干相互关联的部分组成一个复杂的有机整体作为研究对象的科学组织管理方法，这个“有机整体”称为“系统”，这种科学的组织方法就是“系统工程”。“墙体材料革新与节能建筑推广系统工程”，就是把与墙材革新、节能建筑推广有关的方方面面和各项活动科学组织起来，围绕当地限制实心黏土砖、发展新型墙体材料和推广节能建筑的总体目标，协调配套地开展工作。

我们在认真调查研究的基础上，运用系统分析方法，认为墙体材料革新不是简单的黏土砖更新替代，它涉及土地管理、新产品开发、建筑应用、环境保护、资源综合利用、乡镇砖厂转产改造等；在实施过程中，又需要生产、设计、施工、应用等各环节协调配合的一项综合性的社会经济活动。只有充分调动上述各方面的积极性，才能开展好这项工作。于是我们把限制实心黏土砖，发展新型墙体材料和推广节能建筑、改善建筑功能这个总目标，同国家保护耕地、加强土地管理，同废渣综合利用、治理环境污染，同乡镇企业调整结构、发展新墙材产品结合起来，组成一个“墙材革新和节能建筑推广”大系统，梳理出相关方面的具体工作内容和特点，研究设计出该系统的优化指标体系数学模型（包括定性和定量研究）。它涵盖政策法规、建筑应用（节能建筑推广）、技术改造（新墙材产品发展）、乡镇砖厂整顿调整、废渣利用五个子系统，并把这五个子系统具体内容（包括软科学和硬科学课题）落实到相关部门和单位。在实施过程中，以政策法规为先导，坚持多部门合作；坚持以建筑应用为龙头，充分发挥建筑设计纽带作用；坚持技术改造，为建筑应用提供质量可靠、性能优良的新型墙材产品；以废渣利用为有效途径，通过全面规划、统一部署、系统实施、协调配套地开展工作，达到节能、节地、利废、推广节能建筑、改善建筑功能和治理环境污染目的。

1989 年，我带着这个系统工程模型和总体方案，结合哈尔滨当时实际情况，与哈尔滨市共同研究制定哈尔滨市系统工程实施方案，由哈尔滨市政府组织实施。首先以市长令颁布《关于加速墙体材料改革，搞好建筑节能若干规定》《粉煤灰综合利用规定》《砖厂用地管理办法》三项政策法规；接着安排了 9 个砖厂进行技术改造，形成 3 个层次的示范线，生产 1.2 亿块空心砖和粉煤灰烧结砖；同时在嵩山小区优化三个新型墙材节能住宅体系，建造“空心砖和岩棉复合体系”“加气混凝土体系”和“混凝土岩棉复合大板”三种节能住宅示范小区 6 万平方米进行试点。按当时节能 30% 设计，实心黏土砖外墙需要 980mm 厚，而我们设计空心砖和岩棉复合只有 41cm 厚。经过连续 3 个采暖期的实测，嵩山小区试点节能建筑，节能率达 47.8%，锅炉运行效率由 55% 提高到 72%，房间温度可达到 18 ～22℃，大大超过原采暖温度 14 ～16℃，按当时节能 30% 标准计，在原设计 2 台锅炉的基础上，可节约 1 台锅炉。

与此同时，我们又在江苏省、成都市试点，分别结合本地特点，侧重系统工程中部分内容，制定该地区系统工程方案，在当地政府组织领导下实施，同样取得新型墙材发展和废渣利用的满意成果。

该系统工程研究和实践成果分别得到当时中央领导的充分肯定，并被国务院 66 号文件采纳。1993 年，中央电视台在《百家企业话改革》栏目中特邀我作系统工程专题讲座，建设部领导作评述。历时 7 年研究和实施，于 1995 年由国家科委、国务院发展研究中心有关负责人和人大常委会副委员长参加的专家委员会鉴定获得通过，并于同年 12 月获国家科技进步二等奖。

今天回忆当年蹲点在试点省市的几年内，我每月去试点单位 3 ～5 天，住在工厂招待所或工地工房，自带粮票在工人食堂排队买饭，不分白天夜晚同有关人员研究和解决试点中的问题。想到那些辛劳的日日夜夜，追寻汗水和辛劳的足迹，重温当年国家领导的激励陈词，心情仍然十分激动，觉得写出这些故事来仍有现实意义。

四、征收专项基金更是难上加难

长期以来，由于我国在计划经济体制下，黏土实心砖采取无偿取土，廉价劳动力，其售价十分低。在哈尔滨市一根冰棍售价可买 2 块砖，在转换为市场经济下的新型墙体材料竞争不过实心黏土砖，为此，我们遵照相关领导“关于在城市逐步减少使用实心黏土砖，实行每块砖加价 2 分钱，所得收入用于发展新型墙体材料问题，可以因地制宜，在地方政府同意的情况下，先在大城市搞几个试点”的指示，在哈尔滨市启动征收“墙改专项基金”试点工作，然而这项试点工作在实施过程中困难重重。

第一大难处是：由于这种收费是从计划内资金划拨到计划外使用，不符合国家资金管理规则。我们与哈尔滨市、黑龙江省政府及有关部门反复多次协商，通过深入调研、分析哈尔滨市建筑市场行情，经过新老材料价格平衡测算，在实心黏土砖价外加收 2 分钱，建立专项基金，并同意仍然由市财政厅纳入计划内管理，实行专款专用，用于新型墙材发展，然而当时黑龙江省为控制物价上涨，实施 383 工程（限价），征收专项基金，最后经省长批准才得以执行。

第二大难处是：执行难。在实施中，哈尔滨市决定由市税务局代管，向砖厂派出驻厂基金征收员征收 2 分钱基金。然而经过征收 10 个月，基金就征收不上来了。哈尔滨市反馈给我们：“这项政策难以执行！”我十分焦虑地赶往哈尔滨市，与哈尔滨市墙改办同志共同调研、分析研究，认为向生产厂征收资金限制不住实心砖，发现砖厂改产空心砖后大量积压，得不到应用，工地上仍然采购外地的实心砖，由此我们深刻认识到“禁实”的关键不在于“禁产”而在于“禁用”，对砖厂征收资金不仅征收不上来，也限制不住实心砖使用，空心砖等新产品仍然得不到推广应用。于是我们把这个意见提交给哈尔滨市墙改建筑节能领导小组，召开相关部门人员参加的会议，经过近 4 个半天的认真讨论研究，最后市领导小组决定调整收费办法，由砖厂代收改为向建设单位直接收取，由市建委会同市财政局、税务局、规划土地局、建材局、建设银行等六部门合作共同参与，制定严格的操作程序和收缴管理办法，才使这项政策贯彻执行。记得最后那天晚上，讨论到夜里 2 点半，分管副市长请示市长同意后正式执行。

当哈尔滨市这项价外收费政策突破后，我们为了尽快在全国各省市推开，回京后立即向财政部汇报、沟通，取得一致意见：这项政策是属地方政府制定的财政政策，它取之于建筑，用于建筑，专款专用，不得转化为消费基金和房地产开发。不久，时任上海市市长率先发布 41 号市政府令，出台了这项收费政策，为全国启动该项政策起到表率作用。此后，全国 29 个省市根据当地情况，先后出台了征收不同额度费用的政策，建立新型墙材发展基金，并制定了严格的使用和管理办法。

第三大难处是：在国家清理乱收费中，专项用费保留难。正当征收“专项基金”在全国陆续落地时，国家实行治理整顿方针政策，要彻底清理“乱收费”。从 1993 年到 2000 年国家先后开展四次“清理乱收费”大检查，其间河南省、安徽省、陕西省等陆续撤销墙改办机构，并取消征收专项基金。形势十分紧急，为了保留“墙改专项基金”，我们先后三次以书面和口头形式向国家计委收费管理司（治理整顿乱收费办公室）、财政部综合司、工业司提出建议，后又向国家经委的国家减负办汇报、沟通，并达成共识：这项基金不属于乱收费。同时，我们通过国家审计署驻建材局审计办，对有关省市进行墙改基金专项审计，确保这项基金合理、合规使用，并将审计情况上报国家有关综合部门，证明它不是乱收费。

对于撤销墙改办机构的省，我们即时函复有关省领导或亲赴省城逐省做说服工作，最后均得以恢复。

五、北京市墙材革新和节能建筑推广起到引领和示范作用

北京市在国务院〔1992〕66 号文件颁布后，加快步伐，加大力度，形成后来者居上的喜人局面。

1992 年 6 月，北京市成立了以常务副市长为首，包括 16 个市、委、办、局等单位领导成员参加的“北京市建筑节能与墙体材料革新领导小组和办公室”，下属区、县也成立了相应组织机构，并制定了系统配套的政策法规，坚持多部门合作，各环节协作配套开展工作。

墙材革新是从逐步限制使用实心黏土砖开始，结合推广节能建筑，1994 年 10 月北京市召开了上千人参加的建筑节能和墙体材料革新工作会议，采取一系列强化限制使用实心黏土砖、推广新墙材应用的政策措施，包括提高收缴实心黏土砖的限制使用费；推广节能 50% 设计标准；严格限制多层住宅外墙使用实心黏土砖，否则不视为节能住宅不执行投资方向调节税零税率的优惠政策。在政策大力度推动下，至 1999 年全市大量框架结构建筑的填充墙、围护墙，基本上已全部使用新型墙材，新建多层节能住宅全部采用新型墙材。与此同时，大力推进各郊区县的乡镇砖厂改造发展新型墙材，使全市节能建筑达到 4870 万平方米，占当时全国节能建筑的 50% 以上。

在北京市发展新型墙材、提高产品质量档次方面，我印象深刻的至少有以下几点为全

国树立了样板，起了引领作用。

（1）建设高档次新型墙材示范线，发展高质量新型墙材产品。

1996 年，北京市门头沟区建委组建北京石泉墙体材料有限责任公司，引进法国西方公司单线规模 8000 万块煤矸石烧结多孔砖生产线。该项目是原国家建材局、国家墙改办的示范工程，也是北京市重点工程。北京市计委向国家计委 5 个司及有关综合部门，先后组织召开 8 次论证会，获得审批通过。该生产线关键设备采用国外最先进的高技术性能的装备（锤式破碎机、细碎对辊机、挤出机），使物料粉碎细度＜0.5mm 的占 85% ～90%，其余 15% ～10% 的物料最大颗粒也不超过 1.5mm，不但产量大、精度高，而且使用寿命长，这是当时乃至当今国内任何设备无法达到的性能指标，加上现代化的切码运控制系统，泥条表面处理技术以及 10.4m 的大断面宽度隧道窑，使生产线不但生产效率高、产品质量档次高，可以生产高孔洞率的高强承重多孔砖、孔洞交错的高保温空心砖和清水墙砖及带各种彩色、辊压花纹的饰面砖，而且可以生产集承重与装饰、承重与保温、保温与装饰为一体的多样花色品种。它不仅美化了首都城市建筑，建造外墙长期耐久性稳定的节能建筑，提高房屋建造质量和功能，为推进住宅产业现代化做出了贡献，而且为全国煤矸石（粉煤灰）综合利用生产高档次、高质量烧结空心砖起着示范引领作用。该项目于 2002 年 12 月通过验收。

（2）1995 年，由门头沟区政府组建北京荣建建材有限公司，引进美国贝赛公司 V3—12 砌块装备技术，于 1997 年建成，生产能力 12 万立方米，生产高质量、多规格的混凝土承重空心砌块，“九五”期间达到 36 万立方米，不仅为当时北京市提供优质的块体墙体材料，填补了北京市在建筑装饰材料上的空白，也为全国引进和推广高质量混凝土砌块生产线做出了典范。该项目被建设部评为 1996 年科技成果重点推广项目，并在全国墙材革新大会上做经验介绍。

（3）1995 年，北京市城建委组织中国建筑科研院物理所、房山区阎村镇砖厂、燕山石化总公司三方试点推广应用模数空心砖，获得显著的社会经济效益。试点工程 4000m^3，两栋老式住宅楼，经中国建科院物理所夏季隔热测试，在自然通风情况下，34cm 厚墙，内外表面温度差最大 6℃，最小 4.7℃，隔热效果大大优于 49mm 厚实心砖墙；冬季保温测试，墙体传热系数 1.22W/（$m^2 \cdot K$），热阻值 R=0.669$m^2 \cdot K/W$，相当于 540mm 厚实心黏土砖墙的保温性能。由于模数多孔砖尺寸与建筑模数协调一致，施工不砍砖，节省砌筑砂浆，提高施工效率，根据统计施工记录，通过实际资料测算对比，模数多孔砖住宅墙体比实心砖住宅造价降低 25 元 /m^2，如果加上当时北京市限制实心黏土砖使用费 14 元，工程成本可降低 39 元 /m^2，充分说明发展模数多孔砖建造节能建筑具有显著的社会经济效益。该项目为夏热冬冷地区推广模数空心砖建造的节能建筑提供了宝贵经验。南京、无锡等地推广建造自保温式冬暖夏凉的节能建筑就是参照此工程经验建造的。

六、结语

我们回忆这些点滴的心路历程，目的是展示我国在复杂国情下，开展墙材革新和节能建筑推广的复杂性和艰巨性。在当前，我国仍然面临土地紧缺、节能减排任务繁重的局面，这项功在当代利在千秋的伟大事业仍需要持续不断地推进，我们要不忘初心，追逐梦想，以坚持不懈精神、坚韧不拔的毅力，把这项事业深入持久地开展下去。

作者简介

陈福广，1940 年生，教授级高级工程师，国家建材局规划发展司原司长。长期从事建材科研和管理工作，获多项科技成果和国家科技进步奖。

禁用禁产黏土砖的一场攻坚战

◎祝根立

1988 年，北京市建委和市规委（首规委办）联合发布了《关于框架结构禁止使用实心黏土砖作为填充材料的通知》，拉开了北京市建材禁限工作的大幕。1997 年，两委联合发布了第一批在北京市建筑工程中禁止和限制使用的建筑材料目录，包括 20 余种建筑材料。2005 年以后，两委形成了定期更新禁限目录的管理模式，并在 2009 年发布了《北京市推广、限制、禁止使用的建筑材料目录管理办法》。30 年来，北京市列入禁限目录的建筑材料涉及 14 类，达 80 余种。随着各项禁限政策在北京市建筑工程中逐步落实，新型建筑材料和新的应用技术加快推广，促进了建筑质量与功能的提升。建筑材料厂家纷纷按照禁限目录导向与市场需求变化研发和转产新产品，带动了北京市乃至全国建筑材料生产领域的结构调整与产业升级。禁限政策的实施为建筑业、建材业的技术进步和市场规范发展做出了贡献，也成为在市场发挥资源配置决定性作用的同时更好发挥政府作用的重要途径。

在北京市禁限的几十种建筑材料中，黏土砖具有特殊意义，对黏土砖的禁限是对国家稀缺且不可再生的重要战略资源——耕地进行保护，是极具可持续发展和绿色发展标志性意义的举措，是以建筑结构体系的创新为前提，并与之互为因果、互为保障；黏土砖是唯一由市建委牵头完成的既禁用又禁产的重要建材品种，对它的禁用从部分建筑部位开始逐步扩大到所有建筑部位，禁产从黏土实心砖开始扩展到全部黏土制品，禁限过程投入的行政资源最多，历经 15 年时间完成禁限目标，获得了社会各界的高度关注。

我本人见证和参与了建筑防水材料、混凝土外加剂、用水器具等建材品种的禁限，特别是黏土砖禁用禁产政策的调研、发布与实施，这是我此生的荣幸。

一、禁用禁产黏土砖势在必行

黏土实心砖的使用已有几千年的历史。使用黏土实心砖能够满足低层、多层建筑的结构承重与遮风避雨等基本功能要求，并与以手工劳动为主的施工技术水平相适应。进入现代社会以后，城镇的土地资源逐渐稀缺，建筑物向高层、超高层大体量发展，黏土砖无法满足建筑承重与施工效率的要求。到 20 世纪末，北京采用现浇混凝土剪力墙、钢结构、现浇混凝土框架填充等新型建筑结构体系的工程已经超过在建工程的 80%，这些工程不再需要使用黏土砖，或者更适合使用建筑轻板、轻集料砌块等来做内外墙填充材料（图 1）。淘汰黏土砖具有客观的历史必然性与可能性。

图 1　预制混凝土剪力墙装配式建筑

北京地区生产黏土砖的原料主要取自耕地。中华人民共和国成立以来，特别是改革开放以来，城市建设速度加快，建材市场需求旺盛，黏土砖生产能力迅速增长。20 世纪 90 年代初达到历史峰值，全市有 500 多个大小黏土砖厂，年产黏土砖 70 余亿块。每年消耗黏土 1500 万立方米，损毁耕地近 3000 亩[①]，消耗标准煤 92 万吨（图 2、图 3）。黏土砖生产集中的地区窑坑遍布，城乡发展环境恶化。大量生产和使用黏土砖已经不可持续了。

图 2　黏土砖生产（砖坯干燥室出口）

图 3　黏土砖生产毁坏的耕地

我国从 20 世纪 60 年代开始大力研发新型墙体材料，到 90 年代取得很大进展。新材

① 1 亩≈667 平方米。

料在施工效率、保温性能、降低建筑结构负荷和材料生产能耗等方面显示出明显优势。但由于产品价格和施工习惯等因素，黏土砖不会自动退出历史舞台。适时出台禁用禁产黏土砖的政策不可避免。作为首善之区的北京，在全国率先禁用禁产黏土砖势在必行。

二、替代材料和应用技术先行

“兵马未动，粮草先行。”禁用禁产黏土砖，替代材料和应用技术要先行。北京在开始推进建材禁限工作时，坚持两条原则：一是禁限目的与重点是保证建筑工程施工、使用过程与材料生产过程的安全、质量、节能、环保；二是列入禁限目录的产品一定要有成熟可靠的替代材料，成熟可靠是指材料性能、应用技术、生产供应能力的成熟可靠。

为了最终实现禁用禁产黏土砖的目标，北京市从 20 世纪 70 年代起加快研发应用不再使用黏土砖的建筑结构体系，如混凝土剪力墙结构体系、现浇芯柱混凝土小型砌块结构体系、脱硫石膏空心墙板结构体系，以及使用建筑轻板、加气混凝土材料、轻集料砌块、黏土空心砖作为填充材料的混凝土内浇外挂和框架结构体系、钢结构体系等。大批积极参与新型建筑结构体系开发的建设单位、设计单位、施工单位、建筑材料生产单位，以及很多专家为北京市研发推广新型建筑结构体系呕心沥血、风雨兼程。北京市建筑节能墙改办于 1991 年成立以后，先后组织编制，并由市建委发布了《北京市“九五”时期墙体材料革新发展规划》《北京市“十五”时期建筑节能与墙体材料革新发展规划》，会同市规划委等部门组织了 KP1 多孔砖建筑结构体系、保温砌模现浇混凝土墙体、混凝土小型砌块现浇芯柱结构体系等多项试点工程，并总结施工经验，起草发布相关的建筑技术标准和通用图集，通过试点示范工程成果等各种方式组织交流推广（图 4）。

图 4　北京地区生产的承重保温复合混凝土砌块

在计划、财政等部门的支持下，市和区县两级建筑节能墙改办积极组织新型墙体材料生产线的建设与改造。1993—2004 年的 10 年时间，北京市使用新型墙体材料专项基金以委托银行定向贷款、财政专项拨款等方式，支持了 30 余个新型墙体材料生产线建设改造项目（包括加气混凝土砌块、煤矸石页岩砖、混凝土砌块、石膏砌块、灰砂砖、黏土多孔砖等），资金总额达 1.8 亿元，使北京市形成了建筑轻板、砌块、非黏土砖三大系列的新型墙体材料生产能力，为禁用禁产黏土砖创造了替代材料方面的保障条件。

三、打好禁用禁产黏土砖的攻坚战

（一）发布建筑节能墙改工作的政府规章

20 世纪 80 年代末，国家启动墙改工作。建设部、农业部、国家建材局、国家土地管理局联合设立了墙体材料革新与推广节能建筑领导小组（即“国家墙改办”），办公室设在国家建材局。“国家墙改办”成立后，发布了墙体材料革新的技术政策，召开了三次全国墙改工作会议，推动各省、自治区、直辖市建立节能墙改工作机构和政府部门协调推进机构，设立新型墙体材料专项基金。全国墙改工作形成了快速发展新局面。1999 年 12 月，建设部、国家建材局等有关部门发出通知，要求 160 个大中城市（包括直辖市、沿海大中城市、人均占有耕地面积不足 0.8 亩省份的大中城市）的城区，在 2003 年 6 月 30 日前，开始禁止使用实心黏土砖。

在国家有关部门下达禁用黏土实心砖目标之前，北京市已经由市建委、规划委等部门分批发布了在建设工程的框架填充、围墙临建、建筑物地上部分禁止使用黏土实心砖的规定。市规划委通过施工图设计审查环节进行把关，市建委通过建设工程质量监督环节进行抽查。对采用新型墙体材料的工程免收固定资产投资方向调节税，对使用黏土实心砖的工程不再返退新型墙体材料专项基金。在建工程中黏土砖使用比重逐年下降，全市黏土实心砖的产量降到了 35 亿块以下。但由于建材禁限的法律支撑不足，对违反禁用黏土实心砖规定的工程项目不能实施行政处罚。要想使禁用黏土实心砖的规定完全落到实处，必须推进行政立法。市建委提请北京市政府制定《北京市建筑节能管理规定》的立法建议获得立项批准，有关部门积极开展了规章初稿的调研、起草工作。

世纪之交，我国经过改革开放以来 20 多年经济社会的快速发展，资源与环境的瓶颈制约作用开始凸显，党中央和各级领导部门加大了节能减排工作推进力度，提出了做好建筑节能“三改”（墙改、窗改、热改）的要求。社会各界对建筑节能墙改工作的重视程度空前提高。正在紧锣密鼓申办 2008 年奥运会的北京市委、市政府，顺应世界潮流，提出了“科技奥运、绿色奥运、人文奥运”的三大理念，并以此调整全市各项工作的部署。北京市建筑节能墙改行政立法的最佳时机出现了。市建委和建筑节能墙改办配合市政府法制部门再次加大了推进建筑节能墙改立法的工作力度。

2001 年 6 月 4 日，北京市政府法制办通过了对《北京市建筑节能管理规定》初稿的审查。7 月 13 日在莫斯科举行的国际奥委会全体会议经过投票，决定将 2008 年奥运会的承办权授予北京。夜幕下的北京鞭炮齐鸣，一片欢腾。7 月 31 日，北京市政府召开常务会议，经会议审议，对《北京市建筑节能管理规定》初稿中的全市建筑工程执行国家和本市建筑节能设计标准，推广使用新型建筑材料、供热采暖新技术、节能照明产品、可再生能源与新能源，授权市建委、规划委等部门定期发布《北京市推广、限制、禁止使用的建筑材料目录》，推进供热计量改革，全市行政区域内从 2002 年 5 月 1 日起在全部建设工程的所有部位禁止使用黏土实心砖，违反规定的责令改正并处以 3 万元以下罚款等立法内容完全同意，并决定在终稿里加上本市行政区域内从 2003 年 5 月 1 日起停止生产黏土实心砖。这意味着北京市的政府规章，不仅在禁用黏土实心砖的地域范围上超越了国家主管部门规定的市区，更以国家主管部门未曾要求的禁产黏土实心砖来保证禁用目标的落实，实现对耕地与生态环境的保护。

（二）全力实施禁用禁产黏土实心砖

2001 年 8 月 14 日，《北京市建筑节能管理规定》（市政府第 80 号令）正式发布。北京市建委会同有关部门按照第 80 号令的规定，全力推进禁用禁产黏土实心砖的工作。

（1）全面禁用黏土实心砖。2001 年 11 月 19 日，市建委、规划委联合发布《关于实施〈北京市建筑节能管理规定〉若干问题的通知》（京建法〔2001〕689 号），对落实市政府规章中禁用黏土实心砖的具体问题做出明确规定。要求 2001 年 9 月 1 日前施工图设计文件经过审查但未开工的建筑工程，凡是设计了使用黏土实心砖的，由建设单位负责按本通知要求组织修改设计，不得继续使用黏土实心砖；已经开工并且将在 2002 年 5 月 1 日以后继续施工的工程部位，由建设单位负责，对使用黏土实心砖的部分设计进行修改。市建委会同市规划委于 2001 年 12 月 20 日召开了建设单位、设计单位、施工单位、监理单位、管理部门参加的全市大会，就贯彻《北京市建筑节能管理规定》进行具体部署。2002 年 4 月，两级建筑节能墙改办组织了以禁用黏土实心砖为重要内容的第一个 80 号令宣传月活动。在电台、电视台、报刊上发表大量专题新闻和宣传文章，印制宣传品送到有关政府部门、建设工地、物流市场、居住小区。2002 年 5 月 1 日以后，市规划委主管的施工图设计审查机构对新开工程的设计进行严格审查，两级建委加强了对在建工程的执法检查。截至2002年年底，全市组织执法检查和处理群众举报555次，纠正违规行为49次，责令拆除违规使用黏土实心砖的工程37项次，对9项违规工程罚款合计56000元。

（2）加快替代材料生产能力建设。在门头沟、房山和京煤集团制定的煤矸石页岩多孔砖生产线发展规划的基础上，市建筑节能墙改办起草了《北京市西部地区煤矸石页岩烧结砖发展指导意见》，由市建委、计委、财政局于2003年1月8日联合转发。市建委和市财政局批准以2600多万专项基金对7条在建的煤矸石页岩多孔砖生产线的建设给予支持。到2003年年底，全市投产的煤矸石页岩多孔砖的生产线达到25条，生产能力达到14亿块，基本保证了全市黏土实心砖停产后城乡建设市场对烧结砖的需要。

（3）全力推进禁产黏土实心砖工作。市农委、国土局等相关部门负责人与市建委主管部门负责人认真研究了禁产黏土砖工作的完成标准、企业转产政策、检查验收方式等细节规定。2002年6月11日，由市农委、建委、经委、环保局、国土局、质量技术监督局、工商局联合发布了《关于停产黏土实心砖有关问题的通知》（京政农〔2002〕38号），要求全市所有黏土实心砖厂在2003年5月1日前关闭或转产其他符合国家政策的产品，但不得再转产黏土多孔砖、空心砖。停产的砖厂要收回采矿证、注销营业项目、拆除砖窑、恢复地貌。经各区县主管部门会同乡镇政府确定，按期停产并且不再转产的152家黏土实心砖厂（2001年的实际总产量为21亿块）名单由市建筑节能墙改办通报给市国土资源局和有关区县工商管理分局，办理相应许可变更手续。

2002年6月27日，北京市有关部门召开"贯彻80号令，停产黏土实心砖电视电话动员大会"，市政府主管领导和国家经贸委、全国墙改办负责同志到会做重要讲话。

2003年春季，停产黏土实心砖工作正处于关键的攻坚时刻，一场突如其来的"非典"疫情袭击了北京。为了保证全国抗击"非典"斗争早日胜利，北京市执行中央要求，几百万外地务工人员和流动人口实行"三就地"，5月1日前实现停产黏土实心砖的任务受到影响。两个月后，北京市抗击"非典"的工作取得决定性胜利。市建委、农委经市政府同意后向各区县政府发出《关于对停产黏土实心砖工作进行检查的通知》。从8月20日开始，市建委与市农委会同市政府有关部门组成联合检查组，对各区县停产黏土实心砖的工作进行检查。市监察局派驻市建委监察处参加检查组，对各区县建委落实禁用禁产黏土砖工作的情况进行督查。各区县按照要求对工作进行重新部署。11月中旬，市建委和财政局使用新型墙体材料专项基金，按每个黏土实心砖厂10万元的标准向各区县下拨了拆除砖窑专项资金。2004年1月上旬，"三委五局"组织第二次大检查。检查结果表明，全市黏土实心砖厂全部停产，拆除砖窑完成 90%，其余砖窑正在组织拆除。市政府 80 号令规定的停产全部黏土实心砖的任务胜利完成。

（三）百尺竿头更进一步，禁产全部黏土制品

《北京市建筑节能管理规定》的发布，对全社会是一次节能减排与生态环境保护理念的宣传普及。禁用禁产黏土实心砖目标的如期实现，对新型墙体材料行业产生巨大鼓舞。2004 年年初，陆续投产的部分煤矸石页岩多孔砖企业负责人联名致函市有关部门，建议本市进一步停产黏土多孔砖、空心砖和掺加部分工业废料的烧结砖，北京市人大代表提交了相同意见的代表建议。

市政府领导对企业和人民代表的建议十分重视，数次召开专题会，听取市建委、农委等相关部门的汇报，研究相关的政策方案。有关部门一致认为，国家主管部门将黏土多孔砖、空心砖列为新型墙体材料，对掺加煤矸石、尾矿、建筑渣土、河道淤泥等废料达到规定比例的黏土砖作为资源综合利用产品实行税收奖励，《北京市建筑节能管理规定》也没有将上述产品列入禁用、禁产范围。但上述产品确实要消耗或部分消耗黏土，仍然要毁坏部分耕地。党中央提出了科学发展观，北京市要办绿色奥运，高标准地改善城乡生态环境，应当率先全面禁止生产黏土或部分以黏土为原料的建材产品。鉴于这些砖厂比已经停产的黏土实心砖厂资产规模大，同时《中华人民共和国行政许可法》已经颁布即将开始实施，应当对停产企业给予经济补偿。

2004 年 8 月 21 日，北京市人民政府办公厅印发了《关于本市禁止生产黏土砖有关工作的通知》（京政办发〔2004〕49 号）。规定自 2004 年 10 月 1 日起，所有生产黏土制品的企业停止生产，2004 年 11 月底前拆除砖窑，2005 年第一季度前恢复地貌。禁产工作坚持“以区县政府为主，依法禁产，适当补偿，保护工人利益”的原则，切实做好禁产企业干部和职工的思想工作，维护社会稳定和发展大局。禁产企业可转产技术先进、有市场需求的新型建筑材料或从事其他生产，不允许在原地简单改造生产煤矸石页岩烧结砖。为确保禁产工作顺利进行，由各相关区县政府负责组织实施所辖区域的禁产工作，建立禁产工作联席会议制度，由市建委、农委牵头，市发展改革委、市规划委、市市政管委、市政府法制办、市国土局、市工商局、市质监局、市环保局、市财政局、市劳动保障局、市监察局等部门参加，研究禁产工作中的重大问题，并按照部门职责协调、指导和监督禁产工作。

根据市政府办公厅文件要求，各区县政府和市有关部门积极推进各项工作：

（1）落实主体责任。各区县政府明确由乡镇政府负责所辖区域内全部黏土砖厂的停产工作，并确保停产企业顺利完成转产和工人安置，保证经济发展和社会稳定；各区县有关部门积极配合乡镇政府工作，落实市有关部门确定的各项政策。

（2）确定停产对象。市建委以北京市禁产黏土砖工作联席会议名义起草印发了《北京市保留的烧结砖厂检查验收条件》，聘请专家，在2004年11月对各区县上报的以煤矸石、页岩、建筑渣土、水库淤泥为原料的烧结砖厂（不含批准新建的煤矸石页岩砖厂）进行现场核查。对其中19家确认完全不使用黏土原料和不挖掘耕地的原烧结砖厂，报请市政府同意不作为停产对象。除此之外的149家黏土多孔砖、空心砖及部分使用黏土的烧结砖厂（2001年实际总产量14.5亿块标准砖），全部由各区县政府列入停产名单。

（3）落实补偿政策。市建委、农委、财政局于2004年11月12日印发《关于禁产黏土砖经济补偿有关问题的通知》（京建材〔2004〕595号），规定对停产企业的经济补偿工作由区、县政府负责，补偿资金在新型墙体材料专项基金中列支，按照停产砖厂的轮窑窑门数，自然干燥的砖厂每个窑门8000元、人工干燥的砖厂每个窑门10000元下拨资金补助。各区县将与各停产企业签订的停产和拆除砖窑的协议书副本、停产企业情况汇总表报市建委，市建委汇总审查后，市财政局审批并将资金拨到各区县财政局。各区县政府负责在规定时日内将补偿资金全额拨到停产砖厂。

在确定上述补偿方案的时候，市建筑节能墙改办会同各区县建委对各砖厂的设备产能与资产、员工数量与构成、企业性质与投资人等情况进行了详细调查。市财政局会同市建委等有关部门的领导、业务部门负责人进行了反复的研究论证，并听取了房山等有关区县主管部门负责人的意见和建议。补偿政策的文件下发之后，各区县主管部门认真贯彻实施。12月月底以前，市财政向各有关区县下拨补偿专项资金5410.8万元，有关区县配套安排补偿资金1311.2万元。每个停产砖厂获得的补偿资金平均为45.1万元。

（4）组织督查验收。市建委、农委牵头，市发改委、国土局、工商局、质监局、环保局等禁产工作联席会议成员单位组成检查组，从12月中旬开始对各区县禁产黏土砖工作进行检查验收，并将各区县进展情况逐日向市政府办公厅报告。同时，市国土局、工商局依据市政府办公厅文件的要求和各区县砖厂停产的进度，及时组织相关区县进行采土许可证注销和营业范围变更工作。

2004年12月31日晚上6点左右，在房山区窦店镇，全市最后一座黏土砖窑即将拆除。窑内最后一窑砖的温度还未降完，呈现着暗红的颜色。一辆挖土机开向前去，铲斗挑开了砖窑的窑顶。几千年的秦砖汉瓦，在北京从此进入了历史博物馆（图5）。

图 5　拆除砖窑的施工现场

四、禁用黏土砖向农村推进

《北京市建筑节能管理规定》（市政府第 80 号令）在规定全市建设工程禁用、全市禁产黏土实心砖目标的同时，规定“农民在宅基地上自建低层住宅，推广使用节能建筑材料。”北京地区上百万户农村自建住房，基本上是传统的砖混结构房屋。北京地区禁用禁产黏土砖之后，农民新建、翻建住房就到河北、天津去买黏土砖，河北、天津也有人拉着黏土砖到北京郊区的集市上卖。

2006 年，在党中央、国务院的统一部署下，各省、自治区、直辖市农委牵头，各部门配合，加快了新农村建设的步伐。市建委率领相关单位对北京地区农民住房情况进行调研，认为农民住宅“不抗震”和“不保温”这两个突出问题迫切需要解决。市建委会同有关部门提出的农民住宅抗震节能建筑体系推荐设计方案，得到相关主管部门、农村基层组织和农民群众的认可，但由于造价提高幅度较大，在实际推广中遇到很大困难。

市建委感到这是墙改工作和禁用黏土砖向农村推进的绝好时机，提出对新建、改造的农民住宅示范项目中，符合抗震节能设计要求，并使用新型墙体材料、不使用黏土砖的，使用新型墙体材料专项基金给予补助的建议。经市政府批准，市建委、规划委、财政局、审计局于 2006 年 12 月 4 日联合发布了《北京市农民住宅建筑节能墙改示范项目管理办法》（京建材〔2006〕1186 号）（以下简称《办法》），规定符合村镇规划要求、依法履行了用地批准手续、农民个人投资为主、每户不超过 300 平方米和造价不超过 30 万元的新建、翻建的农民住宅，符合《北京地区农村民居建筑抗震设计和构造作法》和北京居住建筑节能 65% 设计标准中围护结构传热系数要求，采用混凝土小型空心砌块、混凝土框架（加气砌块、石膏砌块、非黏土陶粒砌块和建筑轻板填充）、轻钢轻板、保温砌模、脱硫石膏大孔墙板、非黏土多孔砖 6 类及其他不使用黏土制品的新型农村住宅建筑体系的，每套住宅补助 2 万元，补助资金在市级新型墙体材料专项基金中列支。该办法将实施至 2008 年年底，2006 年已经实施的项目可参照执行。

《办法》发布后，平谷区 2006 年率先组织的近百户抗震节能农民住宅改造竣工项目，按上述《办法》获得了资金补助。其他区县纷纷组织农民到平谷区参观，看到符合节能墙改要求的农民新住宅，冬季室内温度从 12℃提高到 16℃以上，每户采暖用煤从 4 吨降低到 2 吨左右，都积极要求参加改造（图 6）。2007 年，各区县组织的改造项目超过 2000 户，2008 年，各区县组织的改造项目达到近万户。从 2009 年起，市政府决定由农委继续组织农民住宅的抗震节能改造，延续对达到节能墙改要求项目的鼓励政策，资金改为由市和区县两级财政在一般预算中列支。经过“十二五”期间的持续努力，到 2015 年年底，全市累计完成农民住宅的节能改造 58.5 万户。

图 6　平谷区将军关村农民符合节能墙改要求的新型住宅

五、北京经验

北京完成禁产黏土砖工作后，市建委会同有关部门连续两年对各区县停产的砖厂旧址进行复查，并委托有关单位使用小卫星进行实时跟踪检查。确认禁产黏土砖工作没有发生反弹，停产的黏土砖厂都没有再恢复生产，保留的 31 家煤矸石页岩砖厂、建筑渣土砖厂都没有发生挖采耕地的行为。

2005 年，北京市政府法制办公室到市建委调研《北京市建筑节能管理规定》的实施情况。四年前，在进行这个规章草案的修改审查时，他们曾担心这个规章中提出的实施建筑节能标准、禁用禁产黏土实心砖等目标、任务很重，而赋予实施规章主责的政府主管部门权力、手段不多，担心这个“软规章”推动不了承担的“硬任务”。但市建委等有关部门完成了规章规定的全部任务，还进一步完成了规章没有明确规定的禁止生产黏土多孔砖、空心砖和部分使用黏土的烧结砖的任务，使北京成为全国第一个在全辖区内禁产黏土制品的省级行政区。北京为什么能做到这一点？从推动实际工作和法制建设的双重角度，有什么经验可以汲取？听了市建委有关部门的详细汇报后，取得的共识是：

一是随着经济与社会的发展，北京的高层、超高层建筑越来越多，抗震和建筑节能标准也不断提高，黏土砖已不能满足建筑承重与围护结构节能等要求，新型建筑结构体系和新型墙体材料的发展，以及黏土砖生产对耕地与生态环境的严重破坏，使黏土砖退出历史舞台具有客观的必然性，为此进行的行政立法也具有实施的可能性。二是党中央提出的科学发展观，国家主管部门提出的大中城市率先禁用黏土实心砖的目标，北京申报奥运会提出的“绿色奥运”的理念，统一了全市各单位与人民群众的思想，禁产禁用黏土实心砖的立法与实施获得了社会各界的支持，“人心齐泰山移”。三是市建委等主管部门充分利用了政府规章的凝聚力量作用，充分使用自身在基本建设程序管理中的行政许可、监督检查、专项基金管理等手段，并整合利用相关部门与区县政府的管理职权与执法资源，实现了“四两拨千斤”。四是禁用禁产黏土砖坚持了务实精神和以民为本。既坚决执法推进，又有符合实际情况的针对性措施，禁用黏土砖有替代材料，禁产黏土砖有适当补偿，并协助企业转产。五是北京的干部、群众对党无比信赖，自觉地用党提出的发展战略统一自己的思想，与党中央和市委市政府保持一致。各级政府与主管部门的干部积极作为，有关企业与投资人在自己的局部利益和发展前景受到影响时顾大局、识大体。

也许，这就是禁用禁产黏土砖的“北京经验”。

15 年前，北京率先实现禁用和禁产黏土砖，对全国的禁用黏土实心砖工作产生了积极影响。一些省、自治区、直辖市在完成根据主管部门下达的大中城市市区禁用黏土实心砖任务后，将“禁实”范围向其他地级市和县城扩展；也有部分大城市做出了禁止使用黏土制品的规定。到 2010 年年底，全国 600 多个城市的城区和 487 个县城实现了禁止使用实心黏土砖的目标。2017 年，国家发改委和工信部联合印发的《新型墙体材料应用行动方案》（发改办〔2017〕212 号）又提出了我国到 2020 年的目标：全国县级（含）以上城市禁止使用实心黏土砖，地级城市及其规划区（不含县城）限制使用黏土制品，副省级（含）以上城市及其规划区禁止生产和使用黏土制品。

“春风杨柳万千条”。在习近平新时代中国特色社会主义思想的指引下，全国各地的建筑节能与墙体材料革新在加快发展，禁用禁产黏土砖的工作在不断推进。一辈辈的建筑节能墙改人，为实现创新、协调、开放、绿色、共享发展的美好前景撸起袖子加油干，一张蓝图绘到底。中华民族实现伟大复兴的中国梦定能实现。

作者简介

祝根立，中共党员，1970年参加工作，曾任北京市建筑节能与墙体材料革新办公室主任，市住房城乡建设委建筑节能与建筑材料管理处处长，市住房城乡建设委副总工程师。

北京建材禁限改革之墙体材料

◎平永杰　国爱丽

北京作为中国的首都，从中华人民共和国成立起，各类建筑逐步兴建，由单层平房向低层、多层、高层建筑发展。改革开放后，北京建筑行业进入蓬勃发展的阶段，高层、超高层的建筑不断涌现，墙体材料作为建筑最基本的材料之一，经历了由粗放到环保的发展历程。北京墙体材料的发展与节能、环保和实现可持续发展密切相关。如果说 20 世纪 50 年代起北京开展墙体改革的第一条路线是进行建筑工业化的探索，那么第二条路线则是努力遵循节能、环保和可持续发展的原则，研究发展新型墙体材料和复合墙体，逐步替代黏土砖，限制使用黏土砖，直到禁产、禁用黏土砖，其基本轨迹是：非黏土砖—轻质墙体材料—混凝土砌块—复合墙体（工业化 PC 墙体）。

一、墙材复兴的十年（1971—1980 年）——砖为主导，新型墙体材料陆续问世

20 世纪 70 年代中后期，国民经济恢复发展，北京的建设也开始恢复，随工程量的增加，墙体材料生产也逐步扩大。砖产量提高到 16 亿块，1980 年北京的砖产量增加到 35 亿块，建筑竣工面积则突破 600 万平方米，砖混结构建筑所占的比率为 81%。从 1972 年到 1978 年，北京只有十几个黏土砖厂，主要为国有企业，包括市建材局所属砖瓦总厂（后更名为墙体材料公司）所属的 8 个砖厂，即窦店砖瓦厂（位于房山区），南湖渠砖厂、单店砖厂、双桥砖厂、驹子房砖厂（以上 4 个砖厂位于朝阳区），西六里屯砖厂、北京砖厂（以上 2 个砖厂位于海淀区），土桥砖厂［位于通县（现通州区）］；隶属怀柔县（现怀柔区）的 1 个（怀柔县砖厂）；隶属市农场局的 2 个，即永乐店砖厂［位于通县（现通州区）］、燕丹砖厂［位于昌平县（现昌平区）］。当时北京市的黏土砖实行统调、统运、统价，上述砖厂生产计划内的产品统一由北京市地材公司依据全市基本建设项目计划进行分配。当时也有部分村办的小砖窑断断续续生产，产品主要供农村自用或者提供给计划外工

程。改革开放以后，北京黏土砖行业发生了巨大变化，出现了大量的村镇集体企业（其中大部分后来由个人承包）和私营企业。

北京在增加黏土砖生产和应用的同时，石膏制品也开始得到推广应用。北京加气混凝土制品投产后，主要以生产加气混凝土屋面板为主，同时生产用于多层建筑的加气混凝土承重砌块和加气混凝土条板。北京市建筑设计院曾把加气混凝土屋面板列入北京住宅体系的标准设计，使之一度成为紧俏的建材产品，后因不能满足抗震要求，停止生产和使用。1967—1975年，加气混凝土承重砌块用于砌筑5层以下建筑的承重墙体，在北京加气混凝土厂和白家庄、雅宝路、西安门、东直门、南礼士路等地建成了一批（约60栋，5万多平方米）加气混凝土砌块住宅（这批简易楼因功能、质量较差，大部分在城市改建中拆除）。1975年，在南郊黄村的北京市硅酸盐制品厂（后改为加气混凝土二厂），兴建年产能力10万立方米加气混凝土生产线，于1977年年底试产。20世纪70年代的北京加气混凝土制品的平均年产量为24万立方米。1975年后，加气混凝土制品更多的是用于非承重墙体，至今仍是各种建筑的内隔墙、框架结构建筑内外填充墙和外挂墙板的主要材料。

纸面石膏板是继加气混凝土条板之后问世的又一种轻质板材。1973年，位于大红门西里的北京市石粉厂，试制成功纸面石膏板，1974年建成了我国第一条半机械化的纸面石膏板试验生产线，1975年动工改建为北京市石膏板厂，1978年年产400万平方米的生产线正式建成投产。

二、墙材迅速发展的十年（1981—1990年）——限制黏土砖，鼓励新型墙材

20世纪80年代是我国改革开放初期，以建筑业为突破口的城市经济体制改革，增加了企业的生机和活力，北京的经济和建设蓬勃发展，建筑竣工面积逐年提高，20世纪80年代北京共建成10层以上高层建筑2095万平方米，相当于20世纪70年代的10多倍。首都建设的加快，需要大量的建筑材料来保证，1990年，全市砖年产量增加到69亿块，主要由郊区的砖厂生产。同时，钢筋混凝土结构的高层建筑的迅速崛起，有力地拉动了建筑材料和相关产业的发展。

1988年北京市墙材市场放开，黏土砖的统调、统运、统价停止实行，这进一步促进了非国有黏土砖厂的发展。北京的黏土砖砖厂最多时有500家左右，其中的国有企业仍然只有10家左右。

1990年的建筑统计资料表明，北京砖混结构建筑的比率降为44%，钢筋混凝土结构

建筑比重增至52%，采用新型墙体材料的比率超过10%，现浇混凝土大模板和框架工业化建筑体系上升为主流建筑体系。钢筋混凝土结构建筑的发展有力地拉动了混凝土和新型墙体材料的发展，具体表现在：

（1）混凝土技术及其商品化迅速发展。"混凝土商品化"就是将混凝土集中预先搅拌，实现工厂化生产和社会化供应，将预拌混凝土按照需要送往不同的施工现场进行浇筑成型。北京市预拌混凝土搅拌站的先驱，是原基建工程兵1970年设在西直门、复兴门、地坛南门的集中搅拌站，为北京地铁2号线工程供应预拌混凝土。1973—1974年，为解决北京饭店东楼工程施工场地狭窄、现浇混凝土量大等问题，在距施工现场2千米的崇文门也设立了混凝土集中搅拌站。在预拌混凝土生产供应的初级阶段，混凝土的运送是采用带翻斗的汽车，混凝土送到施工现场后，卸到大吊斗里，然后用起重机吊运到施工工位，浇筑入模成型。真正的商品混凝土搅拌站，是1977—1978年北京二建公司从捷克引进的具备"三车一站"（散装水泥车、混凝土搅拌输送车、混凝土泵车，集中搅拌站）较为现代化的混凝土搅拌站，建成后面向社会供应预拌混凝土，被誉为"京城第一站"。1986—1987年，为适应北京高层建筑和亚运工程现浇混凝土量日益增多的需求，加快了建立商品混凝土集中搅拌站的步伐。到1988年，全市已有17个商品混凝土搅拌站，年产量达130万立方米，超过了同年全市构件厂的构件产量。

（2）新型块体墙料迅速发展。继北京加气混凝土一厂、二厂之后，1983年，又在西郊高井的北京市西郊烟灰制品厂引进波兰"乌尼泊尔"生产技术和设备，建成设计能力为15万立方米的粉煤灰型加气混凝土生产线。20世纪80年代，北京加气混凝土的平均年产量为32万立方米。加气混凝土行业经过5年的努力，调查了近10万平方米加气混凝土建筑的使用情况，对加气混凝土材料性能、结构性能进行了大量的试验研究，制定了加气混凝土的生产工艺标准、产品标准和应用图集。1984年编制发布了我国第一部《蒸压加气混凝土应用技术规范》（JGJ 17—1984），对各种加气混凝土制品应用的设计、施工、构造、装饰及工程质量验收均做出了规定，对加气混凝土行业和技术的发展具有指导和推动作用。到20世纪80年代末，加气混凝土制品的生产和应用技术已基本成熟，在北京的各类建筑，特别是框架结构建筑中，得到了广泛应用。

石膏类轻质墙体材料的研究、生产和应用也取得了新发展。1982年，北郊西三旗新型建筑材料厂建成了从联邦德国引进的年产2000万平方米纸面石膏板的生产线，与纸面石膏板配套使用的轻钢龙骨和石膏板龙骨也实现了定点生产。北京的科研、设计、生产和施工单位协力攻关，先后研制了石膏蜂窝板、石膏连锁砌块、增强石膏珍珠岩空心条板、增强石膏条板和防水石膏板等产品，大量用于各类建筑工程，并完成了“纸面石膏板隔墙应用技术研究”和“轻钢龙骨纸面石膏隔墙应用技术研究”。

1990年，研制成功“以超轻黏土陶粒为粗骨料，以膨胀珍珠岩砂为细骨料，以玻璃纤维网格布增强”的板厚5厘米的轻质隔墙条板（GRC板），开始批量生产并用于实际工程。

此外，玻璃幕墙和铝合金幕墙也开始出现。玻璃幕墙于1984年首次用于长城饭店，铝合金幕墙于1988年首次用于首都宾馆。

1988年11月，国家成立墙体材料革新和建筑节能领导小组。1992年11月，国务院批转国家建材局、建设部、农业部、国家土地局《关于加快墙体材料革新和提高节能建筑的意见》，指出：目前，我国墙体材料产品95%是黏土实心砖，每年墙体材料生产能耗和建筑采暖能耗近1.5亿吨标准煤，消耗大量能源，占用大量耕地，而且污染环境。必须大力发展节能、节地、利废、保温、隔热的新型墙体材料；并提出“八五”计划（1991—1995年）期间的目标是：新型墙体材料占墙体材料年产量的比率由目前的5%提高到15%，节地1万亩，利用工业废渣7500万吨。总体来说，一是大力限制使用黏土砖，减少毁地造砖；二是大力研究、发展和应用新型墙体材料。

1988年北京市建委发布《关于在框架结构建筑中限用实心黏土砖的通知》，规定从1989年7月1日起，框架结构建筑不得再采用实心黏土砖作为填充墙；1990年北京市建委发布《关于在围墙建筑中禁用黏土实心砖的通知》，规定自1991年1月1日起，凡在北京市区域内建设的围墙建筑，均不得再采用黏土实心砖砌筑。以上规定，标志着北京市墙体材料革新和逐步限制使用、生产实心黏土砖的工作拉开序幕。

三、墙材持续发展的十年（1991—2000年）——禁用黏土砖，新型墙材大发展

20世纪90年代，是我国深化改革、扩大开放、建立社会主义市场经济、国民经济快速发展的十年，是北京经济快速增长、房屋建筑迅速发展的十年，也是北京把建筑节能工作与墙体材料革新相结合进行探索创新并取得重要进展的十年。1995年北京建筑竣工面积突破1500万平方米。1990年后，北京实施“控高令”，高层建筑建造数量下降，砖混结构所占比率又回升到50%以上，黏土砖用量有所增加，1994年修改控高令（2003年废止控高令），高层建筑逐年增加，钢筋混凝土结构比率又超过砖混结构。2000年建筑竣工面积达到2358万平方米，相当于一年建了一个老北京城，这其中住宅占64%，高层建筑

占 42%。钢筋混凝土结构所占比率超过 60%，主要是现浇混凝土大模建筑和框架结构建筑。商品混凝土搅拌站增加到 56 家，年总产量达到 891 万立方米。采用新型墙体材料的比率从 1990 年的 10% 左右增加到 2000 年的 70%，砖的年产量从最高 70 亿块下降到 35 亿块。

1992 年 6 月，北京市成立建筑节能与墙体材料革新领导小组办公室。当时北京市有黏土砖生产企业 500 多家，年产量最高时达到 70 亿块砖，一年毁地约 3000 亩，黏土砖生产集中的地区窑坑遍布，生态环境恶化。从 1993 年开始，北京市采取一系列政策措施，运用系统工程的方法，在加快新型墙体材料发展的基础上，逐步限制使用和生产黏土砖，大力推进墙体材料革新工作。

1. 限制使用实心黏土砖

1993 年 2 月，北京市政府发布文件，贯彻国务院关于加快墙体材料革新和推广节能建筑的精神，限制黏土实心砖的生产数量和使用范围；对使用黏土实心砖的工业与民用建筑，按不同情况征收“限制使用费”，作为建筑节能和墙体材料革新专项基金；对生产节能、省土、利废的新型建材产品的企业，符合国家规定的，可享受减免税政策。1993 年 4 月，北京市建委、规委、计委和财政局联合发布《关于收缴实心黏土砖“限制使用费”的管理办法》，1994 年 4 月又联合发布《建筑节能与墙体材料革新专项基金使用管理实施办法》，明确提出：用收缴的“限制使用费”作为建筑节能与墙体材料革新的专项基金，主要用于建筑节能与墙体材料革新的科研、试验、制定标准以及新技术、新产品的开发、推广和应用等工作。这些措施，使限制建筑工程使用黏土实心砖和研究应用新型墙体材料的工作取得了重大突破，到 1995 年年末，占全市建筑面积 35% 的框架结构建筑填充墙，由主要使用黏土实心砖，很快改变为 80% 以上使用新型墙体材料，就此一项，一年少用黏土实心砖 10 亿块。

为了加大限制使用黏土砖的力度，北京市在“九五”（1996—2000 年）建筑节能和墙改计划中提出：2000 年实现当年新建的城镇居住性建筑 70%、新农村居住性建筑 10% 主体结构不用黏土实心砖；实现黏土实心砖的年产量减少 20 亿块，5 个近郊区不再生产黏土实心砖。

1999 年 3 月，北京市建委、规划委、地税局又联合发布《进一步限制使用黏土实心砖的暂行规定》，规定：自 7 月 1 日起，北京城、近郊区、远郊区（县）的政府所在地、其他地区成片开发的住宅小区、经济技术开发区、新技术产业开发区的新建房屋工程，基础以上及围墙一律停止使用黏土实心砖，以黏土实心砖作为墙体的房屋工程不予颁发规划许可证和开工证；推荐使用现浇混凝土剪力墙结构、混凝土内浇外砌结构、现浇混凝土框架结构、混凝土承重小型空心砌块结构、黏土多孔砖结构；可选用黏土多孔砖、空心砖、工业小砖（灰砂砖、蒸压粉煤灰砖、石粉砖、煤矸石砖等）、承重和非承重混凝土砌块、加气混凝土制品及各种轻质板材等替代黏土实心砖。该规定发布以后，北京市一度出现黏土多孔砖供不应求的局面。

2. 积极研究发展新型墙体材料

研究发展和应用新型墙体材料，是限制使用实心黏土砖的前提和基础。北京市在限制使用实心黏土砖的同时，积极研究发展新型墙体材料，用以逐步取代实心黏土砖，使各种新型墙体材料的生产、使用有了较快发展，也使限制使用实心黏土砖的工作落到了实处，为最终禁止生产和使用黏土砖创造了条件。

北京市 1988 年开始禁止框架结构使用黏土实心砖时，当时可用来替代的材料仅有加气混凝土制品、陶粒混凝土砌块、黏土空心砖等，而且生产能力不足。1991 年，北京市积极贯彻《中华人民共和国固定资产投资方向调节税暂行条例》，使新型墙体材料产品享受固定资产投资方向调节税为 0% 的免税政策，并做出补充规定，为新型墙体材料的发展装上了“加速器”。

1994 年 4 月，为加快建筑轻板的发展，确保工程质量，北京市节能墙改办组织新型墙体材料技术评估。10 月，北京市建委和市规划委发布了推荐使用的轻质隔墙材料名单，其中包括玻纤增强水泥珍珠岩空心隔墙板、玻纤增强石膏水泥珍珠岩空心隔墙板、陶粒混凝土隔墙板、加气混凝土隔墙板、石膏空心砌块、钢丝网架聚苯水泥夹心板、钢丝网架岩棉水泥夹心板和轻钢龙骨现场拼装玻纤增强水泥板 8 种。其后，又组织编制了《轻板施工工艺标准》《轻隔墙条板质量检验评定标准》《条板轻隔墙构造图集》《增强水泥条板轻隔墙施工技术规程》《增强石膏空心条板轻隔墙施工技术规程》《钢丝网架水泥夹心板隔墙施工技术规程》，并进一步组织开展建筑轻板生产工艺与应用技术研究，保证了新型建筑轻板的生产质量、工程质量和推广应用。

从 1994 年起，北京市节能墙改办先后利用新型墙体材料专项基金支持了一系列科研和技术开发课题，编制了一系列施工技术和质量验收标准，为新型墙体材料的生产和应用提供了技术支持，初步形成了多孔砖、砌块、轻板三大主导产品。北京地区新型墙体材料所占比率由“八五”（1991—1995 年）初期的 10% 多，发展到 1995 年的 22%。

“九五”（1996—2000 年）期间，北京市进一步加大限制使用黏土砖的力度，同时投入大量专项基金，大力发展各种新型墙体材料的生产和应用，并取得了重大进展，引进和发展混凝土承重小型空心砌块就是一例。1995 年，北京市建委组织力量去美国考察，引进了第一条贝塞尔混凝土承重小型空心砌块（以下简称混凝土砌块）生产线，在门头沟区建厂，1996 年投入生产。

1997 年，北京市建委和市规委发布《关于在建筑工程中应用混凝土小型空心砌块的通知》；1998 年，北京市建委发布《混凝土承重小型空心砌块建筑施工技术规程》，北京市建筑设计标准化办公室颁布《承重混凝土小型空心砌块体系》图集；并由北京市节能墙改办组织了 20 多期专门培训，推动了混凝土砌块的生产和应用；到 2000 年，使用混凝土承重砌块建成的小区有兴涛小区、回龙观文化居住区、西三旗沁春家园小区及房山北潞园小区等，共计约 400 万平方米。

在大力发展混凝土砌块的同时，为保证建设市场对烧结砖的实际需要，北京市节能墙改办投入 2500 多万元，加快黏土实心砖企业转产承重多孔砖的技术改造，短期内形成了 10 亿标准砖的黏土多孔砖生产能力。同时，新型墙体材料的生产能力迅速增长，2000 年，北京市的混凝土小型承重空心砌块生产能力达到 80 万立方米，各种保温板、轻质隔墙板生产能力达到 2000 多万平方米，商品混凝土搅拌站的数量和产量快速增长，基本满足了北京市建设工程的需要。

到 2000 年，北京市黏土实心砖年产量减少到 35 亿块。2000 年市批开工项目全部采用新型建筑结构，市区砖混结构所占比率从 1995 年的 33% 下降到零。全市新型墙体材料的应用比率从 22% 提高到 70%，朝阳区、海淀区、丰台区、石景山区、门头沟区基本成为不再生产实心黏土砖的地区。

四、新型墙材发展的十年（2001—2010 年）——环保、轻质节能等新型墙体全面发展

21 世纪的第一个十年，是我国和北京市经济和建设高速发展的十年，也是更加重视节能环保和可持续发展的十年。在新世纪来临之际，世界各国进一步认识到由矿物燃料燃烧产生的烟尘和二氧化碳等温室气体不仅污染环境，还造成了全球气候恶化和生态破坏，已危及人类和其他生物的生存，建筑节能工作已成为世界各国的共同选择。“节能减排，保护环境”也逐步成为全人类的共同语言和共同责任。我国政府遵循科学发展观，明确要求：发展节能省地型住宅，推行“节能、节地、节水、节材和环保”新技术，大力开展“节能减排”，建设资源节约型、环境友好型社会。

2000 年 2 月，建设部以第 76 号部长令的形式，发布《民用建筑节能管理规定》；

2000 年 6 月，国家墙改办发布“禁实令”，确定 160 个直辖市和沿海大中城市、人均占有耕地面积不足 0.8 亩省份的大中城市，在 2003 年 6 月 30 日前禁止使用实心黏土砖；次年 6 月，又有 10 个省会城市被列入 2003 年“禁实”名单。2001 年 8 月，为贯彻建设部发布的《民用建筑节能管理规定》，北京市人民政府以第 80 号令的形式，发布《北京市建筑节能管理规定》，对加快推进建筑节能和墙体材料革新做出了具体而严格的规定。经过上下结合、坚定不移的努力，在积极采用新型建筑结构体系、大力发展和应用各类新型墙体材料的基础上，北京市在全国率先于 2002 年 5 月 1 日禁止使用实心黏土砖，2003 年 5 月 1 日禁止生产实心黏土砖，并于 2004 年 12 月在全国率先实现了禁止使用和生产各种黏土砖的目标。2003—2004 年，北京需要停产的黏土砖厂一共为 311 家，其中的国有企业只有 2 ～3 家了。

十年来，北京市建筑节能和墙体材料革新与工程建设密切结合、蓬勃发展，进入了法制化、规范化的轨道，有力地保证了工程建设沿着节能环保的方向健康发展。北京市的建筑竣工面积 2002 年突破 3000 万平方米，2004 年突破 4000 万平方米，2005 年达 4679 万平方米，创历史新高；2010 年为 3908 万平方米，高层建筑占 59%。所有建筑均采用新结构和新型墙体材料。现浇钢筋混凝土结构比率达 85%，商品混凝土继续快速发展，用于建筑墙体的混凝土年使用量超过 1500 万立方米。2001—2010 年，北京建成节能建筑 20400 万平方米。至 2010 年，北京累计建成：节能居住建筑 29500 万平方米（其中：节能 30% 的为 6500 万平方米，节能 50% 的为 12500 万平方米，节能 65% 的为 10500 万平方米），节能公共建筑 7600 万平方米，居国内领先地位。

此外，在研究解决加气混凝土和混凝土砌块墙体保温方面也取得重要进展，并用于工程实践。2003 年，北京加气混凝土一厂研究开发出密度为 300 ～400kg/m^3 的 03/04 级加气混凝土保温砌块，其导热系数仅为 0.07 ～0.10W/（m · K）[06 级导热系数为 0.16W/（m · K）]，可以满足较高的节能要求，填补了国内空白。2008 年建成的北京建材研究院加气混凝土填充框架结构科研楼，建筑面积 34000 平方米，外墙采用密度为 400kg/m^3、厚度为 250mm 的加气混凝土砌块，其节能效果满足北京地区公共建筑节能 50% 的设计标准。

2001 年，北京金阳新建材公司与中国建筑科学研究院合作研制成 280mm 保温承重装饰复合砌块，可满足北京建筑节能 50% 标准的需要，并具有良好的外墙装饰效果，得到了推广应用。2006 年，它又与中国建筑设计研究院合作研制成 310mm 保温承重装饰复合砌块，可满足北京建筑节能 65% 标准的需要，在住宅和公共建筑上广泛应用。以 190mm

宽和 90mm 宽的混凝土砌块做主、副墙的夹心保温做法应用也较多，既适用于建造符合北方节能要求的多层砌块建筑，也适用于现浇混凝土（大模）“内浇外砌”高层建筑的夹心保温带装饰的外墙，可满足北方节能要求，并具有良好的防火性能，近 10 年来成功应用于昌平区天通苑约 200 万平方米的建筑，值得关注和推广。

2010 年全市采用新型建筑结构体系的建筑工程比率为 92%，非黏土砖混结构的建筑工程为 8%。北京建筑工程采用新型墙体材料的比率达到 100%。新建的新型墙体材料生产企业大量消耗煤矸石、粉煤灰、尾矿、建筑渣土等固体废弃物，为发展循环经济、促进城乡产业升级发挥了积极作用。

五、墙材工业化（2011 年至今）

21 世纪的第二个十年，是我国经济和建设继续高速发展的十年，2014 年 2 月“全国政治中心、文化中心、国际交往中心、科技创新中心”首都核心功能确定，2015 年疏解非首都核心功能开展，非首都核心职能的产业陆续迁出北京，北京市墙体材料生产企业数量大幅度下降，从 2014 年的几百家减少到 20 家左右。北京的墙体材料主要源于河北、山东、天津等地的供应。

装配式住宅发展迅速，北京自 20 世纪七八十年代在装配式住宅结构体系方面进行过一系列探索和实践，到 20 世纪 80 年代末，装配式结构体系发展到板楼可建 12 ～14 层、塔楼 16 ～18 层。大板房总量达到 1000 万平方米，占全国总量的 1/3。但由于体制、经济、技术等多方面原因，大板房结构体系逐渐萎缩，甚至消亡。2008 年起，北京市启动住宅产业化试点示范工作，开展了装配整体式剪力墙结构体系的试点示范。通过试点工程实践和总结，逐步形成以装配式住宅为住宅产业化主要发展技术路径，为全面推进住宅产业化提供了管理经验和技术支撑。北京率先出台了住宅产业化鼓励政策，2010 年发布了《关于推进本市住宅产业化的指导意见》，全面启动住宅产业化;《关于产业化住宅项目实施面积奖励等优惠措施的暂行办法》，对工业化住宅奖励一定数量的建筑面积。2011 年发布了《北京市“十二五”时期民用建筑节能规划》，将住宅产业化目标任务提升为建筑节能工作的一项约束性指标。2013 年发布了《北京市发展绿色建筑推动生态城市建设实施方案》《北京市绿色建筑行动实施方案》，将推动住宅产业化的相关工作列为实施绿色建筑的重要任务，建立了住宅产业化工作联席会议制度，成立保障性住房实施产业化领导小组，负责在保障性住房建设中推进产业化的领导、组织与协调工作。2018 年 2 月，北京市人民政府办公厅发布了《关于加快发展装配式建筑的实施意见》，明确到 2020 年实现装配式建筑占比达到 30% 以上的工作目标。

建筑物是人们居住和工作的场所，墙体是建筑物的内外围护结构，不仅关系到居住和工作的安全性，而且影响居住和工作的舒适性。墙体材料革新的真正目标，应该是确保人们居住和工作的安全性和舒适性，不断提高建筑物的使用功能，并实现节能、环保、可持续发展的目标。禁产禁用黏土砖不是墙体材料革新的终极目的，而是墙体材料革新工作的阶段性目标。北京建筑墙体材料发展的历史证明，没有永恒的新型墙体材料，也没有一成不变的墙改。随着社会的发展、科技的进步和人民生活水平的提高，人们对建筑物的使用功能必然会提出新的需求，不断推动建筑墙体材料及相关的建筑结构进行技术创新。因此，建筑墙体材料革新应该是一个贯彻“以人为本”、可持续发展原则，不断以新材料替代旧材料、新结构替代旧结构、新技术替代旧技术的螺旋式发展的过程。墙材发展无止境！

作者简介

平永杰，北京建筑材料检验研究院有限公司总经理助理，高级工程师，主要研究方向为建筑材料检验检测。

推广使用的建筑材料

——加气混凝土的发展史

◎杨云凤

为保证建设工程质量，进一步提升其使用功能，促进建材供给侧改革，节约资源，保护环境，促进建材行业健康发展，30多年来，北京市建设委员会办公室、北京市规划委员会不断推出禁止、限制和推广使用建材产品目录，多种建筑材料相继退出历史舞台，与此同时，也有很多建材被认可并推广使用，加气混凝土就是被广泛推广应用的绿色建材之一。

加气混凝土是一种轻质、多孔的新型墙体建材，具有质量轻、保温好、可加工和耐火等优点。它能够制成不同规格的砌块、板材和保温制品，普遍应用于工业和民用建筑的承重或围护填充构造，受到世界各国建筑业的普遍青睐，成为许多国家大力推广和应用的一种建筑材料。

加气混凝土是以硅质材料（砂、粉煤灰及含硅尾矿等）和钙质材料（石灰、水泥）为主要原料，掺加发气剂（铝粉膏），经过配料、搅拌、浇注、预养、切割、蒸压、养护等工艺过程制成的轻质多孔硅酸盐制品。因其经发气后含有大量平均而细小的气孔，故名加气混凝土。

一、世界上加气混凝土的早期历史

加气混凝土最先出现于捷克，1889年，霍夫曼（Hofman）取得了用氯化钠制造加气混凝土的专利。1919年，柏林人格罗沙海（Grosahe）用金属粉末作发气剂制出了加气混凝土。

1923年，瑞典人埃里克森（J.Eriksson）掌握了以铝粉膏为发气剂的生产技术并取得了专利权。以铝粉发气产气量大，所产生的氢气在水中溶解量小，故发气效率高，发气过程也比较容易控制，铝粉膏来源广，从而为加气混凝土的大规模工业化生产提供了重要的条件。此后，随着对工艺技术和设备的不断改进，工业化生产日益成熟，1929 年，瑞典首先建成了第一座加气混凝土厂。

从开始工业化生产加气混凝土至今已近 90 年，加气混凝土工业得到了很大的发展，不仅在瑞典形成了“伊通（Ytong）”和“西波列克斯（Siporex）”两大专利并建立了相应的一批工厂，在其他许多国家也相继引进了生产技术或开发研究了自己的生产技术，特别是一些气候寒冷的国家，研究成功了自己的生产技术，形成了新的专利。

第二次世界大战前，加气混凝土仅在少数北欧国家推广应用，而现在，加气混凝土的生产和应用已遍及五大洲 60 多个国家。

二、加气混凝土在我国的早期萌芽

我国是生产和应用加气混凝土较早的国家。早在 1932—1934 年，上海平凉路桥边建成了一座小型加气混凝土厂，其产品用于几幢单层厂房和国际饭店、新城大厦、锦江饭店、河滨大楼和汇丰银行等高层建筑的内隔墙，并一直沿用至今，这些高层建筑建成后该工厂也随之停产。

三、加气混凝土在中华人民共和国成立后发展的三个阶段

加气混凝土在我国的发展大致分为三个阶段：

第一阶段，即 20 世纪 60 年代后半期至 80 年代上半期，以翻转切割机技术为特征的生产线为代表。

第二阶段，即 20 世纪 80 年代后半期至 90 年代中期，这一阶段以卷切式切割机、提升式切割机为主体建设了一批生产线，同时也发展了一大批人工钢丝切割的土法生产线。

第三阶段，即 20 世纪 80 年代末到 90 年代，是以缩小改进了的翻转式切割机为主体，加上预铺钢丝提升式切割机和缩短了的海波尔切割机及消化简化、改型的伊通式切割机并存发展的阶段。这一阶段生产线规模相应扩大，生产线技术装备水平普遍提高，一批简易生产线开始采用上述技术进行改造。

加气混凝土的发展历史，是和北京金隅加气混凝土有限责任公司的发展历史密不可分的，我们将以此企业的发展历史为背景，回顾一下加气混凝土的发展历程。

（一）加气混凝土发展的第一阶段

1. 加气混凝土在我国的起步

中华人民共和国成立后，我国十分重视加气混凝土的研究和生产。1958 年，建工部

建筑科学研究院开始研究蒸养粉煤灰加气混凝土，1962 年，建筑科学研究院与北京有关单位研究并试制了加气混凝土制品，并很快在北京矽酸盐厂（现北京金隅加气混凝土有限责任公司前身之一）和贵阳灰砂砖厂（现贵阳高新华宇轻质建材有限公司）半工业性试验获得成功。

加气混凝土材料在我国普及使用是在 1965 年以后。1965 年，经当时国务院副总理李先念批准，国家投资 1500 万元，引进瑞典西列克斯公司专利技术和全套装备，在北京建成我国第一家加气混凝土厂——北京市加气混凝土厂（现北京金隅加气混凝土有限责任公司加气混凝土一厂清河厂区），这是我国第一家加气混凝土制品专业生产企业，当时年产能 13.5 万立方米，该生产线生产的产品质量较好，是北京加气混凝土生产的主力军，在一定程度上代表着我国加气混凝土生产工艺技术和装备水平。这标志着我国加气混凝土的生产进入了工业化生产时代，而工业化生产为广泛使用加气混凝土奠定了基础。

2. 加气混凝土专利技术在我国研发和工艺设备的开发使用

加气混凝土的生产专利技术是国外引进的，引进的是西列克斯公司水泥 - 砂配置技术；后来该公司又开发了以水泥 - 矿渣 - 砂组合以及水泥 - 生石灰 - 砂组合的专利技术生产加气混凝土。在这些专利技术中，原材料胶结料中以水泥为主，水泥用量超过生石灰。该种技术应用广泛，操作便捷。

但是，加气混凝土行业需要因地制宜研发符合我国国情的专利技术，为有效利用资源、解决城市工业固体废弃物，我国开始结合国情研发水泥 - 石灰 - 粉煤灰组合配料及水泥 - 石灰 - 砂组合配料的专利技术。

在这样的历史背景下，为了使我国自主开发的技术落地，作为北京金隅加气混凝土有限责任公司前身之一的北京市西郊烟灰制品厂（现北京金隅加气混凝土有限责任公司加气混凝土三厂石景山厂区）正式成立，成为全国第一家生产粉煤灰加气混凝土产品的专业企业。

但粉煤灰技术仍然不成熟，粉煤灰加气混凝土的研发在反复的试验和实践中摸索前行。在加气混凝土专利技术研发的同时，也迫切需要符合加气混凝土技术的配套设备。为发展加气混凝土的需要，1971 年在引进西列克斯技术后，我国组织消化了西列克斯成套技术，开始了我国加气混凝土工艺装备的开发使用。

1973 年，国内仿西列克斯生产线建成的第一条自主设计制造的加气混凝土生产线在北京市矽酸盐厂（现北京金隅加气混凝土有限责任公司加气混凝土二厂大兴厂区）开工建设，于 1979 年正式投产。该生产线仿照北京市加气混凝土厂（现北京金隅加气混凝土有限责任公司加气混凝土一厂清河厂区）生产工艺技术，由东北建筑设计院、北京第一机床厂和黑龙江富拉尔基重机厂设计制造，采用水泥 - 矿渣 - 砂生产工艺，年产能 10 万立方米。

加气混凝土生产线的研制成功，解决了发展加气混凝土的关键设备问题，有力地促进了加气混凝土的发展。

3. 加气混凝土的较快发展

1975 年以后，在国家建材主管部门大力提倡发展新型墙体材料及地方政府大力支持下，加气混凝土的同类产品——蒸压灰砂砖雨后春笋般发展起来。随着国家大力发展水电事业和水利建设的需要，在江河上截流筑坝建水电站，使江河中沉积的砂子越来越少；加之为了保护江河大堤，国家又限制过度挖取、抽取江河中砂子，因此蒸压灰砂砖主要的原材料——砂资源枯竭，蒸压灰砂砖产量大大下降。一度兴旺发达的蒸压灰砂砖生产线，纷纷改产蒸压加气混凝土砌块，为加气混凝土的发展带来了一波较快的发展。

在加气混凝土快速发展的环境下，1980 年，北京市西郊烟灰制品厂为了满足市场发展要求，引进了波兰乌尼泊尔技术，建成我国第一条粉煤灰加气混凝土生产线，年产能 15 万立方米。这就实现了粉煤灰技术和粉煤灰生产线的相结合。

同时，作为全国第一家生产粉煤灰加气混凝土产品的专业企业，北京市西郊烟灰制品厂紧邻原材料供应地——发电厂，能有效消化电厂固体废弃物，用电厂废料粉煤灰取代原材料——砂，大大降低了原材料成本，也为行业的低碳、节能、环保和发展绿色北京做出了贡献。

随着该生产线的顺利生产，用粉煤灰生产加气混凝土的企业也越来越多，占生产加气混凝土全部企业的 3/4 以上，其产量也占全部产量的 70% 以上。其生产、应用数量之大，利用粉煤灰之多，利用企业之广，利用经验之丰富在世界上是绝无仅有的。西方发达国家因燃煤电厂少，几乎不用粉煤灰生产加气混凝土，也就缺乏这方面的实践经验。利用粉煤灰生产加气混凝土是我国对世界加气混凝土工业的一大贡献。

直到今日，利用工业固体废弃物生产加气混凝土，仍将是加气混凝土工业的努力方向。

（二）加气混凝土发展的第二阶段

1. 改革开放时期建材行业的调整

加气混凝土发展的第二阶段，即 20 世纪 80 年代后半期至 90 年代中期。改革开放以来，北京加快了城市建设步伐，市场对建材需求与日俱增，同时墙体材料的革新对北京及周边地区新建筑节能提出了更高要求。

为深化改革，适应市场需求，建立适应建材行业发展的运行机制和管理机制，搞好并加速发展建材行业，北京市政府决定：撤销1955年成立的北京市建材工业管理局，1984年3月，改设北京市建筑材料工业总公司，而总公司旗下的北京市加气混凝土厂也做了调整。

1984年，北京市矽酸盐制品厂更名为北京市加气混凝土二厂；北京市西郊烟灰制品厂更名为北京市加气混凝土三厂。

1988年，北京市加气混凝土二厂与北京市石膏板厂合并更名为北京市轻型建筑材料公司。1998年，北京市轻型建筑材料公司划归北京市加气混凝土厂管理。

2. 加气混凝土生产线技术改造的政策支持

引进的加气混凝土关键设备和技术经多年使用，其模具锈蚀、主机设备老化，严重影响生产的正常进行。同时，20世纪80年代，北京市建材紧缺，为加快本市基础建材工业的改造与发展，使之适应首都城市建设的需要，市政府决定成立北京市建材发展补充基金办公室，根据1989年北京市人民政府《关于建立建材发展补充基金的通知》，市建委等部门发布了《北京市建材发展补充基金收缴和使用管理方法》，用收取建材发展补充基金支持本市建材工业的发展，用于投资建设本市急需的建材企业。

从1990年起，市建委用建材发展补充基金先后支持的企业中，就有北京现代建筑材料公司（现北京金隅加气混凝土有限责任公司加气混凝土三厂石景山厂区），市建委用建材发展补充基金投资130万元，用于进行加气混凝土生产线技术改造项目。

3. 加气混凝土的设备改造

加气混凝土的技术在不断地更新改造，这就要求与之配套的相应的设备也同步更新。然而早期引进的加气混凝土专利技术已经落后，生产线已经破旧，技术和设备的引进和改造势在必行。

为加快加气混凝土的发展，1990年北京加气混凝土厂引进德国道斯滕公司部分先进技术设备并对模仿伊通技术制造的切割机和配料系统进行改造，建成国内第一条由计算机自动控制的加气混凝土生产示范线，年产能力达到18万立方米，这不仅在国内处于领先地位，而且达到当时国际的先进水平。随后，北京加气混凝土厂连续多年被评为北京市“重合同、守信誉”单位，并获全国墙改先进单位等荣誉称号，这带动了加气混凝土行业的发展。

4. 北京市建筑节能与墙体材料革新主管部门对加气混凝土技术的支持

改革开放以后，建材行业日益变化，建材逐渐分为传统建材和新型建材，其中加气混凝土就属于新型建材。

加气混凝土作为新型建材不断改进更新，除了技术和设备在不断改造外，在新型建材机械方面，也开发并生产出加气混凝土切割机，使切割技术有了进一步的提升。另外，由于绿色环境的开发需求，市节能办开始扶持新型建材，加气混凝土也在扶持之列。

1994 年 4 月，市节能墙改办发布《关于开展新型轻体隔墙设计、施工和材料评估工作的通知》，组织新型墙体材料技术评估。同年 10 月，市建委和市规划委发布了第二批墙体保温和轻质隔墙材料推荐名单，其中就包括加气混凝土隔墙板等新型墙体材料。

同时，自 1994 年起，北京市建设委员会和财政局先后利用新型墙体材料专项基金支持了加气混凝土应用技术（1996）、加气混凝土墙面抹灰施工技术规程（2002）、B03 级加气混凝土研制及应用（2005）一系列科研技术开发课题，为新型墙体材料生产应用提供了技术支持，也先后发布了一系列新型墙体材料施工验收标准。

综上所述，改革开放后，由于市场对加气混凝土的需求，促进了加气混凝土的设备和技术改造，同时政策因素和政府的支持更为加气混凝土的发展提供了广阔的市场空间，使加气混凝土的应用技术等有了突飞猛进的进展。

（三）加气混凝土发展的第三阶段

经 20 世纪 70 年代、80 年代两个较快的发展阶段，加气混凝土在 20 世纪 90 年代进入第三个快速发展阶段。经过引进设备和技术改造，加气混凝土的发展进入高速发展时期。

随着我国墙改力度加大，特别是限制生产、使用黏土实心砖进入倒计时和第二步节能的实施，加气混凝土进入加速发展时期。它突破部门界限、行业界限、所有制界限，跨行业、跨部门、多种经济成分并举，朝着大规模、多品种、高科技方向发展。

1999 年 3 月，市建委、规划委、地税局联合发布《进一步限制使用黏土实心砖的暂行规定》，规定指出，要求一律停止使用黏土实心砖，推荐使用加气混凝土制品及各种轻质板材替代黏土实心砖。

2001 年市政府 80 号令颁布，要求淘汰黏土砖。为防止北京市出现砖类产品供需严重失衡的局面，市建委积极研究开发采用煤矸石、烧结砖技术，同时积极研究推广其他新型墙体材料生产应用技术，支持了加气混凝土制品的升级改造。

同时，建筑墙体建造时大量使用非承重墙体材料代替传统的烧结承重材料，加速推动了加气混凝土砌块和复合保温砌块的发展。

加气混凝土在技术、设备和政策的支持下，北京加气混凝土为代表的企业生产进入高速发展期，产量和品种基本满足了首都的建设需求，年产量达到了 55 万立方米，毛主席纪念堂、北京饭店、钓鱼台国宾馆、北京医院、中央电视台新址、国家大剧院、地铁、机场航站楼以及奥运会场馆等大型建筑广泛使用了北京加气混凝土产品，而且还有一定数量的产品进入了外地市场甚至出口，形成了北京加气混凝土行业的一个巅峰时期。

建筑业对新型墙体材料的需求日益明显，新的要求不断涌现，在这样的历史长河中，以北京加气混凝土厂为代表的加气混凝土企业要紧随时代步伐，不断发展创新。

随着北京建筑材料集团总公司更名为北京金隅集团有限责任公司，北京加气混凝土厂紧跟时代步伐，根据新的要求不断完成技术改造，在很大程度上满足了市场的需求和供应。2013 年，完成搬迁合并的北京加气混凝土公司，为了提高生产产能，收购了唐山加气公司。到目前为止，加气混凝土的生产线和生产技术已经基本成熟，能满足市场的需求，切割技术能做到一切六面，生产线已实现全面计算机控制。这标志着加气混凝土这一行业的迅猛发展。

四、以重点企业为代表的加气混凝土地位现状

我国自 1965 年建设第一家加气混凝土厂起，经历了 50 多年时间，现建成了各类加气混凝土厂逾 330 家。加气混凝土的历史中，北京金隅加气混凝土公司（以下简称金隅加气公司）一直引领行业先锋，不断创新开拓，其获得的荣誉与打造的品牌在一定程度上代表着加气行业的发展方向。

经过半个多世纪的改革发展，以金隅加气公司为代表的加气企业始终专注做大做强加气混凝土事业，不断创新墙体体系，实现工艺技术创新 200 多项，其中 2 项科技成果获全国科学大会奖，12 项获市（部）科技成果奖，企业研发的 3 种加气混凝土工艺技术被广泛应用于国内同行业企业，多年总结生产经验所形成的企业标准，逐步演化为部标和国标，编制的培训教材成为大学校园的教科书，为我国加气混凝土行业的快速发展做出巨大贡献，被誉为“中国加气混凝土工业摇篮”。

金隅加气混凝土产品绿色环保、轻质高强、气孔均匀、尺寸精准、施工便捷，能够满足建筑节能 75% 以上要求，广泛应用于重点工程和民用建筑。产品获北京建材行业协会“绿色环保、节能节水建材产品推荐证书”；入选“国家康居示范工程选用部品与产品”，并获得建设部“小康住宅推荐产品”。

以该企业为代表的加气混凝土行业不断发展壮大，加气混凝土成为一种绿色新型建材，被广泛应用。

五、加气混凝土的前景展望

我国加气混凝土总设计能力已超过2000万立方米，成为国际上应用粉煤灰生产加气混凝土最广泛、技术最成熟的国家。并且北京加气行业进一步拓展了原材料的范围，成功地将其他工业废弃物（如石材加工产生的碎末、水泥管桩生产过程中排放的废浆以及玻璃、采煤、采金业的尾矿等）作为硅质材料大量用于加气混凝土生产。随着生产的发展，还涌现了一批从事加气混凝土生产、设备和应用技术研究的科研院所和大专院校，建立健全了科研、设计、教学、施工、装备和配套材料等系统；制定了从原材料、产品、试验方法和施工应用的标准和规范，使我国形成了完整的工业体系。在引进消化吸收的基础上，初步形成了中国特色的蒸压加气混凝土成套技术，如在粉煤灰、石灰、钢筋防腐剂等方面的研究达到了较高的水平。

建筑结构体系的变化和墙体材料革新工作的继续推进，将持续促进新型墙体材料产业的稳步发展，加快住宅产业化和发展绿色节能建筑，其中蒸压加气混凝土砌块、发泡混凝土砌块、轻质条板、部品化功能型产品是墙材料发展方向，随着节能减排、低碳、绿色建筑的实施，能耗高及排放污染的烧结砖制品将逐步被淘汰。

轻质自保温墙体材料大力发展，而加气混凝土作为新型材料不仅能满足现在的建设需要，也能满足这一新的建筑节能要求，需要因地制宜地发展加气混凝土制品和复合保温砌块等轻质自保温墙体材料。

由此可见，加气混凝土的发展前景依然是乐观的，这个是由材料的性能所决定的，该材料要比陶粒、石膏等材质的产品胜出一筹，加气混凝土的节能、保温、防火、隔声、轻质、高强、隔热以及便于施工于一体这些都是其特有的优势。

加气混凝土的发展前景具体如下：

市场前景一：绿色建筑的发展为加气混凝土砌块创造了有利发展空间

绿色建筑作为适应人类未来宜居需要的建筑发展方向，已经成为各国的共识，绿色建筑作为战略性新兴产业已上升为国家战略。国家发改委和住建部联合发布了《绿色建筑行动方案》，加气混凝土作为“大力发展绿色建材”之一位列其中，受到政府的重视和市场的认可。

市场前景二：装配式建筑发展将为加气混凝土发展起到极大的带动作用

装配式建筑就是由预制部品部件在工地装配而成的建筑。按预制构件的形式和施工方法分为砌块建筑、板材建筑、盒式建筑、骨架板材建筑及升板升层建筑等五种类型。

政策的出台对加气混凝土行业的发展将起到极大的带动作用。北京加气公司为代表的加气企业在装配式建筑方面发挥出极大的优势，积极推进砌块和板材的生产，尤其是装配式板材的大批量生产，装配式建筑发展将为加气混凝土的发展起到极大的带动作用。

市场前景三：钢结构建筑为加气混凝土带来了发展空间

我国绿色建筑产业现代化进程正在提速，2016 年 5 月 5 日，住建部相关领导在装配式建筑推广中专门谈到了钢结构住宅的应用问题，未来 10 年，钢结构将成为建筑产业的主体。

此外，加气混凝土被列为国家十三五重点研发计划项目“绿色建筑及建筑工业化”重点专项，其中课题为“研究工业化建筑围护系统、构配件及部品的高效连接节点设计技术”。

市场前景四：低碳节能的特性使加气混凝土更具有市场

加气混凝土保温性能好，导热系数小，隔热系数好，在生产过程中使用清洁能源，实现了低碳节能，优于其他的材料，所以市场更为广阔。

综上所述，加气混凝土将在新的建筑发展中不断更新改造，有着更广阔的明天。

作者简介

杨云凤，女，北京金隅加气混凝土有限责任公司工程技术总监。主要研究方向为装配式外围护墙体研究、加气混凝土板材应用技术研究。

装配式建筑篇

北京市装配式建筑发展历史与未来趋势

◎杨思忠　张仲林　樊则森　张静怡

装配式建筑是以工业化方式生产的预制部品、部件在工地装配而成的建筑。发展装配式建筑有利于节约资源能源、实现绿色施工、提升劳动生产效率和质量安全水平，有利于促进建筑业与信息化工业化深度融合，培育新产业、新动能。因此，发展装配式建筑已上升为国家推动建筑业转型升级的重大决策。作为国家第一批装配式建筑示范城市，北京市的装配式建筑发展一直处于全国领先水平，其发展历史可分为20世纪50年代到90年代的“大板装配式建筑”以及2007年至今的“新型装配式建筑”两个时期，其间经历了15年左右的“停滞期”。

一、大板装配式建筑时期（1950—1990年）

北京市装配式建筑起步于20世纪50年代，学习苏联建筑技术体系，以建筑工业化为重点开展，在管理体制、设计标准化、构件装配生产工厂化、施工机械化等方面进行了一系列的探索，为我国大力发展装配式建筑积累了宝贵的经验。该时期可分为“技术探索”和“结构体系多样化发展”两个阶段。

（一）阶段主要特征

1. 技术探索阶段（1950—1970年）

中华人民共和国成立后，大规模经济建设展开，城市住宅面临严重短缺。苏联的“一种快速解决住房短缺方法”的工业化思想被引进国内。苏联派多名建筑工程专家来北京指导工作，开始我国建筑工业化试点、规划编制、筹建研究所和预制构件厂等工作。1956年，国务院颁布《关于加强和发展建筑工业化的决定》，首次提出了设计标准化、构件生产工业化、施工机械化的“三化”概念。同年，国家标准《建筑统一模数制》（标准号104-55）颁布实施，为装配式建筑设计与建造奠定了基础。1958年，参照苏联列宁格勒构件厂机械化流水作业生产工艺建造的北京第一建筑构件厂正式投产，主要产品为混凝土屋面板和空心楼板。

2. 结构体系多样化发展阶段（1970—1990 年）

该时期通过推广一系列新工艺，形成了较成熟的“大板”体系，建立了大板生产基地和专业施工队伍。在水碓子等 5 个住宅小区建成 4 ～5 层大板住宅建筑 86 栋，约 25 万平方米。1978—1985 年，装配式大板建筑技术日益成熟，形成了完整的建筑工业化体系，在 1983—1985 年形成建设高潮，年竣工面积 52 万平方米。1984 年国家还颁布实施了《大模板多层住宅结构设计与施工规程》，为大模板多层住宅设计提供了技术指导和规范。

（二）产业发展成果

1. 墙体材料由砖、砌块向复合轻质墙板发展

中华人民共和国成立初期，墙体材料大量使用黏土砖。1955 年，黏土砖开始被砌块代替。1957 年在北郊朱房砖厂建立了机器生产砌块车间，开始大规模推广装配式砌块住宅。因为砌块吊次多，还需要抹灰，不能适应大型吊装机械的发展，砌块外墙逐步发展到大型预制轻型板材。

1966 年前，北京大板住宅外墙主要是采用振动砖板，1966 年后先改用粉煤灰膨胀矿渣混凝土外墙板，后又发展了不同功能材料或板材组合成的复合墙板。为提高保温性能，常用普通混凝土和加气混凝土复合壁板，也单独采用陶粒大孔轻骨料混凝土壁板。采用了轻质复合材料后，材料的特性被充分利用，建筑的质量也大大减轻，从而节约了材料和运输费用，有利于装配式施工。

2. 预制构件由小型多种类向大型化和标准化发展

北京市 1953 年开始建筑工业化，首先在三里河、百万庄住宅区现场预制 L 形楼板等小型构件。1954 年发展了方孔空心板、过梁、楼梯、沟盖板等预制构件。为提高吊装效率，并使房间分隔灵活，长向预制板代替短向预制板和大梁组成楼盖。

构配件规格的标准化定型工作也对工业化建筑的发展起到积极的推动作用。北京市建筑设计院于 1954 年制定了统一模数和开间、进深、层高等参数，1959 年开始编制“通用构件图集”，但由于品种规格繁多，与构件工厂化生产形成矛盾。1964 年，在市建委领导下，对各种类型的构件进行了全市范围的统一定型，编制出适合混合结构构件通用图集。该图集中钢筋混凝土构件由原来的 1215 种归并为 13 类 197 种，内容包括短向板、长向板、过梁、楼梯、开间梁、进深梁、阳台、长梁、挑檐及基桩等。

3. 结构体系从单一户型向多样化发展

1955 年，北京市建筑设计院在苏联专家指导下完成了北京市第一套住宅通用图——“二型住宅”，开辟了户型标准化设计先河。20 世纪 60 年代，绝大部分住宅为现砌砖墙混合结构，只定型了水平构件，大部分住宅平面布置纵横平齐，户型设计缺乏多样性，居室开间进深尺寸单一，缺少大小房间的组合，不利于分配使用。20 世纪 70 年代后，随着墙体改革和高层建筑的发展出现了大板、大模、框架等结构体系，包括：

（1）大板体系。此种体系是在振动砖板基础上发展起来的。1964 年，成立住宅装配公司，负责大板住宅构件的生产和施工。1977 年开始研究高层大板体系，有板式和塔式两种平面，并在天坛南小区和团结湖小区试建了一部分住宅。

（2）大模体系。1974 年出现高层建筑大模体系，1978 年进行“大模住宅建筑体系标准化”研究，1980 年开始在住宅建造中广泛使用。其特点是：参数是控制的，构件是定型不变的，节点构造是统一的；而住宅设计是可变的、多样化的即所谓的“开放体系”或“通用体系”。

（3）框架体系。北京的框架结构住宅的预制形式分为两种，一种是板、梁、柱及抗震墙等构件预制，然后在接头处现浇成为整体。另一种是框架轻板住宅，以框架承重，使墙体摆脱了承重要求，只起保温、隔热、隔声、防雨等围护作用。20 世纪 70 年代后期，大板和大模板两种体系已形成相当规模的生产能力，成为高层住宅主体结构的主力。框架体系由于工期长，钢材用量较多，墙体材料不能充分供应等原因不能大量推广，只用于需要大空间、底层设置商店或灵活隔断的建筑。

4. 外墙板接缝防水由材料防水向构造与材料相结合防水发展

1958 年开始的大板住宅试验研究及试点工程，出现了壁板裂缝和接缝漏水等问题，严重地影响了住户的正常使用。1965 年开始将平缝、高低缝和立缝采用空腔排水相结合的综合防水方案，经人工淋雨的实际考验，防水效果很好。1973 年施工的天坛西区 72 板住乙型装配式壁板建筑，虽然也采用了构造防水方案，但由于构造设计侧重于接缝保温处理，发生了接缝渗漏情况。在总结经验基础上，天坛南小区 5 号楼综合考虑结构、保温隔热、施工安装和防水问题，外墙接缝的立缝采用双空腔构造做法，水平缝采用企口缝构造做法，经过试验，防水保温效果俱佳。北京预制墙板缝防水问题，经历了由漏到不漏，由材料防水到空腔构造防水，由单纯防水到既防水又保温等综合效果的发展过程。

（三）典型工程项目——天坛南小区

1975 年，在北京天坛南小区进行了两万多平方米两栋十一层高层装配式大板住宅试点。项目按照北京市住宅一类标准设计，8 度地震设防。

为克服高层住宅水平地震力逐层变化与构件标准化的矛盾，设计上采取措施控制建筑物的体型和高宽比，将某一层墙板计算值作为配筋标准，不足部分楼层在竖缝中补充插筋，减少预制墙板类型。为加强结构整体刚度，选择了凹凸变化较少的矩形平面，内外纵横墙基本拉通对直；纵墙和两道外纵墙设计上采用了承重壁板，抵抗纵向地震力；板材接缝处通过预留钢筋和现浇混凝土进行连接；楼板与屋面板四边入墙，并与雨篷、阳台等挑出构件连成一块。板缝防水综合考虑了结构、保温隔热、施工安装等问题，水平缝采用企口缝，立缝采用双空腔排水的构造做法，十字缝采用分层与通腔结合的构造方案。这种构造做法经过了气候变化的考验，具有可靠的防水效果。天坛南小区正立面示意图如图 1 所示。

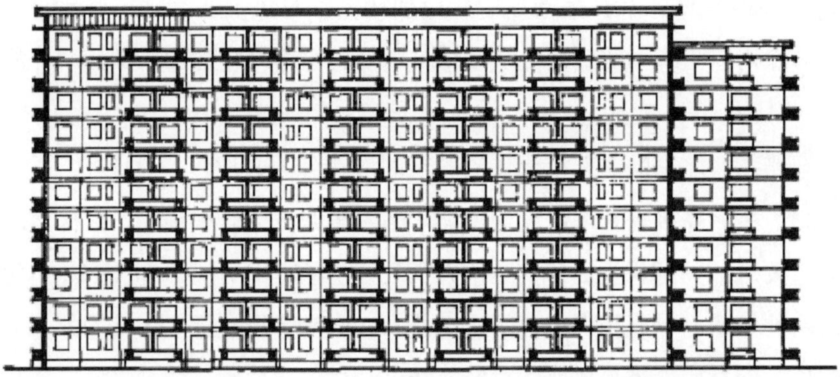

图 1　天坛南小区正立面示意图（来源：建筑学报，1977.04）

1976 年 7 月竣工的天坛南小区经受住了唐山大地震的考验。震后检查，除发现首层内纵墙在端开间、楼板下皮和内纵墙顶，有一条裂缝外，其他结构完好无损。

（四）小结

20 世纪，北京市装配式建筑从无到有，在模数统一、标准化设计、构配件生产方面取得了一定成绩，住宅建设由低多层发展到高层，但在技术、工期、成本等方面还存在许多不足，被快速发展的现浇混凝土技术淘汰，装配式建筑发展陷于停滞。系统总结大板住宅从兴盛快速衰亡的内在规律，对于指导我国新型装配式建筑发展有重要意义，总体而言可归纳为五个方面：一是户型平面布局和立面造型单一，满足不了人们个性需求；二是建筑功能本身存在缺陷，比如墙体保温性差、墙板接缝渗漏等，现浇混凝土结构外保温技术更具优势；三是现浇住宅机械化施工水平迅速发展，建造工期比装配式大板住宅更快；四是预制构件工厂投资大，加上运输和安装，造成装配式大板建筑成本高于现浇住宅；五是唐山大地震后，业内对大板住宅抗震安全性能的担忧。在当时的历史条件下，现浇住宅建造速度快和建造成本低，代替大板住宅获得爆发式发展，更好地体现了市场经济的主导作用，是历史发展的必然。

二、新型装配式建筑时期（2007年至今）

相比“大板住宅”时期，新型装配式建筑在标准化设计、部品生产、装配施工以及全过程信息化管理等方面都有了质的提升，尤其是在发展装配式建筑工业化思维的顶层设计上有了更清晰的认识，建立了相对完善的设计、生产、施工、验收和质量监管体系。北京市新型装配式建筑发展大体经历了研发试点（2007—2009年）、优化完善（2010—2013年）、规模化推广（2014—2016年）及全面发展（2017年至今）四个阶段。

（一）阶段主要特征

1. 研发试点阶段（2007—2009年）

2006年年底，北京市开始新型装配式住宅技术探索研究。2007年，在榆树庄构件厂建设一栋两层装配式剪力墙实验楼基础上，开始中粮万科假日风景B3、B4号工业化住宅的设计建造，该项目2009年竣工并获“北京市住宅产业化试点工程”称号。

该阶段主要特征是通过技术论证选择适宜的技术体系，解决了装配式住宅技术从无到有的问题。以建设方北京万科为主导，学习借鉴日本先进经验，骨干企业联合攻关完善相关技术，保证了试点工程质量，有力促进了新型装配式建筑在停滞多年后的再次崛起。

2. 优化完善阶段（2010—2013年）

北京市结合中粮万科假日风景D1、D8号工业化住宅和半步桥公租房等项目继续研究、优化新型装配式住宅设计、预制构件生产及施工技术。本阶段相继出台了《关于推进本市住宅产业化的指导意见》（京建发〔2010〕125号）、《北京市产业化住宅部品使用管理办法（试行）》（京建发〔2010〕566号）、《北京市产业化住宅部品评审细则（试行）》（京建发〔2011〕286号）和《北京市混凝土结构产业化住宅项目技术管理要点》等政策文件，促进了装配式建筑产业的快速、健康发展。2013年，北京市颁布实施《装配式剪力墙住宅建筑设计规程》等4部地方标准，初步形成了“装配整体式剪力墙结构体系”设计、生产、施工质量验收标准体系。北京市住建委发布《北京市推广、限制和禁止使用建筑材料目录（2010年版）》（京建发〔2010〕326号）将保温、结构、装饰一体化外墙板和装饰混凝土轻型挂板列为“推广使用的建筑材料”，对于促进产业结构调整，推进绿色安全施工，实现节能减排起到了推动作用。2013年发布《北京市发展绿色建筑推动生态城市建设实施方案》《北京市绿色建筑行动实施方案》，将推动住宅产业化工作列为实施绿色建筑的重要任务。

该阶段主要特征是将推进装配式建筑作为建筑业产业结构调整、实现节能减排、推进绿色施工和提升住宅品质的重要工作，按照政府引导、市场主导的工作思路，采取奖励措施，政策积极引导，营造良好的发展环境，相关政府部门分阶段发布了一系列推进住宅产业化的指导意见及政策文件，细化具体推进措施。在国内率先提出了发展住宅产业化的鼓励政策，制定了切合实际的行业管理办法，颁布了全过程质量控制和验收地方标准体系，引领了行业发展。以北京燕通、北京住总万科为代表的多家预制构件企业先后成立，促进了自动化生产技术的提升。

3. 规模化推广阶段（2014—2016 年）

除北京万科继续开发商品房装配式住宅项目外，北京市保障性住房建设投资中心相继规划建设了马驹桥、温泉 C03 地块、郭公庄一期、台湖、百子湾等装配式公租房项目，不仅规模大、主体结构预制率高，而且同时研发推广装配式装修技术，将北京市的装配式剪力墙住宅推向规模化应用新阶段。北京市先后发布《关于加强装配式混凝土结构产业化住宅工程质量管理的通知》（京建法〔2014〕16 号）、《关于在本市保障性住房中实施全装修成品交房有关意见的通知》（京建发〔2015〕17 号）、《关于发布〈北京市产业化住宅部品评审细则〉的通知》（京建发〔2016〕140 号）等相关政策文件。《北京市推广、限制和禁止使用建筑材料目录（2014 年版）》（京建发〔2015〕86 号）将“建筑工业化预制构件及部品”列为“推广使用的建筑材料”。在这一阶段《装配式混凝土结构技术规程》（JGJ 1—2014）、《装配式混凝土建筑技术标准》（GB/T 51231—2016）、《装配式钢结构建筑技术标准》（GB/T 51232—2016）和《装配式木结构建筑技术标准》（GB/T 51233—2016）等标准规范相继颁布实施，为北京市新型装配式建筑发展提供了有效技术支撑。

该阶段主要特征是采取积极稳妥的发展策略，在全市范围内不片面追求高预制率，部分项目仅采用叠合板、楼梯、阳台板等水平预制构件。在保障性住房中实施住宅产业化全覆盖，实施保障性住房全装修成品交房和装配式装修。在装配式公租房建设中，基于北京市保障性住房建设投资中心管控到位，规划建设了大量高预制率装配式住宅，结构装饰保温一体化外墙板技术得到广泛应用，总体建设规模和建设水平均处于国内领先地位。结构部品认证目录管理、套筒灌浆专业化管理、设计生产信息化管理等政策和手段，对于保证装配式建筑工程质量和部品供应起到关键作用。在京津冀一体化发展背景下，天津市、河北省针对北京市场供应的预制构件生产企业得到了快速发展。

4. 全面发展阶段（2017 年至今）

2017 年，北京市发布《关于加快发展装配式建筑的实施意见》（京政办发〔2017〕8 号），明确了北京市装配式建筑发展的具体目标、实施范围和主要措施，为装配式建筑大规模建设和发展指明了方向和实现路径，标志着北京市装配式建筑进入全面发展的新阶段。此后，北京市连续发布了《北京市发展装配式建筑 2017 年工作计划》《北京市装配式建筑专家委员会管理办法》《关于在本市装配式建筑工程中实行工程总承包招投标的若干规定（试行）》《北京市装配式建筑项目设计管理办法》《关于加强装配式混凝土建筑工程设计施工质量全过程管控的通知》（京建法〔2018〕6 号）、《关于取消产业化住宅部品目录审定有关事项的通知》（京建发〔2018〕361 号）等多个与装配式建筑直接相关的政策文件，强化保障措施，优化营商环境，创新工程质量监管模式，确保实现到 2020 年装配式建筑比率达到 30% 以上的工作目标。

（二）产业发展成果

1. 套筒灌浆装配式剪力墙结构技术日趋成熟，结构体系向多元化发展

通过十几年的研究实践，套筒灌浆装配式剪力墙结构逐步形成了“标准化”“模数化”“系列化”建筑平面和立面、构件和部品以及多要素组合的“建筑多样化”设计方法。外墙板饰面从早期的涂料、瓷砖效果向清水混凝土、瓷板反打、硅胶模板反打工艺转变。夹芯保温材料从单一挤塑板发展到与硬泡聚氨酯保温板、真空绝热板多元化并存。耐候密封胶从日本 MS 单一品种发展到与多种国产密封胶互相竞争。灌浆套筒从半灌浆套筒发展到与滚压式全灌浆套筒双雄争霸。北京市住宅产业化集团等相关单位联合研发了国际先进水平的钢筋套筒连接用低温灌浆料及冬期低温灌浆技术，研发了基于阻尼振动法的套筒灌浆饱满性检测技术，取得了显著的社会效益和经济效益。在套筒灌浆装配式剪力墙结构优化提升的同时，相关单位积极研发了多种新型装配式剪力墙技术，如珠峰科技的 EVE 装配式圆孔板剪力墙体系、北京市住宅产业化集团的装配式纵肋叠合剪力墙结构体系以及建工华创的全螺栓连接装配式剪力墙结构体系。

2. 以公租房为代表的装配式装修技术得到大面积推广应用

2014 年开始，北京市在国内率先开展装配化施工和装配式装修相结合的产业化思路，在公租房项目全面实施装配式装修，在经适房、限价房项目试点实施装配式装修。目前，针对公租房的装配式装修技术已比较成熟，正在向酒店、公寓、商品住宅和公共建筑领域拓展，其综合应用水平在全国处于领先地位。国内首部装配式装修地方标准《居住建筑室内装配式装修工程技术规程》（DB11/T 1553—2018）自 2018 年 10 月 1 日起正式实施。北

京市保障性住房建设投资中心近年来实施的装配式装修项目总建筑面积近500万平方米，总计82116套住宅。

3. 装配式建筑产业基地发展迅速

目前，北京市拥有国家装配式建筑产业基地18家（含央企），在2017年第一批总共195家产业基地中占比近10%，涵盖了开发建设、设计咨询、钢结构、预制构件、装配式装修五大类企业，特别是预制构件企业得到快速发展。2012年前北京市仅有北京榆构一家建筑预制构件企业，年产能不足5万立方米，到2018年7月北京市预制构件认证目录企业已发展到16家，年产能140万立方米。目前，京津冀为北京市供应建筑预制构件的企业超过20家，年产能超过200万立方米。

4. 高层钢结构住宅处于试点示范阶段

北京市公共建筑领域采用钢结构较多，低多层轻钢结构住宅体系也相对成熟，但高层装配式钢结构住宅建设仍处于研究探索阶段。据统计，2017年北京市51个新开工装配式建筑项目中只有4个钢结构项目，占比仅为8%。

（三）典型项目

1. 郭公庄一期公租房项目

该项目由20栋6～21层住宅楼组成，总建筑面积21.2万平方米，地上建筑面积14.7万平方米，共3002户。项目规划采用开放街区理念，打破传统封闭的小区管理模式，为居民建设一个高品质的居住环境（图2）。

图2 郭公庄一期公租房项目实景图

主体结构采用装配式剪力墙结构，预制构件包括三明治外墙板、楼板、楼梯、阳台和空调板，共 14 类，638 种规格，总计 13550 块，混凝土总体积 9000 立方米，预制率 35% ～40%。项目外立面复杂，承重装饰构件多，且要求清水混凝土饰面。首层装配全部采用 PCF 板，在北京市尚属首次，施工难度大。墙板竖向钢筋采用半灌浆套筒连接技术，三明治外墙板中保温材料为 A 级真空绝热板保温板，内外叶拉结件采用 GFRP 拉结件（Thermomass）。

项目对户型进行了精细化设计，针对较小户型面积，将标准层的公摊控制在 25% 以下，最大程度地提高了有效使用面积。通过三维设计、利用功能空间的外缘交叠部分，提高空间利用效率。标准化设计工作包括：第一，采用模块化设计思路，控制户型种类，减少非标设计；第二，厨房和卫生间高度标准化，总户数中 90% 的厨房和卫生间采用同一种模块；第三，管井标准化设计，所有户型的卫生间管道井均设在户外，检修门设在走廊；第四，土建装修一体化，按照结构与内装分离的原则进行设计。

2. 北京市城市副中心职工周转房项目

该项目为北京市重点工程，采用装配整体式混凝土剪力墙结构，建筑面积约 25 万平方米，主体结构预制率约 54%，装配式构件包括外墙板、内墙板、楼梯、阳台板、预制挂板、叠合板，总体积约 14.5 万立方米。本标段由北京城乡集团施工总承包，其装配式构件供应、钢筋套筒、灌浆料、灌浆施工以及灌浆饱满度质量控制均由北京燕通公司完成。

该项目预制墙板的纵向钢筋连接采用全灌浆套筒连接技术，套筒总量 94920 个。采用国际首创的套筒灌浆饱满度检测仪进行灌浆质量控制，测试结果显示直观，测量效率高，可在灌浆过程中及时发现不饱满或漏浆情况，有效保证了灌浆施工质量。部分楼层采用国际首创的低温灌浆料进行套筒灌浆冬期施工，发挥装配式建筑的工期优势。本工程采用了项目组研发的装配式构件储存架、新型吊具、现浇装配式构件转换层预留钢筋定位装置以及墙板快速安装精确定位器，有效提高了装配式构件安装速度和质量。

该项目的三明治外墙板在国内首次采用瓷板反打技术，对施工安装精度和装饰面层污染防护提出了高要求。采用装配式装修 2.0 版，通过穿插施工缩短了工期。

三、装配式建筑发展趋势

1. 装配式建筑新型技术体系不断涌现，绿色高质量发展理念深入人心

面对装配式混凝土剪力墙结构体系一枝独秀的局面，未来北京市装配式钢结构、装配式钢 - 混组合结构体系将得到快速发展，尤其是与结构同寿命的结构保温装饰一体化外围

护结构将取得突破性进展。百年宅建筑、超低能耗建筑建造理念得到普及，装配式装修技术从公租房快速推向商品房领域。

2. 管理模式不断创新，工程总承包（EPC）成为主流建造模式

EPC工程示范效应将快速显现，制约工程总承包招投标的政策障碍逐步化解，一体化信息管理平台逐渐成熟，工程总承包企业数量快速发展。

3. 新技术、新产品、新材料、新工艺不断涌现，智慧建造实现突破

信息化、自动化、智能化应用更加广泛。BIM应用贯穿装配式建筑全过程，在设计端的作用更加突出。自动化、智能化工厂逐渐成为常态，大量的机器人代替人工作业得以实现。智慧工地和智慧维保业务迅猛发展。

4. 京津冀一体化理念助推装配式建筑产业快速发展

大批装配式建筑产业链企业应运而生，北京市发展重点体现在技术研发、全产业链技术和规划设计方面，装配式建筑部品真正实现京津冀一体化发展。

作者简介

杨思忠，北京市住宅产业化集团股份有限公司技术总监，教授级高级工程师。主要研究方向为混凝土与水泥制品。

节能材料与设备篇

北京市建筑外窗禁限和推广的历史发展与作用

◎权燕玲

一、引言

建筑能耗在我国总能耗中所占比重为 25% ～30%，其中后续使用过程中的运营能耗在建筑能耗中占大部分。通过建筑围护结构散失损失的能耗占建筑运营能耗的 51% 左右。建筑外窗是建筑外围护结构的开口部位，窗的面积占外围护结构面积的 1/6 左右，是影响建筑节能的重要因素。因此最大限度地减少通过建筑外窗结构散失的能耗，对建筑自身的节能、环保意义重大。1986 年我国建筑节能开始起步，以 1980 年标准住宅为参照基础，采暖能耗降低 30%，即第一步节能 30%；1996 年又提出在此基础上再节约 30% 能耗，即第二步节能 50%；2004 年又进一步提出再环比节约 30%，即第三步节能，要求新建建筑达到 65% 的节能标准；2012 年第四步节能，北京率先推出执行节能 75% 的《北京居住建筑节能设计标准》。建筑节能经过了 30 年的培育成长，现已进入快速发展阶段。目前北京市节能 80% 的《居住建筑节能设计标准》和《居住建筑门窗工程技术规范》正在制订，在建和完成的超低能耗建筑示范工程近 30 万平方米，并在不断探讨被动式建筑、超低能耗建筑和零能耗建筑节能设计标准。

门窗是建筑围护结构中的重要组成部分，在节能政策的引导下，门窗人经过 30 年的不断探索研究，产品由传统组装、粗犷安装到引进国外先进技术消化吸收、自主研发，使之具备了越来越多的功能。传统的木门窗作为第一代门窗，其主要作用是采光、通风。第二代门窗是 20 世纪 80 年代的钢窗，起到了以钢代木的作用，克服了传统木门窗易开裂和变形的缺点。20 世纪 90 年代有了铝合金门窗，可以称之为第三代门窗。北京市建筑节能政策的推出和市场开放，催生了空腹保温钢窗、塑料门窗、彩色涂层钢板门窗（简称彩板窗）。进入 21 世纪后，建筑外门窗市场迅速发展。国外门窗型材、门窗五金件生产厂商纷纷进入国内市场，对整个建筑门窗行业生产技术水平的发展和推广应用起到了促进作用，加速了门窗行业的结构优化和技术创新，涌现出具有国际水平的高端产品，如指接木门窗、铝木复合门窗、玻璃钢门窗、中空玻璃内置百叶门窗等。门窗使用功能多样化，如内平开下悬窗、提升推拉门窗、微通风窗、防儿童坠落窗、隔声静音窗、智能门窗等。随着建筑节能政策的大力推进和不断深入，超低能耗建筑外窗技术也在快速发展。

二、节能门窗发展

1. 起步阶段（1986—1996 年）

1986 年我国颁布实施节能率为 30% 的《民用建筑节能设计标准（采暖居住建筑部分）》（JGJ 26—1986），标志着我国建筑节能开始起步。

在此之前，我国的建筑设计基准是 20 世纪 80 年代初期制定的建筑能耗，作为比较能耗的基础，称之为“基准建筑”。基准建筑围护结构提出的主要指标是传热系数，以下是不同气候区典型城市基准建筑的传热系数（表 1），北京建筑外窗的传热系数 K 值为 6.4W/（$m^2 \cdot K$）。

表 1　国内主要城市基准建筑的传热系数　　单位：W/（$m^2 \cdot K$）

范围	外墙	屋顶	外窗
哈尔滨（严寒）	1.2	0.77	3.26
北京（寒冷）	1.70	1.26	6.40
上海（夏热冬冷）	2.00	1.50	6.40
广州（夏热冬暖）	2.35	1.55	6.40

从 20 世纪 80 年代后期到 90 年代初，建筑外窗主要以 25 系列空腹钢窗和 32 系列实腹钢窗为主，配置单层平板玻璃，用玻璃卡子和油灰腻子固定，经风吹雨打腻子会干裂脱落，存在很大的安全隐患。开启方式基本为外平开，七字扳手。20 世纪 90 年代中期，铝合金窗以外形美观、加工简单很快被市场接受，主要有 70 系列、90 系列推拉窗，38 系列、40 系列、45 系列平开窗。推拉窗以开启方便、不占用使用空间受到欢迎，框扇间采用毛条密封，五金件有月牙锁和滑轮。玻璃安装密封首次采用了胶和胶条，相对于空腹钢窗的玻璃腻子密封是一大进步。

随着节能政策的启动，北京市建设委员会（以下简称北京市建委）在 1990 年发出节能 50% 保温钢窗项目课题，从钢窗型材压辊工艺到密封胶条的安装槽焊接后处理，玻璃首次采用了简易双层玻璃配置，胶条密封。经过反复的研究、试制，同时兼顾当时的市场承受能力，由此诞生了北京第一代钢制空腹保温窗，为节能 50% 提供技术支撑。同时，彩色涂层钢板窗、塑料窗的引进也在探索中不断推进。1993 年五部委成立了全国化学建材协调组，主要推广的产品是塑料管材、塑料门窗、防水基材；1994 年建设部下文成立了塑料门窗委员会；1995 年印发的《关于加强我国化学建材生产和推广应用的若干意见》提出，到 2000 年 PVC 塑料窗在市场的平均占有率要达到 15%。当时的塑料窗主要有欧式和美式两大体系，开启方式以推拉为主。塑料推拉窗的主要系列有 60、77、80；平开窗主要系列有 50、55、58、60，如图 1、图 2 所示。

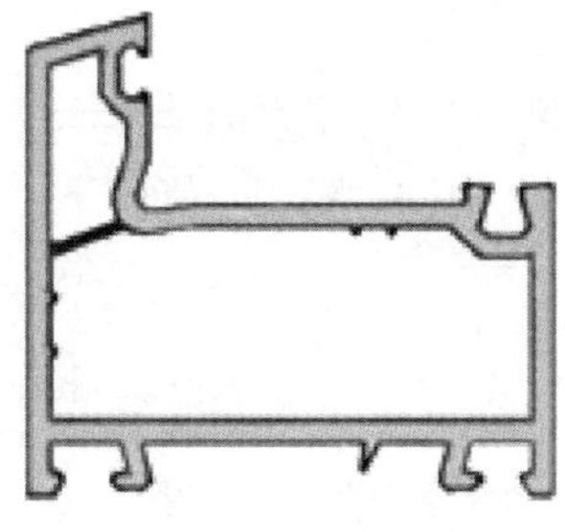

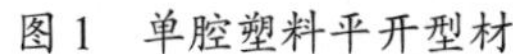

图 1　单腔塑料平开型材

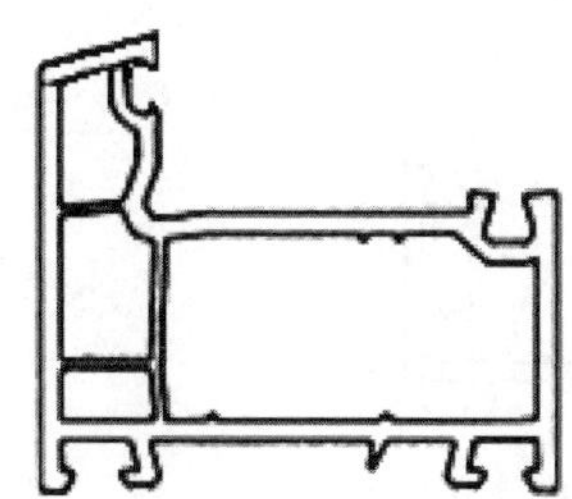

图 2　双腔塑料平开型材

2. 培育阶段（1996—2004 年）

1996 年北京市发布了节能率 50% 的我国建筑节能第一个地方标准——《钢质保温窗通用技术条件》（DB 11/068—1996）。为推进节能政策的落实，政府加大了市场督导、监管作用，鼓励推广能满足节能要求的新产品、新技术，限制、淘汰落后产品；发展节能效果好的塑料窗，推广使用保温钢窗，淘汰普通钢窗和铝合金窗。北京市建委发布的《关于限制和淘汰石油沥青纸胎油毡等 11 种落后建材产品的通知》（京建材〔1998〕480 号）规定，在住宅工程和公建工程中停止使用 32 系列实腹钢窗。在《关于公布第二批 12 种限制和淘汰落后建材产品目录的通知》（京建材〔1999〕518 号）中规定，在住宅工程和公建工程中停止使用普通实腹、空腹钢窗。

铝合金窗经过几年的实际使用后，暴露了一些问题，如型材壁薄，拉铆钉反复受力后脱落，五金件质量问题，执手、滑轮使用寿命短，最主要的是满足不了节能要求。铝合金是热的良导体，普通铝合金窗框扇材料为简单的腔体式构造，保温隔热性能差，气密性能、水密性能不好。2001 年在北京市建委发布的《关于公布第三批淘汰和限制使用落后建材产品的通知》（京建材〔2001〕192 号）中规定，在住宅及宿舍楼房中停止使用单层普通铝合金窗。考虑到安全性能，同时对外平开窗在楼房 7 层以上（含 7 层）进行了限制使用。2004 年，北京市建委发布的第四批禁限目录做出了停止使用建筑用普通单层玻璃和简易双层玻璃外窗和 80 系列以下（含 80 系列）普通推拉塑料外窗的规定。

塑料窗经过 20 世纪 90 年代中期后的引进、吸收、消化，经过 20 多年的发展，其住宅建筑市场占有率由 1994 年的 3% 迅速上升到 60% 以上，但是从开启形式上，塑料窗还是以推拉为主，占三分之二以上，平开窗以三腔室的 58 系列、60 系列为主（图 3），型材以 85、88、92 系列为主（图 4）。隔热断桥铝合金窗在节能政策的推动下被催生起来。

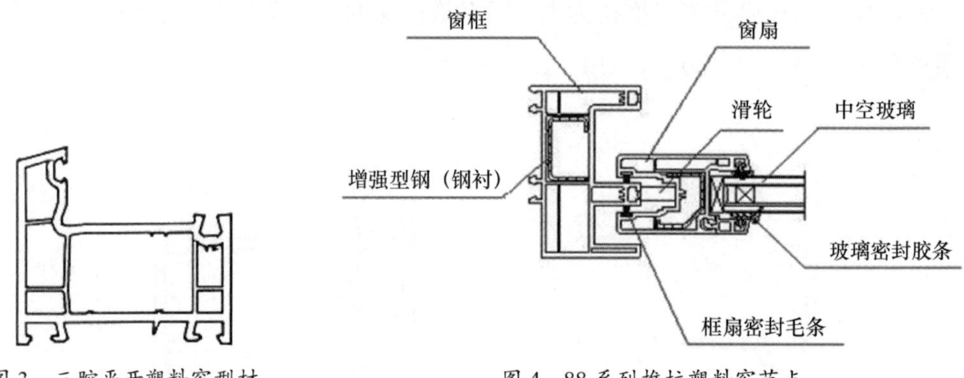

图 3　三腔平开塑料窗型材　　　图 4　88 系列推拉塑料窗节点

3. 快速发展阶段（2004—2011 年）

《建筑节能“十五”计划纲要》把“建筑围护结构体系、成套技术研究开发与工程应用及经济技术分析列入重点开展的科技项目”，党的十六大五中全会提出建设节约型社会的总体发展目标，降低能源消耗是我国“十一五”期间的重点工作，建设部 2004 年提出在北方及特大城市新建建筑实现节能 65% 的目标，制定了《公共建筑节能设计标准》（GB 50189—2005）及《建筑节能工程施工质量验收规范》（GB 50411—2007）。北京市于 2004 年和 2005 年先后颁布实施《居住建筑节能设计标准》及《公共建筑节能设计标准》，在全国新增建筑中率先贯彻 65% 的节能目标，外窗传热系数 $K \leqslant 2.8W/(m^2 \cdot K)$。2008 年国务院发布 530 号令《民用建筑节能条例》。建筑节能经过近 20 年的发展，外窗产品在技术水平方面有了很大的提高，2004 年，在北京市颁布实施的《住宅建筑门窗应用技术规范》（DBJ 01-79—2004）中，首次提出建筑外窗用玻璃必须采用中空玻璃，7 层以上严禁采用外平开窗，提出了中空玻璃的露点要求和提高舒适性的隔声性能要求。至此，推动了中空玻璃在门窗上的广泛应用。北京的建筑外窗在全国起到引领行业发展的标杆作用，在建筑节能方面走在全国的前沿。

为进一步推进建筑节能政策，2008 年北京市建委组织了《建筑外门窗推优限劣政策研究》课题，针对北京存在的实际问题，分析节能在技术和经济方面的成本，分析上游产业链是否满足节能目标以及节能产生的环保问题；客观地了解推拉窗目前的使用状况，对既有建筑进行现场调研并进行现场检测，全面调查建筑外窗使用现状，对建筑外窗使用过程中存在的问题进行分析，对现场检测性能数据进行分析，通过大量的试验数据，分析外窗传热系数 K 值由 2.8W/（$m^2 \cdot K$）提高到 2.5W/（$m^2 \cdot K$）和 2.0W/（$m^2 \cdot K$）的最低配置和增量成本，为制定节能 75% 居住建筑节能设计标准提供技术支持。

北京市政府的一系列推优限劣政策对全国的建筑节能起到积极的推动作用。65% 节能可以称作门窗生产的革命。建筑外窗的性能指标提高了，传统的来料组装加工已经不能适应新的产品要求，从人员技术、性能设计、加工工艺、生产设备、安装工艺及管理模式都有了更高的要求。产品品种趋向多样化，随着房地产市场的快速开发，门窗企业在迅速增加的同时加剧了市场竞争，塑料窗虽有良好的保温性能，但在低价中标市场的冲击下变成低端产品，更多地应用于既有建筑节能改造和新农村节能改造。普通铝合金窗自 2001 年被淘汰后，经过 8 年的蜕变，隔热铝合金窗作为商品房的卖点被市场广泛认可。随着产业政策的不断调整，门窗的工艺技术快速发展，行业的整体水平有了很大的提高，产业结构由低端向中端、高端快速发展，行业管理卓有成效。从 2008 年北京市技术监督局组织的建筑外窗抽样结果来看，在抽样的 252 个产品中，中空玻璃使用率占到 99.2%，隔热铝合金窗产品中平开窗占 95.9%。而塑料窗产品中主要以推拉窗为主（占 67.4%）。实木窗、木铝复合窗、玻璃钢窗作为高端产品市场份额不足 10%，主要用于高端别墅、会所。

表 2 是 2008 年国内不同气候区对外窗传热系数的限值规定，表 3、表 4 是 2008 年同纬度国外典型发达国家对门窗传热系数的要求。

表 2　我国不同气候区居住建筑设计对建筑外窗传热系数限值 K

单位：W/（$m^2 \cdot K$）

严寒地区	哈尔滨：北向三层玻璃，65 系列以上，K=2.0
	沈阳：0.2 ＜窗墙面积比≤0.3　K ≤2.5 0.3 ＜窗墙面积比≤0.4　K ≤2.2
寒冷地区	北京：K ≤2.8
	天津：5 层以上 K ≤2.7，4 层以下 K ≤2.5。
	济南：K ≤2.8
	西安：3 层以下 K ≤2.6，4 ～5 层 K ≤2.7，6 层以上 K ≤2.8。
	大连：K=2.2（开发商要求）
夏热冬冷地区	上海：K ≤3.2
夏热冬暖地区	广州：K ≤3.5

表 3　国外部分发达国家对外窗传热系数 K 值的要求　单位：W/（$m^2 \cdot K$）

美国	北部：$K \leqslant 2.0$	中北：$K<2.3$	中南：$K<2.3$	南部：$K=4.3$
加拿大	北部：$K=2.38$	中北：$K=2.6$	中南：$K=2.8$	南部：$K=3.1$
英国	$K=2.2$			

表 4　主要国家在北纬 40° 附近区域对外窗传热系数 K 的限值

单位：W/（$m^2 \cdot K$）

北京	$K \leqslant 2.8$
美国北部	$K \leqslant 2.0$
加拿大南部	$K=3.1$

进入 21 世纪，我国建筑门窗行业随着国内建筑市场的需求迅速发展，我国也一跃成为全世界第一大建筑门窗生产使用大国。门窗的技术含量不断上升，规模化、集成化、品牌化、国际化的门窗企业在不断增加。高端门窗产品也在引进吸收消化中发生根本性变化，由进口转向国外拓展，如大洋洲、欧洲、俄罗斯等。

4. 第四步节能 75%（2012—2018 年）

为贯彻国家和北京市有关节约能源、保护环境的法律、法规和政策，落实北京市“十二五”时期节能减排的目标，在保证居民生活热环境基本要求的前提下，进一步降低居住建筑能源消耗，《北京市“十二五”时期民用建筑节能规划》的重点工作任务中指出，“十二五”期间，北京市新建居住建筑要执行修订后的北京市居住建筑节能设计标准，节能幅度将达到 75% 以上。由于外墙保温性能的提高对建筑供暖能耗降低的贡献已经有限，低层外墙主断面传热系数要求已达到国际同气候区的先进水平，进一步确保外墙整体保温性能的重点应是提高和完善围护结构热桥部位的保温构造和节点处理技术，提高施工质量，提高围护结构保温的防潮、防水和密封性能。2012 年，北京市率先颁布了节能指标 75% 的《居住建筑节能设计标准》（DB 11/891—2012），要求建筑外窗的传热系数 $K \leqslant 2.0$W/（$m^2 \cdot K$）（表 5），提高幅度很大，对居住建筑的技术和经济影响也更大。外门窗由于其功能的多样性，要满足采光、保温、得热、隔声等各项指标的要求，因此合理的设计、产品的质量、安装技术的提高对保障居住建筑的节能效果至关重要。

为配合居住建筑节能中外窗节能的落地，2014 年北京市颁布了《居住建筑门窗工程技术规范》，在全国首次提出门窗玻璃压条必须采用室内安装，从根本上解决了玻璃拆卸及更换的问题。有效规避室外高空作业带来的安全风险，降低玻璃更换和维护成本。玻璃压条内装在行业中引起了很大的反响。

随着建筑节能的深入推进，建筑物的防火成了新的问题。2015 年国家发布实施了《建筑设计防火规范》(GB 50016—2014)，对建筑外窗保温性能和防火性能提出更为严格的要求。从市场掌握的情况来看，根据外窗的结构设计，生产企业完全有能力满足保温性能和 0.5h 耐火完整性的要求，但同时能够满足两项指标的产品还是很少的，生产企业的技术水平距标准要求还存在一定差距。尤其是外窗的安装，多数生产企业都采取了转包或分包，以协议的形式运作，对安装队和安装人员缺乏有效管理，直接影响到建筑物的使用安全和节能效果以及居住的舒适性。为促进标准的有效落实，亟须对外窗在生产、流通、施工、使用等领域存在的问题进行调研。2016 年北京市建委立项《北京市建筑外窗专项管理措施研究》，为北京市建筑外窗的持续稳定发展制定切实可行的管理办法提供支持。

表 5　全国 75% 建筑节能外窗传热系数限值　　单位：W/（$m^2 \cdot K$）

地区	整窗传热系数 K
北京市、天津市、山东省、河北省	K ≤京、津、1.8、1.5
东北地区	K ≤东北地区、1.8、1.5
上海市	K ≤上海市、2.0、1.8
江苏省、浙江省	K ≤苏、浙、2.0

隔热铝合金窗的保温除玻璃外其型材隔热条起决定作用，整窗传热系数 2.0，其型材隔热条宽度应在 24mm 以上。

不同厚度隔热条传热系数如图 5 所示。

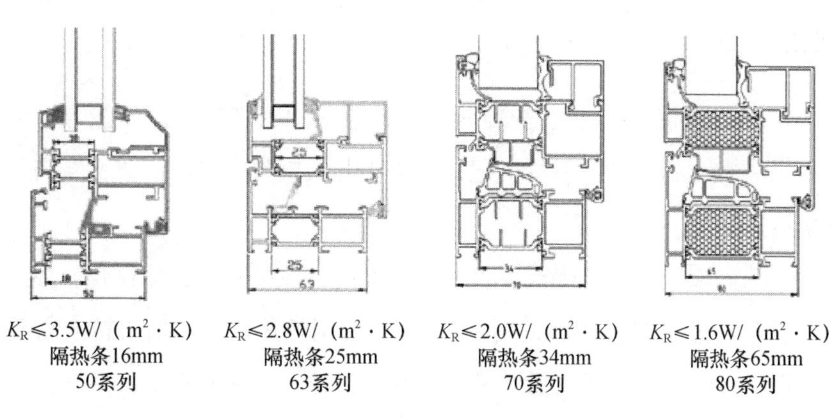

图 5　不同厚度隔热条传热系数

2.0 以下的传热系数要求对铝合金窗难度较高，除了玻璃部分，型材隔热条的尺寸加大和多腔室变化是其价格增加的主要因素。而作为高档窗的木窗、铝木复合窗、玻璃钢窗等在 75% 建筑节能以上，其价格增加幅度主要是玻璃部分，综合性价比凸显。大断面、多腔室、高性能的塑料窗也是其发挥优势的良好时机。

主要外窗品种综合优势比较见表6。

表6 主要外窗品种综合优势比较

<table>
<tr><th>品种</th><th>优势</th><th>劣势</th><th>每平方米单价</th></tr>
<tr><td>塑料窗</td><td>保温性能好，既有建筑节能改造优势突出</td><td>强度低（依靠钢衬实现，6层以下满足）、耐腐蚀性不好（紫外线、温度）</td><td>单价低。75%以上节能，更凸显其价格优势</td></tr>
<tr><td>断桥铝合金窗</td><td>强度高、美观、颜色多样，市场认可度高</td><td>保温依靠隔热条来实现，隔热条主要依靠国外品牌</td><td>65%节能，单价比塑料窗高20%，可以接受，有绝对的市场竞争力。
75%节能，单价比塑料窗高50%以上</td></tr>
<tr><td>木窗</td><td>美观、自然，有亲肤性，强度好，保温性能好</td><td>耐腐蚀性不好（紫外线、雨水、蚂蚁）</td><td rowspan="2">75%节能，单价与断桥铝合金窗相当，80%以上节能，单价比塑料窗略高</td></tr>
<tr><td>铝木复合窗</td><td colspan="2">保留了木窗的优势，室外侧解决了耐紫外线、雨水的腐蚀问题</td></tr>
<tr><td>玻璃钢窗</td><td>耐腐蚀性好、保温性好、耐火性好、强度高，严寒、沿海等恶劣环境的首选</td><td>产能低</td><td>75%节能，单价与断桥铝合金窗相当，80%以上节能，单价与塑料窗相当</td></tr>
</table>

目前北京市正在修编的《居住建筑节能设计标准》和《居住建筑门窗工程技术规范》，节能率将达到80%以上，将成为我国第一个节能率达到80%的居住建筑节能标准，外窗的传热系数需要达到1.1W/（$m^2 \cdot K$）。北京率先发布我国第五部居住建筑节能标准，在建筑外窗的节能上北京已走在了全国的前列。

三、结语

门窗产品伴随着建筑节能，经过30年的快速发展，其产品的研发能力、生产工艺和产品品质都有了非常大的提升。习总书记在党的十九大报告中指出，要不断满足人民日益增长的美好生活需要。

另一方面，从国家提出供给侧改革以来，房地产行业去库存，建筑行业去产能成为主基调；疏解非首都功能；坚持“房是用来住的”。中国经济从高速增长转向高质量发展阶段，门窗行业在诸多因素影响下，面临又一次大浪淘沙、洗牌和重组，系统窗、高品质的节能窗是行业未来发展的主流。

《北京城市总体规划（2016—2035年）》提出“转变城市发展方式，不断提升城市发展质量、人居环境质量、人民生活品质、城市竞争力，实现城市可持续发展，率先全面建成小康社会，建设国际一流的和谐宜居之都”的要求。北京市市委、市政府发布的《关于全面加强生态环境保护坚决打好北京市污染防治攻坚战的意见》提出:“大力发展装配式建筑、超低能耗建筑”。高质量、绿色发展，提升建筑品质。《北京市“十三五”时期民用建筑节能发展规划》提出：开展30万平方米超低能耗示范建设，并配套一定的政策支持。

建筑外窗还有待解决的问题：①提高行业人员整体技术水平，加快金属门窗工评价工作；②高层建筑外窗的安装；③与外窗性能匹配的副框使用；④外窗的耐火性能技术稳定性；⑤外窗人性化的使用功能的推进；⑥质量监管与验收；⑦防水隔气膜及窗台披水板；⑧外窗在后期使用中的维护保养。

作者简介

权燕玲，女，北京建筑五金门窗幕墙行业协会执行秘书长，高级工程师。主要研究方向为建筑五金、门窗、幕墙产品。

北京市建筑保温材料禁限和推广的历史发展与作用

◎林燕成

一、引言

建筑保温材料与制品是影响建筑节能的一个重要影响因素。建筑保温材料的研制与应用越来越受到世界各国的普遍重视。20 世纪 70 年代后，国外普遍重视建筑保温材料的生产及其在建筑中的应用，力求大幅度减少能源的消耗量，从而减少环境污染和降低温室效应。国外保温材料工业已经有很长的历史，建筑节能用保温材料占绝大多数，而新型保温材料也在不断地涌现。

1980 年以前，中国建筑保温材料的发展十分缓慢，经过近 40 年的努力，特别是经过近 30 年的高速发展，不少产品从无到有，从单一到多样化，质量从低到高，已形成膨胀珍珠岩、矿物棉、玻璃棉、泡沫塑料、聚氨酯、耐火纤维、硅酸钙绝热制品、保温砂浆等品种比较齐全的产业。而一段时期以来，尽管我国经济得到高速发展，但大多依靠高耗能、高污染、低效率、低水平的传统粗犷型发展方式拉动，由此产生了诸如环境严重污染、能源过度消耗、资源大量浪费等一系列严重问题。我国的建筑保温材料市场也存在着类似问题。

北京市建筑节能开展得比较早，在 20 世纪 80 年代以前已经进行过一些研究和实践。20 世纪 80 年代中期，国外的企业到我国推广墙体与屋面节能技术，进一步推动了北京市建筑节能事业的发展，建筑保温材料也得以丰富。北京市建筑节能度过了 30 多年的成长岁月，现已进入迅速发展的阶段。据统计，目前北京市《居住建筑节能设计标准》的节能水平，从 1988 年版的节能 30%，逐步发展到 1996 年版的节能 50%、2004 年版的节能 65%、2012 年版的节能 75%，现在正在制定节能 80% 的设计标准，并在探讨更高的被动式建筑、超低能耗建筑或零能耗建筑节能设计标准；节能居住建筑从不足 1000 万平方米发展到超过 3 亿平方米，占总居住建筑的 70% 以上；从居住建筑发展到公共建筑；从新建建筑节能发展到既有建筑节能改造；从城镇建筑开展节能发展到农村建筑节能；施工方法从现场湿抹手工操作发展到现代化装配式施工。

经过多年的发展，通过不断研究、开发、引进，围护结构保温技术已有了长足发展。一方面自主研制开发的围护结构保温技术纷纷推出，另一方面国外围护结构保温技术不断被介绍进北京市，出现了百花齐放的可喜局面。大批的节能建筑不仅实现了节能减排，而且由于建筑物热稳定性好，冬暖夏凉，居住舒适，受到了住户的广泛欢迎。

首先是粘贴聚苯乙烯泡沫板（简称聚苯板或 EPS 板）外抹玻纤网格布增强的聚合物水泥砂浆外墙保温体系的试点应用，接着冶金建筑研究总院、北京市建筑设计研究院等单位在国内率先进行墙体与屋面保温试点工程，同时对重墙、轻墙及预制墙体构件等不同构造体系进行了保温试验，均取得了一定节能示范效果。20 世纪 80 年代后期，北京市建筑设计研究院与石膏板厂共同开发了聚苯乙烯石膏复合保温板，用于墙体内保温。90 年代初期，在建设部及各省市建委的领导下加大了墙体与屋面节能工作的推进力度，国内一些科研单位及企业开发了多种墙体及屋面保温节能技术，其中，典型的有仿专威特的 EPS 贴板法系统、ZL 胶粉聚苯颗粒保温浆料系统、现浇混凝土复合有网或无网 EPS 板外保温系统、EPS 钢丝网架板后锚固外保温系统、喷涂硬泡聚氨酯外保温系统、装配式龙骨薄板外保温系统以及多种预制外保温板系统等；屋面有普通保温屋面、倒置式屋面、种植屋面、蓄水屋面、绝热反射膜屋面等。

在学习和引进国外先进技术的基础上，我们研发并推广应用了众多采用不同材料、不同做法的墙体与屋面节能技术，已相继开发出泡沫聚苯乙烯、泡沫聚氨酯、改性酚醛泡沫、岩棉、矿渣棉、玻璃棉、岩棉、加气混凝土、胶粉聚苯颗粒、膨胀玻化微珠等多种保温材料技术，但目前由于价格等因素影响，墙体与屋面节能工程仍以泡沫聚苯乙烯板为主，北京市建筑保温用材泡沫聚苯乙烯占 85% 以上，其中“薄抹灰”系统占 65% 以上。

随着我国建筑外墙保温技术的不断发展，国内一些高校、科研院所、企业和专家也对建筑外墙保温技术理论进行了探讨，提出了三大技术理念：（1）外保温优于内保温；（2）保温构造中相邻材料的变形应协调；（3）保温构造中不应存在开放式空腔。

二、第一阶段（1986—1996 年）

1986 年，我国颁布实施节能率为 30% 的《民用建筑节能设计标准（采暖居住建筑部分）》（JGJ 26—1986），标志着我国建筑节能正式起步。在此之前，我国科研、设计、施工和建材生产单位开展了多种形式外墙保温的技术研究，也对外墙外保温技术进行了试验研究。从20世纪80年代后期到90年代初，以模塑聚苯板（EPS板）与石膏复合保温板为代表的多种外墙内保温技术，因其生产和施工比较简单，工程造价比较低，能满足当时30%节能率的需要，而成为外墙保温的主要形式，主要应用于我国北方采暖地区，而北京市也是这种技术的主要应用地区之一。此外，膨胀珍珠岩、复合硅酸盐保温砂浆等产品也在北京市占有一定的市场。经过实践，外墙内保温技术在北方寒冷、严寒地区的缺陷日益显露，生产和施工质量难以控制，致使工程出现的问题较多，如室内外温差过大易形成冷凝结露、内墙发霉等问题，因而外墙内保温技术逐渐被市场淘汰。但在这一阶段，由于北京市乃至全国的建筑保温均处于起步阶段，属于推广阶段，因此对各种建筑保温材料均采取接受和推广的态度，所以政府没有出台限制或禁止建筑保温材料的文件。

三、第二阶段（1996—2004年）

1995年，我国发布实施50%建筑节能设计标准，北京市根据该标准制定了相应的实施细则。1996年召开的全国第一次建筑节能工作会议，总结了前一阶段的工作经验，提出了努力的方向，把推广外墙外保温技术作为工作的重点。1998年1月1日，我国颁布实施了《中华人民共和国节约能源法》，明确提出："节能是国家发展经济的一项长远战略方针"。自此，我国加大了外墙外保温技术的研究和应用力度，自主开发了多种外墙外保温系统，包括粘贴EPS板薄抹灰外墙外保温系统、胶粉聚苯颗粒外墙外保温系统、现浇混凝土复合有网/无网EPS板外墙外保温系统、EPS钢丝网架板后锚固外墙外保温系统等，适应了建筑节能50%对外墙保温的要求。

在这一阶段，北京市实施节能50%建筑节能设计标准，大力推广外墙外保温技术，限制外墙内保温技术的发展，因此在2000年3月淘汰了用于外墙内保温的保温效果差、达不到建筑节能50%要求的黏土珍珠岩保温砖、充气石膏板。同时在2000年3月淘汰了用于外墙内保温的质量低下的、性能差、产品易翘曲、产品易泛卤、龟裂的菱镁复合保温板和菱镁复合隔墙板。为了确保工程质量和建筑节能水平，北京市从2000年1月开始限制墙体内保温浆料（海泡石、聚苯粒、膨胀珍珠岩等）在混凝土墙（含混凝土砌块墙体）的内保温工程上使用，因为这些材料存在易脱落、保温性能差、热工性能达不到建筑节能50%的要求等问题；2004年，北京市进一步限制以膨胀珍珠岩、海泡石、有机硅复合的墙体保温浆（涂）料在混凝土及混凝土砌块外墙内、外保温工程中使用，认为这些材料热工性能差、手工湿作业不易控制工程质量。2001 年 10 月，为了提高建筑节能工程的质量，强制淘汰了未用玻纤网布增强的水泥（石膏）聚苯保温板，并限制保温性能差的水泥聚苯板（聚苯颗粒与水泥混合成型）在外墙内保温工程中使用；2004 年，北京市进一步限制产品保温性能差的水泥聚苯板（聚苯颗粒与水泥混合成型）在各类墙体内、外保温工程中的使用，但还允许在屋面保温工程中使用。

通过这一系列的政策，北京市在这一阶段的外墙内保温技术及其相应的内保温材料因热桥难以克服在应用上受到了极大的限制，而外墙外保温技术及其相应的保温材料得到了积极的推动与发展，在北方地区形成了外保温优于内保温的共识。在这期间，北京市大量推广应用了胶粉聚苯颗粒外墙外保温系统（图 1）、模塑聚苯板薄抹灰外墙外保温系统、现浇混凝土模板内置 EPS 板外墙外保温系统（图 2），保温材料以胶粉聚苯颗粒保温浆料和 EPS 板为主。

图 1　北京望京小区工程

四、第三阶段（2004—2009 年）

21 世纪初，北京、天津等一些城市先后实施建筑节能 65%，促进了外墙外保温技术的进一步发展。我国又自主研发了一些新的外墙外保温系统，包括喷涂硬泡聚氨酯外墙外保温系统、胶粉聚苯颗粒贴砌聚苯板外墙外保温系统等。外墙外保温相关的技术标准和图集也得到了不断的完善和充实，推动了外墙外保温技术和产业的发展。多种外墙外保温系

图2 北京建筑设计研究院住宅楼

统在工程中得到了大面积应用，行业内成立了外墙外保温协会，有关单位还编撰出版了《外墙外保温技术》《外墙保温应用技术》《外墙外保温技术百问》《墙体保温技术探索》《外墙外保温施工工法》《外墙外保温系统中的质量问题及对策》《建筑节能工程施工技术》等众多专著，从理论与实际的结合上对外墙外保温技术进行了论述；同时，行业内开始了对外墙外保温防火技术和耐候性试验等基础试验的研究，取得了相应的技术成果，出版了《外墙外保温体系防火等级评价标准的技术研究》等书籍，发展了外墙外保温技术，尤其在外墙外保温构造防火技术上有独到之处，在技术领域与欧美全面接轨的基础上，又结合我国国情进行了新的探索。

在此期间，北京市继续于2007年发文重申禁止使用未用玻纤网布增强的水泥（石膏）聚苯保温板、黏土珍珠岩保温砖、充气石膏板、菱镁类复合保温板及菱镁类复合隔墙板等强度低、易开裂、保温效果差、易龟裂的保温材料；而前几期限制使用的水泥聚苯板（聚苯颗粒与水泥混合成型）、以膨胀珍珠岩、海泡石、有机硅复合的墙体保温浆（涂）料等仍被限制使用。为了提高节能效果，满足65%节能设计标准的要求，2008年，北京市开始限制聚苯颗粒、玻化微珠等颗粒保温材料与胶结材料混合而成的保温浆料单独作为保温材料用于外墙外保温工程中。

北京市通过这一期禁限目录的实施，催生了外墙外保温复合保温技术的发展，即外墙外保温不再局限于采用单一的保温材料，而是采用多种保温材料复合构成复合保温材料层，最典型的做法就是胶粉聚苯颗粒贴砌聚苯板外墙外保温系统，该系统是胶粉聚苯颗粒保温浆料外墙外保温系统和EPS板薄抹灰外墙外保温系统优点的综合，采用满粘无空腔的柔性构造做法，充分发挥了EPS板薄抹灰外墙外保温系统保温性能优异和胶粉聚苯颗粒保温浆料外墙外保温系统抗裂、抗风、防火、耐候的优势，使胶粉聚苯颗粒浆料焕发了新的生机，并扩展了EPS板、XPS板、聚氨酯板的使用范围，图3是采用胶粉聚苯颗粒贴砌EPS板外墙外保温系统的一个典型工程。

图 3　北京西局欣园

聚氨酯材料是国际上性能最好的保温材料。硬质聚氨酯具有很多优异性能，在欧美国家广泛用于建筑物的屋顶、墙体、顶棚、地板、门窗等作为保温隔热材料。欧美等发达国家的建筑保温材料中约有 49% 为聚氨酯材料，而在中国这一比率尚不足 10%。2004 年，北京市率先按 65% 节能设计标准试点使用了喷涂硬泡聚氨酯外墙外保温系统（图 4），取得了比较好的效果，北京市建委组织相关专家召开了现场工程鉴定会（图 5）。

图 4　北京窦店山水汇豪苑小区

图 5　喷涂硬泡聚氨酯外墙外保温工程现场鉴定会

自从北京市居住建筑实行节能 65% 设计标准以后，外墙内保温节能技术在北京市已很少应用，一些保温性能比较差的保温材料虽然没有被政府发文禁止，但也在市场竞争中被淘汰出局。

五、第四阶段（2009—2014 年）

2009 年年初的央视在建大楼着火让大家终于认识到保温材料防火的重要性，催生了防火保温材料的发展。公安部、住房城乡建设部联合制定了《民用建筑外保温系统及外墙装饰防火暂行规定》（公通字〔2009〕46 号文），对外保温工程防火提出了更高的要求，2014 年发布的国家标准《建筑设计防火规范》（GB 50016—2014）对建筑保温的防火要求基本上采用了《民用建筑外保温系统及外墙装饰防火暂行规定》的相关规定，对不同建筑高度及建筑类型所用保温材料的燃烧性能等级和防火构造提出了严格的要求。

墙体与屋面保温系统复合在结构墙体外侧，其本身的燃烧性能和耐火极限无论是抵抗相邻建筑火灾的侵害，还是阻止火势的进一步蔓延都是很重要的。在国家节能技术政策和节能标准的推动下，我们墙体与屋面节能技术正在迅速发展，但对保温系统防火技术的研究重视十分不够。在国外，一般规范都要求保温系统和绝热材料做燃烧性能和耐火极限试验（并考虑燃烧时烟气及毒性）。

高层住宅建筑比多层住宅建筑的防火等级要求更高。高层住宅建筑的保温层应具有良好的抗火灾功能，材料强度和体积也不能损失降低过多；否则，就会对住户或消防人员产生伤害，会对施救工作造成巨大的困难。

公共建筑的保温系统防火标准应进一步提高；大型公建工程其保温材料应使用什么样的保温材料也应进一步研究试验。

因此，为了提高墙体及屋面保温的防火安全性，2010 年北京市发文推广使用岩棉防火板、条用于民用建筑外保温系统防火隔离带和临时居住建筑，以提高有机保温系统的防火能力，防止火灾蔓延。同时，对有机保温材料的使用范围也提出限制：①模塑聚苯乙烯保温板、挤塑聚苯乙烯保温板因其燃烧性能达不到 A 级而易发生火灾事故，不允许用于建筑高度≥100 米的居住建筑以及建筑高度≥50 米的公共建筑和幕墙构造建筑的外保温系统中；②金属面聚苯夹芯板、金属面板直接与硬泡聚氨酯相接的夹芯板因其燃烧性能达不到 A 级而易发生火灾事故，不允许用于临时性居住建筑中。

随着这些政策的出台，北京市防火保温材料得到了发展。由于外保温系统多数采用的是有机保温材料，无法达到燃烧性能等级的 A 级，均需要防火隔离带，因此防火隔离带材料需求大增，岩棉、玻璃棉、酚醛、各种无机保温砂浆或板材（诸如泡沫混凝土板等）均被用于防火隔离带，而岩棉的应用最为广泛。但是岩棉由于强度低、易吸水、施工扎手、岩棉纤维易粉尘等原因也饱受质疑，为此，一些企业开发出了复合岩棉板，就是将多条同厚度的岩棉条拼装成的板材为芯材，板材长度方向四个面（或两个大面）具有 2 ～5 毫米厚玻纤网聚合物砂浆增强防护层的预制保温板材，这种复合岩棉板改变了纤维分布受力方向，四面裹覆耐碱玻纤网复合聚合物砂浆后形成了新的独立受力单元，改变了原裸板岩棉重要的物理性能，提高了抗拉、抗压、憎水及耐久性等性能，并解决了岩棉纤维伤害皮肤的问题，起到良好的劳动保护作用，从而有利于岩棉材料应用于防火隔离带或外墙外保温系统中。同时，为了增强外墙外保温系统的防火性能，部分企业在构造防火方面也进行了大量研究，提出了无连通空腔、防火隔断、增加防火保护层的构造防火三要素，提高了有机保温材料外墙外保温系统的防火能力。而在有机保温材料的研究方面，提出了热固性保温材料防火性能优于热塑性保温材料的观点，并在北京开展了热固性保温材料的应用。为了提高保温材料的防火性能，这阶段开发出不少难燃或不燃的新型保温材料，这些新型的有机保温材料有石墨 EPS 板、石墨 XPS 板、真金板等，无机保温材料包括真空绝热板、发泡陶瓷保温板、气凝胶等。

在这一阶段，北京市限制了非耐碱型玻璃纤维网布应用于外墙外保温工程中，因其耐碱性差，不能保证砂浆层的抗裂性能，因此无法保证外墙外保温系统的耐候耐久性能。同时，北京市也首次限制了树脂岩棉应用于管道保温工程中，因其生产耗能大，施工过程中对工人健康危害大且保温效果差。

六、第五阶段（2015年至今）

2015年以后，北京市还未发布新版的《北京市推广、限制和禁止使用建筑材料目录》，而建筑保温材料的发展又走出新的路线，推广应用绿色、高效的建筑保温材料成为了北京市的一个方向，而推广应用保温装饰一体化、保温结构一体化保温材料也在北京有所开展，而室内环境的舒适性也是这一阶段追求的目标。新型保温系统、超低能耗建筑、绿色建材、被动式或超低能耗建筑、装配式建筑，均要求发展高效的节能环保型保温材料和系统。建筑保温材料研究向系统化研究转变的趋势已越来越常态化（包括材料适应性、匹配性，保温、防水、装饰一体化，被动式、装配式、结构自保温房屋等应用研究）。

从“十三五”开始，北京市进入快速发展高峰阶段，随着政策扶持及人们环保意识的提高，也不断加速行业向“五性五化”即系统“保温性、装饰性、安全性、经济性、耐久性”，产品“工业化、规范化、多样化、绿色化、智能化”高品质配套发展。

建筑工业化是建筑技术发展的一个方向，建筑工业化的特征之一是减少现场加工性施工，迁移至工厂预制、现场安装。建筑工业化便于品质控制和标准化生产，促进建筑质量和劳动效率的提高，降低露天作业劳动强度。人力成本的提高，一定程度上促进了建筑工业化的发展。就建筑外保温而言，保温装饰一体化的发展很好地体现了建筑的工业化。所谓保温装饰一体化，是指将EPS、XPS、聚氨酯、酚醛泡沫或无机发泡材料等保温材料与多种造型、多种颜色的金属装饰板材或无机预涂装饰板进行有机复合。复合保温板材完全在工厂里流水化制作，使其保温节能与装饰功能一体化，以达到产品预制化、标准化、组合多样化、生产工厂化、施工装配化的目的（图6）。保温装饰一体化体系的工程一致性好，质量较为稳定，饰面品种较多，施工快捷，易于控制，能够在一定程度上克服当前其他外墙外保温节能系统手工施工效率低、容易开裂、装饰性差、使用寿命短等缺点，是一种综合性价比优越的外墙外保温节能体系。它的出现将对传统的涂料行业和保温行业产生重大影响，具有良好的市场发展前景。

七、结语

通过30多年的研究和实践，北京市淘汰了一批保温性能差、质量难以控制、生产耗能大的墙体保温材料，并对一部分墙体保温材料的使用范围进行了限制，但基本没有建议

(a) 仿石材平面/平面复合

(b) 仿墙砖平面/平面复合

(c) 薄型石材平面/平面复合

(d) 金属包裹压型板

(e) 夹芯复合

(f) 金属包裹板

图 6　保温装饰一体化板的形式

推广应用的墙体保温材料名单。

对于屋面保温没有提出禁止和限制要求。屋面保温可采用板状、块状高效保温材料或加贴绝热反射膜的保温材料、整体现浇保温材料作为保温层；屋面隔热可采用架空、蓄水、种植或加贴绝热反射膜的隔热层。架空屋面宜在通风较好的建筑物上采用，种植屋面根据地域、气候、建筑环境、建筑功能等条件，选择相适应的屋面构造形式。因此屋面保温材料还是采用市场机制来选择和淘汰。

对于管道保温仅限制了树脂岩棉，其材料主要还是靠市场自主选择。

随着节能设计标准的提高和技术的进步，北京市建筑节能出现了以下一些变化：

（1）墙体保温系统的变化：在建筑节能初期，为了便于施工，市场上占主导地位的是外墙内保温系统；随着建筑节能指标的提高，外墙内保温系统已经无法满足节能需要，这时，外墙外保温系统成了市场的主体；随着建筑节能设计标准的进一步提高，自保温系统得到了发展，自保温系统包括自保温墙体与外保温系统的结合、夹芯保温构造、结构保温一体化等。

（2）保温材料的变化：在 20 世纪八九十年代，保温材料技术刚起步，保温材料以浆料为主，施工时采用现场抹灰方法，同时还存在一些保温效果比较差的无机保温板材；随着节能设计标准的提高，浆料逐步退出北京市场，而有机保温板材成为市场的主体，包括模塑聚苯板（EPS 板）、挤塑聚苯板（XPS 板）、聚氨酯板等；现在，随着节能标准的进一步提高和国家政策的推动，装配式保温板材也在市场上占有一定份额，新型保温材料也在不断研发出来。

（3）适用建筑的变化：节能初期，建筑节能主要在新建居住建筑上开展；建筑节能技术发展到一定程度，建筑节能在新建公共建筑中也陆续开展了起来；到 21 世纪初，建筑节能在既有建筑节能改造、农村建筑上也得到了充分应用，建筑节能在北京市所有建筑中均已开展起来。

作者简介

林燕成，北京振利高新技术有限公司副总工，硕士研究生学历，主要从事外墙外保温产品与系统及其专利、标准、图集研究。

北京市助推太阳能光热产业发展

◎谷秀志

一、引言

太阳能是清洁可再生能源，是 21 世纪以后人类可期待的、最有希望的能源之一。太阳能热水器把太阳光能转化为热能，将水从低温加热到高温，以满足人们在生活、生产中的热水使用。太阳能热水器是我国在太阳能热利用领域具有自主知识产权、技术最成熟、产业化发展最快、市场潜力最大的技术，也是我国在可再生能源领域唯一达到国际领先水平的自主开发技术。

无论应用最广的全玻璃真空管集热器，还是目前在工程项目中得到广泛应用的平板集热器，这些技术都是起源于北京，北京可以说是中国太阳能热水器技术的摇篮。北京、云南、山东、江苏、浙江并称为我国太阳能热水器 5 大生产基地。据 CSTIF 的有关数据统计，北京市企业 150 家，其中整机企业 110 家，配件设备类企业 40 家，占全国数量 5.4%。北京有清华阳光、北太所、天普等行业的知名企业，在太阳能热利用方面研究比较早，技术研发基础好，为太阳能热利用的技术研发及市场推广应用等方面做出了卓越贡献。

二、研发技术贡献

我国第一个太阳能光热实用工程是 1965 年由北京市建筑设计院研制开发的北京天堂河农场公共浴室，该项目集热器面积为 95m^2，由 19 个采热单个箱体组成，储水箱容积 12t，其水温夏季可达 50 ～60℃，虽然该项目热水器原理比较简单，但对我国太阳能热水器的发展产生了深远的影响。

太阳能热水器初期多采用传统闷晒式（如黑水桶、黑水袋等），经过一天太阳能光照射，可将水加热到可用的温度。闷晒式太阳能热水器的优点是结构简单，成本低，易于推广和使用。缺点是保温效果差，热量损失比较大，缺乏相关的保温措施，所获得的热水只能在当天晚上半夜以前使用，太阳能热水器的适用性受到很大的限制。

全玻璃真空集热管的技术专利，使得我国在太阳能热水器的核心技术方面达到国际领先水平。1984 年，清华大学的殷志强教授发明了太阳能真空集热管，这项具有自主知识产权的“磁控溅射渐变铝－氮 / 铝太阳能选择性吸收涂层”专利技术，积极推动了太阳能热水器技术的不断创新、应用及产业化。该专利技术先后获得了国家发明三等奖、国家科技进步二等奖和世界太阳能大会维克斯事业成就奖等多个奖项。北京清华阳光能源开发有限责任公司对该项技术进行转化，为我国成为世界太阳能强国起到奠基的作用。

国际合作加速推动我国太阳能热利用技术发展。1986 年 5 月，北京市太阳能研究所从加拿大引进了“铜铝复合太阳条”生产线，填补了我国太阳能产业的一项空白，极大地提高了太阳能热水器的生产效率和质量，为下一阶段产业的规模化奠定了良好的基础。

1992 年，北京天普首创太阳能家用热水器圆形水箱，成为至今行业标准主流产品。1996 年北京天普创建了被行业沿用至今的太阳能经销商营销模式，1998 年，北京天普首创直径 58mm 玻璃真空集热管，成为至今行业主流产品。

桑普与德国奔驰集团进行科技合作，推出了具有国际领先水平的热管式真空管太阳能集热器。这种热管式真空管集热器相对于平板集热器和全玻璃真空管而言，具有传热速度快（铜导热速度的 1 万倍）、抗冻性能好（在南极－80℃的环境下不冻损）、可靠性高等特点，可广泛应用于太阳能热水、太阳能采暖、太阳能制冷空调、太阳能沥青熔化、太阳能海水淡化、太阳能工业用热等领域。桑普的这一创新，引领整个行业实现了又一次飞跃，并将我国的太阳能行业水平提升到与国际同步发展的高度。这也使得桑普曾连续多年在国内保持出口量首位。此后，我国的太阳能热水器行业保持着旺盛的生命力，一直快速地进行着更新换代和设计研发。

三、产业化贡献

进入 20 世纪 90 年代，随着技术进步和企业规模的扩大，太阳能热水器逐步形成了以真空管、平板为主的产品系列，实现了产品的系列化和规模化生产。太阳能热水器市场形成快速增长，不断有新兴的太阳能热利用企业加入进来，其间在行业内掀起了两次生产制造高潮。第一次是在 1998 年，山东、江苏、浙江三省纷纷上马太阳热水器，使全国太阳能热水器生产企业突破 2000 家，从业人数达 50 万人（含经营商、业务员及安装工人）；第二次是在 2002 年，山东、江苏、浙江三省太阳能热水器厂家再次蜂拥而起。

2000年以后，住宅商品化的发展以及家庭对热水需求的大幅度增长，为太阳能热水器的发展提供了巨大的市场空间，我国太阳能热水器行业持续保持了健康发展。

2006年，据中国农村能源行业协会太阳能热利用专业委员会报告显示：行业第一阵营分别是皇明、清华阳光、华扬、太阳雨、辉煌、亿家能、力诺瑞特、四季沐歌、桑乐太阳能等总共20家骨干企业（全部位于东部沿海发达地区，其中有7家产品在2005年被评为中国名牌产品，12家被评为免检产品，产值超过亿元的企业有17家）。20家骨干企业的总销售额占太阳能热水器行业总销售额的30%。

2007年9月19日，国家环保总局环境认证中心举行中国环境标志太阳能标准颁布新闻发布会暨中国环境标志太阳能产品认证颁证仪式，国家环保总局颁布了《环境标志产品技术要求家用太阳能热水系统》和《环境标志产品技术要求太阳能集热器》两项标准，分别从热性能、健康安全和光污染三个方面对产品提出了技术要求及其检验方法。这标志着国家不仅注重使用环保，而且要在设计、生产、使用、废弃全过程都注重环境行为，使之成为真正的“绿色产品”。明确的能量供给和环保健康标准，便于行业对照实施，使不合格的小作坊不再有蒙混过关的机会，从而提高了太阳能热水器行业的发展水平。这也为以后实施的节能惠民工程提供了依据。

2009年对中国太阳能企业来说是个好年份，国家在政策上出台一系列措施支持太阳能企业的发展。家电下乡政策带动了老百姓的消费，促进了企业销售。一批中小太阳能企业借助下乡迅速发展，在产量、销售规模、品牌影响力、内部组织架构以及渠道建设等方面，都取得了长足的发展和提升。

家电下乡补贴之后，节能惠民工程开启了太阳能热水器的第二次征程。与家电下乡相比，节能惠民工程入围企业数量少，企业品牌含金量更高。有关专家表示，惠民工程265亿元的节能家电补贴政策中，太阳能热水器占15%以上，近40亿元的补贴规模，约可补贴1000万台，而1000万台太阳能热水器的需求量给行业的发展带来很大的空间。

随着家电下乡和惠民工程结束，太阳能热水器市场增速开始放缓，这主要是因为太阳能热水器在农村市场快速普及，同时透支了市场。随着城镇化进程加速，太阳能热水器与建筑结合成为行业发展的又一驱动力。

2014年3月国务院印发了《国家新型城镇化规划（2014—2020年）》，提出到2020年，常住人口城镇化率由当前的53.7%提升到60%左右，户籍人口城镇化率由36%达到45%左右，城镇化是未来一段时间拉动中国经济增长的最大动力，巨大的市场潜力也将成为太阳能热水器发展的新契机。

四、北京持续推动太阳能热利用发展

2008 年，北京市为落实节能减排技术的推广应用，拟建设百所阳光校园和百座太阳能集中浴室（“阳光双百”工程），进一步提高新能源占全市能源消耗总量的比重。“阳光双百”项目以太阳能为主要热源，不会对空气造成污染，既节能又环保。

2010 年，北京市发布了《北京市加快太阳能开发利用促进产业发展指导意见》（以下简称《意见》）。《意见》指出了北京市太阳能发展的主要目标：到 2012 年，太阳能集热器利用面积达到 700 万平方米，太阳能发电系统达到 70 兆瓦，太阳能产业产值超过 200 亿元；到 2020 年，太阳能集热器利用面积达到 1100 万平方米，太阳能发电系统达到 300 兆瓦。

长期以来，太阳能热水器一直是房屋建成后才由用户购买安装的一个后置部品。随着太阳能热水器在城市建筑上应用的增加，一系列问题和矛盾也逐渐显现，特别是对建筑物外观和房屋相关使用功能造成的影响和破坏，严重制约了太阳能热水器在城市建筑上的推广应用。

为了提高人民群众生活质量，促进节能减排，北京市住房和城乡建设委员会和北京市规划委员会联合出台了《北京市太阳能热水系统城镇建筑应用管理办法》并于 2012 年 3 月 1 日起施行。新建城镇居住建筑以及宾馆、酒店、学校、医院、浴池、游泳馆等有生活热水需求并满足安装条件的公共建筑，应当配备生活热水系统，并应优先采用工业余热、废热作为生活热水热源。不具备采用工业余热、废热的，应当安装太阳能热水系统，并实行与建筑主体同步规划设计、同步施工安装、同步验收交用。

新建建筑安装太阳能热水系统的投资，将由建设单位纳入项目建设成本。今后，开发商要在售楼处公示小区太阳能热水系统的类型和辅助能源形式，并将公示内容和产权归属等情况写入房屋买卖合同，在《住宅质量保证书》《住宅使用说明书》等文件中，写明热水系统户内设施的技术指标、使用方法、维修及养护责任、保修年限、使用年限等信息。而已有的老楼，政府也鼓励通过改造安装使用太阳能热水系统，经过 2/3 以上的业主同意，就可以安装。2014 年 8 月 1 日实施的《北京市民用建筑节能管理办法》中鼓励在民用建筑中推广使用太阳能、地热能、生物质能、风能等可再生能源。这些政策的出台为太阳能热水器建筑一体化的发展提供了方向，推动了太阳能热水器工程市场的发展。

太阳能工程市场发展过程中，部分太阳能热水系统出现了些问题。由于太阳能热水系统温度受太阳辐射影响，阳光充足情况下，集热管路中介质温度可接近100℃，许多工程中使用聚丙烯管、钢塑复合管作为太阳能集热管路，导致系统因高温过热而出现问题。采用聚丙烯管的集热管路中，常出现过热变形，造成系统损坏；而钢塑复合管常出现内衬脱落，出现介质跑冒滴漏等事故。

针对这一现象，北京市住房和城乡建设委员会于2015年年初发布了《北京市推广、限制和禁止使用建筑材料目录（2014年版）》的通知，在太阳能建筑应用系统设备中限制了聚丙烯管、钢塑复合管在太阳能集热系统管路高温部分的应用，加强了太阳能工程的质量要求，使得局部管路过热问题得到了改善，为太阳能集成推广提供了有效的技术保障，并继续推荐太阳能技术，表明政府在可再生能源领域推广的决心。

《北京市进一步促进能源清洁高效安全发展的实施意见》（京政办发〔2015〕28号）指出，大力发展新能源和可再生能源；加快发展地热和热泵供暖，推进深层地热和再生水、地埋管、余热等热泵系统的开发利用；合理利用太阳能，在工业园区、学校、工商业企业和大型公共建筑等场所推广使用分布式光伏发电系统，推进太阳能光热系统建筑一体化应用；因地制宜发展生物质能，积极推进城市生活垃圾能源化利用，大力推进清洁供热；继续加大燃煤供热设施清洁能源改造力度，全市清洁能源供热比率超过90%，城六区基本实现清洁供热；在远郊区县乡镇及农村地区重点发展小型清洁供热设施替代现有燃煤锅炉，推广应用电采暖及太阳能、热泵等清洁能源供暖。

近年来，太阳能热水器行业整体销量下降，倒逼企业加快创新和调整步伐。一些企业抓住政策机遇，发展重心从太阳能生活热水向太阳能供暖转变。北京市推动太阳能在农村采暖以及农业温室大棚等领域的利用，也做出了一系列示范项目。

2016年3月3日，北京市人民政府办公厅印发了《关于印发大气污染防治等专项责任清单的通知》，指出全面关停燃煤电厂，积极组织推进热泵、太阳能等清洁能源采暖；2017年2月28日，京新农办函〔2017〕4号文《北京市2017年农村地区村庄冬季清洁取暖工作推进指导意见》提出鼓励使用“太阳能+辅助加热”设备的新技术、新设备。一系列政策的提出快速推动了太阳能供暖的发展，成功案例日益增多，大部分采暖期运行费远低于单一电、天然气和热泵采暖系统。

五、绘光热发展新蓝图

北京市“十三五”能源规划提出，实施百万平方米太阳能集热系统利用工程。在新建居住建筑及有集中热水需求的公共建筑推广使用太阳能热水系统。重点推进医院、酒店、学校等机构实施太阳能热水系统改造。在村镇公共建筑、农村住宅推广使用太阳能热水系统。在新建的低密度城镇建筑、农村建筑推广使用太阳能、空气源热泵等供热系统。

北京市“十三五”能源规划中的试点建设新能源示范村镇，具体要求如下：

按照“因地制宜、政策引导、集中示范、全面推进”的原则，加强太阳能、地源热泵、空气源热泵等新能源和新技术在村镇地区的综合利用。

建设新能源示范村。发展地源热泵、空气源热泵、太阳能等新能源和可再生能源采暖技术应用。积极推进分布式光伏在农村住宅、文化活动场所、农业设施等领域的应用。大力推广太阳能热水系统，鼓励既有沼气工程升级。到2020年，按照“采暖清洁化、电力绿色化、热水光热化”的理念，建成新能源示范村50个。

建设新能源示范镇。以“集中 + 分户”相结合的方式，加强热泵系统、分布式光伏、太阳能热水系统在公共建筑、工商业企业、居民建筑等领域的应用，鼓励利用热泵系统、太阳能供暖系统替代燃煤锅炉。到2020年，建成新能源示范镇20个，示范镇中心区内热泵系统、分布式光伏、太阳能热水系统等新能源和可再生能源技术应用覆盖率达到50%以上。

北京作为太阳能的技术发源地和产业化基地，太阳能的发展始终受到市住建委等政府主管部门的关注和支持，发展速度和技术成果始终引领全国发展，自2012年强装令到2014年的推荐目录，北京市住建委对可再生能源应用乃至国家节能减排战略的支持态度是坚决的、务实的，政策的制定与实施对北京市节能战略起到积极的引领作用。

在北京太阳能政策引导下，近年来太阳能应用出现了很多新的技术和创新，如短期蓄热、季节蓄热和冷热联供等，出现一批初步或阶段性成果，为太阳能行业新时期发展奠定了基础。通过政府政策推动，规范并开拓市场，太阳能热利用在我国会走向一个新的阶段。

作者简介

谷秀志，北京建筑材料检验研究院副总经理，高级工程师。主要研究方向为太阳能热水器、门窗五金、水暖卫浴、建筑节能、新风净化。

空气源热泵技术在北京的应用与推广

◎金继宗　徐绍伟　杨英霞　李培方

一、空气源热泵技术发展历程

（一）空气源热泵发展过程

空气源热泵是基于逆卡诺循环原理，以空气为低温热源，通过少量高位电能驱动，将空气中的低位热能提升成高位热能加以利用的装置，具有高效节能、环保无污染等特点。

空气源热泵产生于20世纪20年代，但当时并未被人们充分认识和应用，直到20世纪60年代，世界能源危机爆发，热泵以其回收低温废热、节约能源的特点，经过改进而登上历史舞台受到人们的青睐。美国在20世纪50年代已经批量生产空气源热泵，到20世纪80年代，日本已经大规模生产各种空气源热泵式空调器。欧盟在2009年通过法令将空气源热泵纳入可再生能源范围并定义了具体的计量方法。2009年日本仿效欧盟可再生能源政策，发布了《能源供应结构改进法》，将热泵利用的环境热源作为可再生能源。在日本，生活热水几乎全部由空气源热泵提供。

我国空气源热泵的发展路线是由南至北，发展趋势是由热水到采暖。2002年前后，空气源热泵热水器第一次进入我国广东，由于其高效和全天候的特点，在低于60℃热水市场中迅速推广到酒店、学校、工厂、体育场和其他企事业单位。空气源热泵在供暖空调中的应用是从房间空调器开始的，我国在20世纪90年代各种热泵式空调器的产量增加很快；进入21世纪以来，有热泵功能的房间空调器在我国市场约占70%的份额。由于常规空气源热泵在环境温度－10℃以上运行性能良好，空气源热泵应用的重要方向是解决我国长江流域建筑物中央空调的冷热源问题。

由于传统空气源热泵在低温环境下存在制热量不足、性能低下和蒸发器结霜等问题，制约了空气源热泵供暖在我国北方地区的推广应用。近几年，国内外学者在压缩机技术和除霜技术方面进行了大量的研究，开发了喷气增焓压缩机、变频转子压缩机等压缩机技术，采用（准）双级压缩、复叠式压缩等热泵系统，有效解决了空气源热泵在低温环境下的制热问题。低环温空气源热泵在－12℃时性能系数COP值能达到2.1以上，在－20℃甚至－25℃时能正常运行。

近几年，由于我国“雾霾”天气频发，而北方冬季供暖的污染物排放是冬季雾霾的最大根源之一。为此，国家层面和地方层面都出台了相关政策，大力推进北方清洁能源供暖。低环温空气源热泵供暖是清洁供暖的重要方式之一，在性能、经济、稳定方面的优势已广为业界认可。

（二）低环温空气源热泵供暖系统形式

低环温空气源热泵的供暖系统主要有热水型和热风型两种。

热水型即空气－水型空气源热泵，其原理图如图1所示。其室内换热器是循环水式，冬季可以制取41℃左右的热水，供给室内的地板辐射盘管、风机盘管、散热器等供暖末端。热水型空气源热泵又有整体式和分体式两种形式，如图2所示。

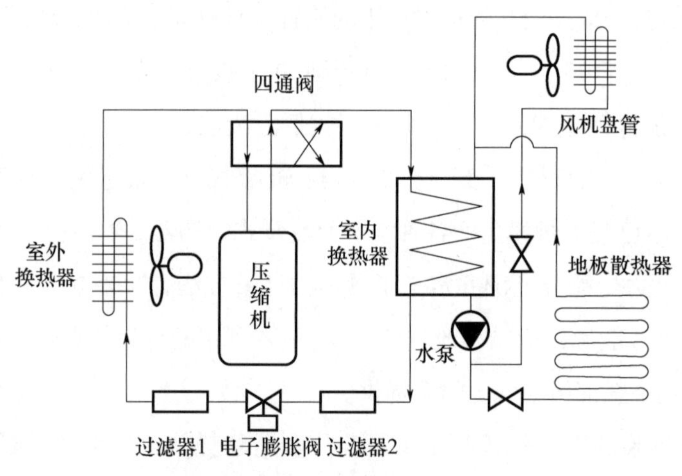

图1　热水型空气源热泵原理图

热水型空气源热泵直接制取热水，具有热惰性大、温度波动小的优点，在连续供暖应用时，采用热水机组供暖室内温度波动小、热舒适度高。

热风型即空气－空气型空气源热泵，其原理图如图3和图4所示。热风型空气源热泵供暖系统热风机组直接制取热风，通过风机盘管将热风直接吹向室内。其具有升温速度快、不怕冻的优点，可实现按需供暖，灵活控制室内温度，满足间歇使用要求，但是舒适度较差。

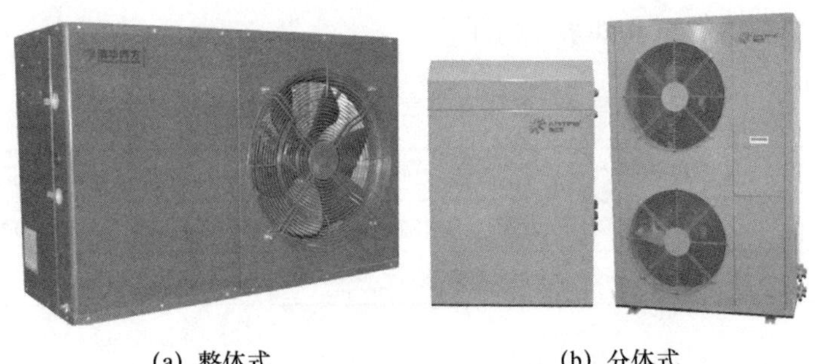

(a) 整体式　　(b) 分体式

图 2　热水型空气源热泵

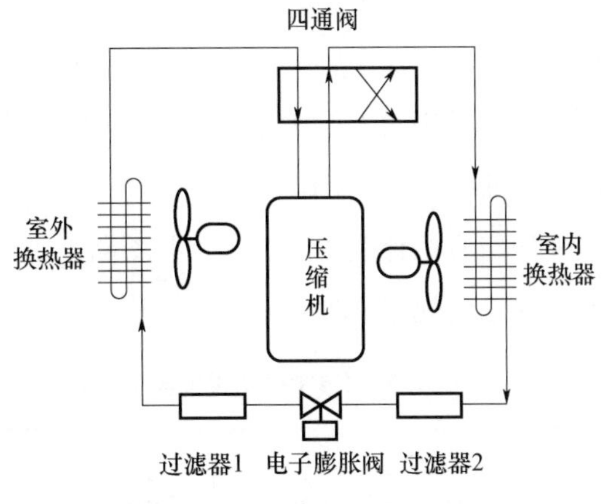

图 3　热风型空气源热泵原理

(a) 室外机　　(b) 室内机

图 4　热风型空气源热泵

（三）空气源热泵相关产品标准及技术规程介绍

目前在北京地区煤改清洁能源供暖中采用的低环温空气源热泵产品主要是依据《低环境温度空气源热泵（冷水）机组　第 2 部分：户用及类似用途的热泵（冷水）机组》（GB/T 25127.2—2010）。标准中对低环温空气源热泵的性能要求如下：

（1）名义工况和低温工况如表1所示。

表1 低环温空气源热泵工况要求

介质	名义工况	低温工况
空气侧	−12℃干球温度 / −14℃湿球温度	−20℃干球温度
水侧	41℃出水温度	41℃出水温度

（2）实测名义工况制热量应不小于明示值的95%。

（3）实测名义工况消耗总功率应不大于明示值的110%。

（4）实测名义工况的性能COP_h不小于2.1，综合部分负荷性能系数$IPLV_h$不低于明示值的92%（当机组标称值COP_h的92%高于2.1或$IPLV_h$的92%高于2.4时）。

（5）机组在额定电压和额定频率及低温工况下运行3小时，各部件不应损坏，低压、防冻及过载保护器不应跳开，机组应正常工作。

（6）机组的平均表面声压级应符合表2的要求，并不高于机组名义值+2dB（A）（当机组名义值+2dB（A）小于表2的规定值时）。

表2 噪声限定值（声压级）

名义制冷量（kW）	整体式 dB（A）	分体式 dB（A）	
		室外机	室内机
≤8	64	62	45
>8～16	66	64	50
>16～31.5	68	66	55
>31.5～50	70	68	

关于户式空气源热泵供暖的工程标准，2017年开始实施的北京市地方标准《户式空气源热泵系统应用技术规程》（DB11/T 1382–2016）中对供热量的计算、空气源热泵选型、设备材料选型和设计、电气系统设计、施工、检验、调试及验收和运行维护都做了规定，为北京市户式空气源热泵供暖系统的实施提供了工程标准，北方其他地区的户式空气源热泵供暖系统也可参照。

该规程规定供暖系统的末端设施宜采用热水辐射供暖地面，进行热负荷计算时应对每个房间进行计算并考虑附加耗热量。

选用的空气源热泵供热性能应满足供热设计工况下运行性能系数不应低于2.0。应具有先进可靠的融霜控制，融霜时间总和不应超过运行周期时间的20%。

关于空调供暖水系统设计，规定如下：

（1）闭式系统应设置膨胀罐和安全阀，并应按下列规定进行补水定压：

①最低压力值应保证系统最高点压力高于大气压力 0.01MPa 以上；

②补水压力应不低于系统所需最低压力；

③安全阀开启压力不应高于系统设备、管道及附件承压能力。

（2）制冷剂 - 水热交换装置与主机一体设置并安装在室外时，循环水系统应采取加防冻液等防冻措施。

二、空气源热泵进入 2015 年发布推广目录的主要依据

（一）政策背景

随着经济的发展和居住人口的增长，北京环境污染趋向严重，雾霾天气增多，令人十分担忧。为了治理环境污染，还首都一片蓝天，北京市政府提出“2013—2017 年清洁空气行动计划”。该行动计划表明，京郊 110 多万农户居住建筑的冬季燃煤供暖是主要的污染来源之一。如何减煤代煤，最终实现京郊冬季供暖无煤化是治理雾霾的重要任务。根据调研，空气源热泵供暖节能性好，使用时无任何污染排放。全过程费用较低，方便分散安装，是清洁能源供暖的一种重要解决方式。

2015 年 3 月 15 日，由北京市住建委、北京市规划委、北京市政市容管委共同签发了京建发〔2015〕86 号文件。公布了《北京市推广、限制和禁止使用建筑材料目录（2014 年版）》（以下简称“2014 年版目录”），要求北京市行政区域内新建和改扩建工程的建设单位、施工单位应积极采用“2014 年版目录”中推广使用的建筑材料。低温空气源热泵首次进入推广使用的建筑材料目录。

（二）空气源热泵供暖系统在北京地区应用效果验证

在“十二五”期间，北京市住建委在新农村建设及农宅改造中，组织了空气源热泵采暖的应用试点，取得了良好效果。在市住建委的指导下，北京建筑节能与环境工程协会于 2014 年 7 月完成了《北京农村居住建筑清洁能源供暖应用现状》调研报告。

协会组织了会员单位和行业专家，对北京市农村居住建筑 2013—2014 年采暖季中清洁能源代煤供暖方式的应用现状进行了入户问卷调查。做到实名录入，可跟踪追溯。本次调查了京郊七个区县的 1137 家农户，并核实采用了 289 户的一个采暖季的完整数据。同时，收集了 25 家的清洁能源设备和散热末端产品的技术数据。调查中涉及了 6 种清洁能源供暖方式，为便于不同清洁能源之间的横向比较，统一了取值尺度，采用了全过程总费

用评价法：包括设备初投资、公共设施增容费、使用年限中运行费、设备维修费。按使用年限 8 年，建筑面积 100m²，采暖季按 120 天，冬季供暖室外计算温度（−9.6℃）、室内温度（18℃）。建筑围护结构接近 50% 节能标准，对数据进行了统一修正计算，电费及燃气费按当年政府补贴后实际收费取值。

数据分析对比结果显示：正在使用的 6 种清洁能源供暖方式中，空气源热泵供暖节能性好，全过程费用最低，方便分散安装。从发展的趋势来看，它将是北京市农村居住建筑供暖的一个重要发展方式。调研报告建议政府对热泵等节能的清洁能源供暖方式加大补贴和推广力度。

调研数据显示：空气源热泵供暖系统初投资为 250 ～350 元 /m²。空气源热泵地板辐射采暖系统，在北京建筑围护结构接近 50% 节能标准的住宅，系统的冬季平均能效比可以稳定在 2.8 以上；这就意味着它可以比其他电采暖方式节能 60% 以上。冬季夜间平均能效比低于白天，但夜间可使用峰谷优惠电价，其用户的实际供暖费用是集中供热的 50% ～70%，即 15 ～22 元 /m²。空气源热泵的运行费用只相当于直接用电供暖方式的 40%。空气源热泵散热器系统，冬季供暖的平均能效比可以稳定在 2.3 以上。通过增加散热器组数，选择散热效率高的暖气片，室内的供暖效果会更好。

此外，北京市住房和城乡建设委员会、北京市社会主义新农村建设领导小组综合办公室、北京市财政局、北京市规划委员会在 2011 年年底联合颁发了《北京市农民住宅抗震节能建设项目管理办法（2011—2012 年）》。到 2015 年，这项政策已经覆盖了 58.35 万户，对于具有 113 万户的北京农村而言，从数量上已经超过了 50%。通过改造的农宅初步达到 50% 的建筑节能标准，为推广煤改空气源热泵供暖奠定了基础。

三、推广后的应用效果和影响

低温空气源热泵推广后，在北京市农村地区“煤改电”中得到了广泛应用，在北京市商业建筑中也在逐步扩大应用。

2016 年北京市共完成 663 个村庄、22.7 万户的“煤改清洁能源”工作。其中，“煤改电”村约 19.9 万户，“煤改气”村约 2.8 万户。在“煤改电”中，空气源热泵占 76.28%。

2017 年北京市农村地区共完成 901 个村、36.9 万户的“煤改清洁能源”工作，其中“煤改电”村共计 700 个，“煤改气”村共计 201 个。在“煤改电”中，空气源热泵占 93.6%（图 5）。

北京市低环温空气源热泵供暖推广使用后：一是降低了冬季采暖能耗和运行费用；二

是减少了污染物排放，保护了大气环境；三是显著提高了居民的室内环境质量；四是促进了空气源热泵技术和行业的发展。

图 5　低环温空气源热泵供暖应用案例

（一）节约能源和降低运行费用

以 2017—2018 年供暖季为例，整个供暖季以供暖天数 120 日计，空气源热泵单户（按 120 平方米供暖面积核算）燃煤替代量为 3.950 吨，全市 25.4587 万户空气源热泵用户燃煤替代量为 100.56 万吨。

整个供暖季以供暖天数120日计，北京市农村采用低环温空气源热泵平均单位面积用电量为65.6千瓦·时，谷电率为58.4%，单位面积供暖电费补贴前为24.8元，补贴后为17.2元，按照120平方米供暖面积核算整个供暖季补贴前电费为2976元，补贴后电费为2064元。

（二）减少污染物排放，保护大气环境

以2017—2018年供暖季为例，按照无烟煤核算，二氧化硫减排5028吨，氮氧化物减排1106吨，一氧化碳减排7.03万吨，挥发性有机物减排1810吨，PM_{10}减排2212吨，$PM_{2.5}$减排1408吨。

2018年9月公布的《北京市打赢蓝天保卫战三年行动计划》提出，到2020年，本市空气质量要在“十三五”规划目标即56微克/立方米左右的基础上进一步提高，重污染天数明显减少。统计数据显示，2018年全市细颗粒物（$PM_{2.5}$）年均浓度为51微克/立方米，比2013年下降了45.7%；全市二氧化硫（SO_2）浓度则降至6微克/立方米，与2013年比降幅达到79.8%。实施低环温空气源热泵供暖，为北京市治理大气污染做出了贡献。

（三）提升居民室内环境水平

2017—2018年供暖季监测结果表明，整个供暖季，使用低环温空气源热泵的用户室内温度平均为18.8℃，室内温度日均值达到18.0℃以上。

如北京市大兴区青云店镇某农户，采用空气源热泵地板辐射供暖系统，在室外温度平均值为－0.7℃，室外温度日均值最低为－9.2℃，室外温度逐时值最低为－15.0℃的情况下，供暖季室内温度平均为23.3℃。

北京市昌平区小汤山镇某农户，采用空气源热泵地板辐射供暖系统，在室外温度平均值为－0.5℃，室外温度日均值最低为－6.5℃，室外温度逐时值最低为－12.1℃的情况下，供暖季室内温度平均为21.3℃。

（四）促进空气源热泵技术和行业发展

随着低环温空气源热泵供暖在北京市的推广应用，针对运行中出现的低温环境下能效降低、结除霜、噪声等问题，空气源热泵企业及专家学者在热泵压缩机技术、换热器技术、制冷剂技术、结除霜技术、防冻技术等方面进行了大量技术研究和改进，使得空气源热泵的性能提升和可靠性提高，促进了空气源热泵技术的发展。

同时，空气源热泵企业在清洁供暖竞争中已呈现品牌集中化，实力雄厚的大品牌在政府招标项目中的优势越来越明显，越来越多的小企业因为实力不够、同化产品较多而逐渐

丧失其原先的冲劲，如果没有创新方向，继续下去的结果只能是被淘汰。企业的竞争也有利于技术的进步和行业的发展。

四、发展前景和展望

（1）热水型低环温空气源热泵供暖商用化应用将逐步扩大。低环温空气源热泵作为集中供暖的热源，适用于住宅、学校、政府机关、写字楼、宾馆和医院等的集中供暖。目前在北京地区及北方其他地区已有许多成功案例。

（2）热风型低环温空气源热泵适合在北京农村地区推广应用。在北方农村供暖“煤改电”工程加速推进与实施的过程中，作为普通冷暖空调的升级形式，低环温空气源热泵热风机具有产品价格低、系统形式简单、安装方便、运行可靠、控制灵活等特点，正越来越多地被人们所认识和接受，相关技术发展迅猛。

（3）低环温空气源热泵与其他热源耦合使用。由于低环温空气源热泵的高效节能特点，在未来的推广中，可以利用低环温空气源热泵供暖技术作为其他供暖方式的有力补充或调节，如低环温空气源热泵供暖与燃气壁挂炉供暖耦合、与地源热泵供暖耦合、与太阳能供暖耦合等（图 6）。

图 6　低环温空气源热泵供暖商用机项目

附录：在北方地区应用空气源热泵供暖，涉及的产品标准主要如下：

（1）《低环境温度空气源热泵（冷水）机组 第 1 部分：工业或商业用及类似用途的热泵（冷水）机组》（GB/T 25127.1—2010）；

（2）《低环境温度空气源热泵（冷水）机组 第 2 部分：户用及类似用途的热泵（冷水）机组》（GB/T 25127.2—2010）；

（3）《蒸汽压缩循环冷水（热泵）机组 第 1 部分：工业或商业用及类似用途的冷水

（热泵）机组》（GB/T 18430.1—2007）；

（4）《蒸汽压缩循环冷水（热泵）机组 第2部分：户用及类似用途的冷水（热泵）机组》（GB/T 18430.2—2016）；

（5）《低环境温度空气源多联式热泵（空调）机组》（GB/T 25857—2010）；

（6）《空气源三联供机组》（JG/T 401—2013）。

涉及的工程标准和技术规程如下：

（1）《民用建筑供暖通风与空气调节设计规范》（GB 50736—2012）；

（2）《通风与空调工程施工质量验收规范》（GB 50243—2016）；

（3）《通风管道技术规程》（JGJ/T 141—2017）；

（4）《户式空气源热泵系统应用技术规程》（DB11/T 1382—2016）；

（5）《地面辐射供暖技术规范》（DB11/T 806—2011）。

作者简介

杨英霞，女，中国建筑科学研究院有限公司技术总监，副研究员。主要研究方向为建筑环境控制、建筑节能技术、绿色低能耗建筑和暖通空调检测技术。

北京市供热采暖设备禁限和推广的历史发展与作用

◎王　超

一、发展状况

（一）采暖散热器

采暖散热器又称暖气片，是供热采暖系统的末端设备。它是以热水或蒸汽为热媒，通过对流、辐射方式向采暖房屋释放热量的设备，承担将热媒携带的热量传递给房间内的空气，以补偿房间的热耗的作用，最终达到维持房间一定空气温度的目的。

采暖散热器起步较早，发展成熟的地区当属欧洲，尤其是意大利。采暖散热器在欧洲成熟出现的年代公认为 19 世纪末。

1890 年，采暖散热器在欧洲贵族宅邸兴起，采用铸铁浮雕单柱形式，价格极高，作为一种生活中的奢侈品流行于上流社会。

1900—1920 年，伴随着采暖散热器取暖的方便性、舒适性被广泛认可和用于上流社会交际场所（如教堂、剧院）的需要，产生了散热量较大的多柱、铸铁浮雕采暖散热器，用于较大空间的楼堂馆所。

1920—1930 年，采暖散热器第一次革命产生了单柱钢质采暖散热器，明显地提高了生产量，大量地满足了社会需求。

1930—1950 年，随着人们生活水平的不断提高，大多数人放弃生火取暖的基本方式。追求更高生活水准，从而产生了大众化的采暖散热器，即多柱铸铁和多柱钢质采暖散热器。

1950—1960 年，人们已经从第二次世界大战的创伤中恢复过来，产生了较为良好的工业革命成果，生活水平进一步提高。人们在满足取暖舒适的同时，在节能环保、美观装饰方面提出了更高的要求。铜质板式采暖散热器散热量大、外观简洁、大方、价格适中，受到人们青睐，成为主流产品。

1960—1980 年，人们考虑到铝材传热系数高的特点，希望其能取代铸铁和钢质采暖散热器。但由于铸铝型材粗犷简单且不能很好地解决碱性水质腐蚀问题，故而在 1980—1990 年期间采暖散热器主流又回归到钢质。可人们要求其外观能和现代的家居格调相一致，满足人性化、个性化的要求。依据当时的生产工艺水平，大多数生产厂商普遍采用氩弧焊工艺插接式焊接，生产线条流畅的管式采暖散热器。

1996 年以后，随着超声波自动焊接（激光焊）工艺的普及，焊接成本降低，国内生产厂商经过生产设备改造，大胆运用色彩，发挥文化底蕴和卓越的创造力，以专业的国际化设计理念，创造出装饰性与采暖功能完美结合的现代钢质采暖散热器。

我国最早使用的四柱 813 型铸铁散热器是由美国传入的，已有 100 多年历史。我国东北地区广泛使用的大小 60 型铸铁散热器，是由德国设计的。我国曾广泛使用的 M132 型铸铁散热器是由苏联设计的莫斯科 132 型，开始多用铸铁散热器，后来有钢制的、铝制的、铜质的、双金属复合的，之后出现了地面辐射供暖、辐射板、辐射管、电热膜、电暖器等。现在供暖已多元化，各种散热器琳琅满目。

（二）散热器恒温控制阀

散热器恒温控制阀是与采暖散热器配合使用的一种专用阀门，可人为设定室内温度，通过温包感应环境温度产生自力式动作，无须外界动力即可调节流经散热器的热水流量从而实现室温恒定。

恒温阀在国外早已使用，而在我国北京地区安装要求相对较高，其他地区很多人都还不大熟悉。安装恒温阀后到底能节能多少，过去都很不明确，有人心存疑虑，对使用恒温阀并不积极。

2007 年年初，解放军总装备部工程设计研究总院专门摸索了营房建筑节能特点规律，总结出建筑节能先进理念和管理经验等，严格按规范对两栋相同建筑物进行对比检测分析，提出了《散热器恒温控制阀实际应用效果检测分析报告》，得出了明确结论：

（1）散热器恒温控制阀可以按设定要求有效调控各房间室内温度。

（2）散热器恒温控制阀在实际应用中可以起到良好的节能效果。

（3）散热器恒温控制阀对比检测节能效果达 21.3%。阀门应用在高层、水力平衡度欠佳的工程中，节能效果更加显著。

（4）散热器恒温控制阀投资小，收益大，两三年内便可收回投资，经济效益好，应大力推广使用。

二、生产企业状况

目前，我国使用的散热器主要以钢制散热器、铝制散热器以及复合型散热器为主，主要生产地集中在天津宁河、山东昌邑、河北芦台、河北冀州，各有生产企业300多家，其产量占全国轻型散热器的70%左右。目前，采暖散热器行业GDP总值预计260多亿元人民币。行业约有2300家生产企业，其中，大型企业约50家，中型企业约240家，小型企业约2000多家，其中超千万产值企业约1000家，大中小型企业比例约为1∶5∶46。

全国采暖散热器企业的产品徘徊在中低档次，并且呈纵深发展的势头。散热器生产企业的规模普遍较小，很多企业的人数在十几人到几十人。规模较大的企业不多，最多的人数在几百人，几千人以上的专业生产采暖散热器的企业更少。目前企业主流生产的采暖散热器主要分为钢制散热器及铜铝复合散热器。钢制散热器主要由钢材焊接，再通过表面喷涂而成，原材料价格占比为85%～95%；铜铝复合散热器是由铜管与铝翼翅片胀接，再通过表面喷涂而成，原材料价格占比为85%～95%。

在过去的25年里，北京曾作为采暖散热器的主要生产区，大中小各种规模的企业120家左右，随着近5年北京环境污染整治力度的加大，散热器在生产过程中的焊接、喷涂等工艺影响空气环境，散热器企业逐步迁出北京，目前在北京实际企业不足10家，且大多为外地生产，北京销售状态。根据北京市提出的禁限和推广目录，在京企业生产销售的产品均为新型采暖散热器，主要为钢制散热器、铜铝复合散热器，不再生产提供内腔粘砂铸铁散热器及钢制串片式散热器等采暖设备。

三、供热采暖设备禁限和推广的使用情况

（一）采暖散热器的使用情况

我国最早引进的新型家用散热器用于20世纪90年代的部分体育场馆内，但很快出现漏水现象，被当时国家建设部禁止进口和使用。直到1999年，新型钢制散热器又开始小批量引进。

1996年6月，建设部发布的《建筑金属制品行业“九五”计划与2010年远景目标》，指出“九五”期间采暖散热器仍采取铸铁与钢制产品互补发展的技术政策，“九五”期末要在钢制散热器防腐技术水平提高的基础上，不断扩大钢制散热器的生产比例，即达到1∶1的比例，进而贯彻2010年散热器产品“以钢为主，以铸铁为辅，钢铁并存”的发展原则，同时适度发展铝制散热器。

1998年5月14日，建设部发布的《推广应用住宅建设新技术新产品》的10号公告中，明确提出:“依据节能的要求，积极发展节能轻型散热器，提高散热器的金属热强度值、散热效率。注重散热器的功能使用与装饰效果的统一，增强散热器的装饰性”。该公告的推广产品目录也明确列出6种散热器品种：钢制板型、钢制扁管、钢制翅片管、钢串片、铸铁柱型、铸铁柱翼型。钢制散热器占大多数，钢制散热器是发展方向。

2000年冬季供暖开始，北京地区曾集中报道了散热器爆破事件。天津“福乐牌”铝合金采暖散热器使用锌铝合金制作的堵头，在供暖压力下崩裂，造成喷射性跑水，给用户带来巨大的经济损失，为我国轻型散热器发展历史上的重大事件。

2001年4月18日，北京市建设委员会、北京市规划委员会公布《第三批淘汰和限制使用落后建材产品的通知》(京建材〔2001〕192号)，明确指出淘汰圆翼型、长翼型、813型灰铸铁散热器，替代产品为经内防腐蚀处理的钢质、铝质、铜质散热器及新型铸铁散热器。

2004年1月8日，北京市建设委员会、北京市规划委员会公布《第四批淘汰和限制使用落后建材产品的通知》(京建材〔2004〕16号)，明确指出限制使用钢制闭式串片散热器，因其热工性能差，同时建议使用经内防腐处理的钢制散热器；铜制、不锈钢、铜铝复合等新型散热器。

2004年3月18日，建设部发布的《推广应用和限制禁止使用技术》的218号公告中，详列目录，推广钢制、复合型、铝制、铸铁内腔无砂片等5项，限制内腔粘砂铸铁片和钢串片2项，禁止铸铁长翼型散热器1项。也把钢制片散热器列为首推项目，其次是铜、铝制的散热器。

2007年6月14日，建设部发布的《建设事业“十一五”推广应用和限制禁止使用技术(第一批)》的659号公告中，也详列目录，推广钢制、铜(钢)铝复合、铝制、铜管对流散热器、铸铁内腔无砂片5项，限制内腔粘砂铸铁散热器和钢制闭式串片散热器2项，禁止铸铁长翼型散热器1项。也明确表明钢制散热器是发展方向，同时也发展铜、铝制和好的铸铁无砂片散热器。

2007年8月13日，北京市建设委员会发布《北京市第五批禁止和限制使用的建筑材料及施工工艺目录》(京建材〔2007〕837号)，禁止使用圆翼型、长翼型、813型灰铸铁散热器及水暖用内螺纹铸铁阀门，限制使用内腔粘砂灰铸铁散热器及钢制闭式串片散热器。

(二) 散热器恒温控制阀使用情况

节能、环保是当前全世界都很关心的两大主题。我国的建筑能耗约为发达国家的3

倍，为了使我国经济持续快速发展，必须大力节能。节能是我国的重大战略决策。在建筑能耗中，供暖能耗约占 1/3，因此应开展供暖节能。建设部等 8 部委早在 2003 年 7 月 21 日就公告通知《关于城镇供热体制改革试点工作的指导意见》，明确指出：停止福利供暖，实行用热商品化、货币化；逐步实行按用热量计量收费制度，积极推进城镇现有住宅节能改造和供暖设备改造；积极发展和完善以集中供热为主导、多种方式相结合的城镇供热采暖系统。通知指出，新建及现有公共建筑和居民住宅，凡使用集中供暖设施的，都应分户计量和室温调控，实行分户计量收费。

四、采暖散热器类型特点

采暖散热器可分为铸铁散热器及新型散热器，新型散热器按材质划分，可分为四类：钢制散热器、铝制散热器、铜质散热器、铜铝复合散热器。

（1）内腔无砂铸铁散热器适合各种供暖系统和水质，耐腐蚀，安全耐用，使用寿命甚至可达 50 年，且可回收再利用；采用树脂砂芯铸造，内腔无粘砂，大水道不宜堵塞阀门等其他附属配件，适合热计量和温控节能技术要求；适用于热水和蒸汽为热媒的供暖系统，当用于热水系统时，工作压力可达 0.8MPa，当用于蒸汽系统时，工作压力可达 0.2MPa；使用寿命长；不怕磕碰、结实耐用，热容量大，热惰性相应较好。缺点是质量大，增加楼体荷载；铸造环节对环保措施要求严格，否则会带来较大的空气污染（图 1）。

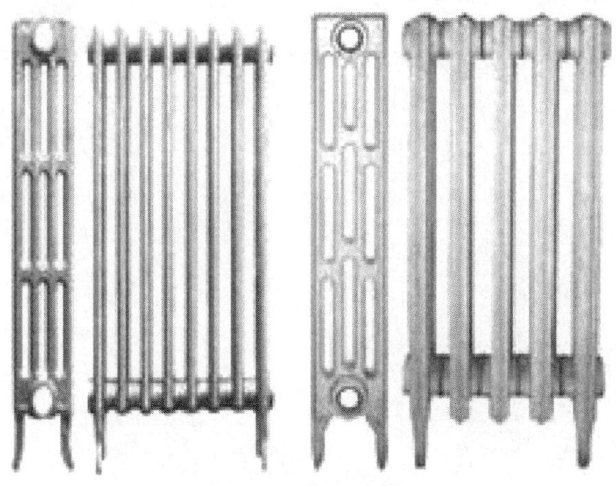

图 1　铸铁散热器

（2）钢制散热器源自欧洲，已有数十年的历史，20 世纪末进入我国市场；新型钢制采暖散热器外型美观，彻底改变传统铸铁散热器粗陋的外观形象；散热器厚度变薄，较少占用居室空间；造型多样，满足现代人追求个性化的需求；色彩丰富，适应不同色彩的家居装饰风格；质量轻，水容量小，使用更加环保；缺点是如果不采取内防腐工艺，会发生散热器腐蚀漏水（图 2）。

图 2　钢制散热器

（3）我国市场上销售的大部分铝制散热器为挤压成型的铝型材经焊接而成。部分厂家生产的产品焊接点强度不能保证，容易出现问题并引发漏水。另外，铝制散热器不适用于碱性水质，原因：铝与水中的碱反应，发生碱性腐蚀，导致铝材穿孔，散热器漏水。铝制散热器造型简单，装饰性差，属于低档散热器。与钢制散热器相比较，由于原材料和制造工艺的差异，铝制散热器价格较低、散热快、质量轻；铝制散热器的缺点是在碱性水中会发生碱性腐蚀。因此，必须在酸性水中使用（pH 值<7），而多数锅炉用水 pH 值均大于 7，不利于铝制散热器的使用（图 3）。

图 3　铝制散热器

（4）铜质散热器具有一般金属的高强度；同时又不易裂缝、不易折断；并具有一定的抗冻胀和抗冲击能力；铜之所以有如此优良稳定的性能是由于铜在化学元素排序中的序位很低，仅高于银、铂、金，性能稳定，不易被腐蚀。由于铜管件具有很强的耐腐蚀性，管壁稳定，能使水保持清洁卫生，因此建筑中的供暖系统中铜管暖气使用起来安全可靠，甚至无须维护和保养。铜管及配件在高温下仍能保持其形状和强度，也不会有长期老化现象。在有高热、高压、近火和腐蚀的条件下，使用其他管件，用户总是提心吊胆，唯恐出事。但使用铜制管件，就无须担惊受怕，尽可放心，经久耐用。铜质散热器的缺点是价格较高（图4）。

图4　铜管对流散热器

（5）铜铝复合散热器内部采用紫铜管，导热性能好，不会腐蚀，外部采用铝材质硬度高，表面细腻均匀，更适合塑粉的附着；适合任何供暖系统。先进的内翻边液压胀接专利技术，能完全消除铜管与铝型材管之间的间隙，最大限度地提升散热量，高效节能，铜铝复合散热器表面经过20道工序处理，外喷涂采用进口粉末涂料，亮光度达98%。其缺点：因为铜资源的稀有，导致其报价较高（图5）。

图5　铜铝复合散热器

五、供暖设备发展方向

（一）供暖多元化

随着市场经济的发展和人民生活水平的提高，消费者的需求是多样的。因此，我国供暖除了采用集中供暖的水暖散热器外，供暖方式也在向多元化发展，如电暖器、辐射板、辐射管、电热膜、电热画、地面辐射供暖、真空相变散热器等。其使用比例在逐年增加。在进入我国市场的外国品牌供暖产品中，多数是电暖器、地暖等产品，它丰富了我国市场，为消费者提供了更多的选择。在我国长江沿线的广大冬冷夏热地区，冬季采暖时间短，而集中供暖初期投资大，采用电暖器投资少，使用灵活方便。

（二）供暖运行管理规范化

我国目前广泛采用的集中供暖大多运行管理不规范，热媒水中含氧量高，停暖时放空或漏空，致使散热器很快腐蚀漏水，而且会腐蚀锅炉、管道和阀门，造成巨大的经济损失。目前，各种内防腐措施不能彻底解决问题，作为被动防腐，它们最多只能保护散热器本身，而对庞大的锅炉、管网系统的腐蚀损失无能为力。最好的办法是主动防腐，以有效地保护锅炉、管网系统和散热器。北京市已于 2004 年 12 月 15 日率先推行地方标准《供热采暖系统水质及防腐技术规程》（DBJ 01-619—2004），在我国开了个好头。各供暖站在停止供暖运行后，往往采取放水、泄压等，使系统成为与空气连通的开放空间。这时若有水存在，大量空气进入，无疑造成一个良好腐蚀环境，致使系统腐蚀严重。

六、结语

北京市作为首都，冬季采暖始终是老百姓最关注的问题，随着 30 年来北京市建委推出禁限和推广供暖设备目录，一些工艺差、污染重、性能低的产品逐步退出北京市场，新型采暖设备及技术逐步得到广泛应用，为广大群众解决供暖困难的同时，提升供暖系统节能效果。北京市建筑节能开展得比较早，目前建筑节能标准从 1986 年的 30% 发展到 1994 年的 50% 到 2004 年的 65% 到 2012 年的 75%，现在正在制定节能 80% 的设计标准，相信北京市的冬季采暖会走向清洁化、高效化。

作者简介

王超，北京建筑材料检验研究院有限公司工程师，主要研究方向为采暖散热器，供暖热备及末端装置。

防水材料篇

北京市防水材料发展历程与展望

◎杨永起　贾兰琴

防水材料是保护建筑安全和使用寿命的重要材料，防水工程是建筑工程中必不可少的分项工程。随着我国和北京市建筑业、工业、交通运输业、国防工业的发展和需求，防水材料及其防水工程施工技术有了很大的发展，逐步形成门类齐全、数量可观、特性突出的局面。北京市防水材料与防水施工技术经过30年的发展，能有今天的成绩，是不断改造升级、不断提升质量的结果。

一、北京市防水材料的历史回顾

（一）防水材料产品简介

防水材料经过几十年的发展，从无到有，从低质到高质，从单一到多种，目前形成的门类见表1。

表1　防水产品分类

防水大类	防水产品	
防水卷材	沥青基	玻璃布沥青油毡等
		聚合物改性沥青油毡（SBS、APP）
		聚合物改性沥青自粘卷材等
	高分子基	橡胶类防水卷材（三元乙丙等）
		树脂类防水卷材（TPO、PVC、EVA等）
		树脂复合防水卷材
防水涂料	水性	乳化沥青防水涂料
		聚合物乳液防水涂料
		聚合物水泥防水涂料
		喷涂速凝橡胶沥青防水涂料等
		水性环氧树脂防水涂料等

防水大类	防水产品	
防水涂料	溶剂型防水涂料	溶剂型橡胶防水涂料
		聚氨酯防水涂料
		无溶剂环氧防水涂料
		无溶剂聚氨酯防水涂料
		非固化橡胶沥青防水涂料
		聚脲防水涂料
防水密封材料	聚硫类密封材料	
	聚氨酯类密封材料	
	硅酮类密封材料	
	丙烯酸类密封材料	
灌浆材料	无机类灌浆材料	水泥基灌浆材料
		水玻璃
	化学类灌浆材料	聚氨酯灌浆材料
		丙烯酸盐灌浆材料
		环氧树脂灌浆材料
刚性防水材料	防水混凝土	
	防水砂浆	
	防水混凝土外加剂	防水剂、膨胀剂、紧缩剂
瓦类防水材料	水泥瓦	
	树脂沥青瓦	
	金属瓦	
	沥青瓦	
	黏土瓦	

（二）北京市防水材料行业发展历程

20 世纪 80 年代以前，我国防水材料以沥青纸胎油毡为主。之后通过引进国外先进设备，借鉴国外先进技术，我国的改性沥青防水卷材、合成高分子防水卷材及其他先进防水材料得到迅速发展。

1988 年，中外合资的北京奥克兰防水材料有限公司成立，北京市建筑材料工业设计研究院（现北京建都设计研究院）从德国引进了国内首条全自动化改性沥青防水卷材生产线并投产，消化吸收了从国外引进的 SBS 改性沥青防水卷材配方及工艺，进行国产化，成为北京市防水卷材的主要供应者，辉煌一时。

进入 20 世纪 90 年代，随着国家进一步的改革开放，计划经济逐步转向市场经济，以北京中建友建筑材料有限公司为代表的民营资本开始进入建筑防水卷材领域。

自 1992 年起，北京市建委对进入本市建筑工程市场的防水材料实行准用证管理，北京市防水材料进入规范管理阶段。这个时期，生产企业有 20 多家，北京奥克兰防水材料有限公司成为全国防水企业的一面旗帜，其他企业无论从生产规模、技术和设备水平都相对落后。

从 1992 年到 2004 年，北京市的开复工面积由不足 2000 万平方米到总开复工面积 1.2 亿平方米以上。诱人的市场，使一些企业不惜投巨资改善生产装备。这一时期，北京不断上马国产化的改性沥青生产线，生产能力已超过当年的奥克兰引进生产线，生产设备也由原来的功能单一发展到多功能一体化，既能生产各种类型胎基的改性沥青卷材，又能生产自粘和瓦类防水材料。

2004 年 2 月 28 日，《建筑防水卷材产品生产许可证换（发）证实施细则》正式颁布实施。该细则从质量管理、生产工艺条件、产品质量检验、安全文明生产等方面对企业做出了具体要求和指导意见，对规范市场和提升企业质量管理水平起到巨大作用。随后，北京市的建筑防水卷材企业在 2004 年到 2005 年陆续开始取证工作，最终获得建筑防水卷材生产许可证的企业达到 60 余家。但由于是初次申证，企业在填报资料时，随意性比较大，所报产能大部分偏小，为以后的企业发展带来不利影响。

2008 年，东方雨虹正式在深交所上市，掀开了北京建筑防水行业新的历史篇章。东方雨虹防水技术股份有限公司成为国内首家上市的建筑防水材料企业。

北京市防水材料生产企业装备水平不断提升的同时，产品性能不断提高，产品品种不断增加。以改性沥青防水卷材为例，1994 年前其最高耐低温性能为－10℃；1994 年后《塑性体沥青防水卷材》（JC/T 559—1994）和《弹性体沥青防水卷材》（JC/T 560—1994）标准出台，指标提升到－15℃；2000 年《弹性体改性沥青防水卷材》（GB 18242—2000）和《塑性体改性沥青防水卷材》（GB 18243—2000）标准出台，指标进一步与国际接轨达到－18℃；2008 年《弹性体改性沥青防水卷材》（GB 18242—2008）和《塑性体改性沥青防水卷材》（GB 18243—2008）标准出台，指标进一步达到－25℃，而且从产品技术指标上突出了产品耐久性。

2010 年，北京市具有生产许可证的防水卷材企业共有 60 家，总设计产能超过 3 亿平方米，其中全国排行 20 强的企业有东方雨虹、卓宝、科顺、立高、建国伟业等，而其他中小型企业因受制于北京环保政策的大力实施，发展较为缓慢，落后于国内先进省市（如山东省），形成了两极分化的态势。

2010 年，工业和信息化部颁布了《部分工业行业淘汰落后生产工艺装备和产品指导目录（2010 年本）》（中华人民共和国工业和信息化部 2010 年第 122 号公告附件），2011 年发改委颁布了《产业结构调整指导目录（2011 年本）》（中华人民共和国国家发展和改革委员会令第 9 号）。两者都要求淘汰年产 500 万平方米以下改性沥青类防水卷材生产线和年产 500 万平方米以下沥青复合胎柔性防水卷材生产线。由于大多数企业在初次申证时所报产能普遍偏小导致其难以满足新的政策要求，使企业发展陷入不利境地。

2013 年，随着北京地区人力及资源成本上升，防水行业整体利润下降，加之政策形势严峻，北京市具有生产许可证的防水卷材企业剩下 43 家，而实际正常生产的企业 30 余家。企业数量锐减三分之一，实际正常运转的企业也只有原来的二分之一。

从 2015 年开始，北京市政府为保障蓝天，保护老百姓的人身健康，下发通知将污染环境的各种沥青类生产企业整体搬迁。将污染的溶剂型防水涂料企业淘汰出北京市。

2016 年年底已完成上述搬迁任务，北京市防水企业大多搬迁至河北唐山、保定、张家口地区，少数搬到山东和江苏等地。

企业搬迁后，生产线全部更新改造，生产能力有跳跃式增长，新的产品不断涌现，各类产品质量有明显的提升，厂容有极大的改善和变化，极大地带动了所在地的经济，促进了当地经济的增长。这些搬迁的企业总部全部留在北京。北京市的建筑市场还是由这些企业占领，这些企业和外地进京企业的防水产品品类齐全，满足北京市目前和“十三五”期间建筑工程的需要。

从 20 世纪 80 年代至今，短短 30 余年，北京市的防水企业经历最初的兴起、发展、辉煌、下降乃至生产退出的历程。但不可否认的是，北京市的建筑防水卷材企业为北京市的工程建设做出了不可磨灭的贡献，在相当长的一段时间内，北京市建筑防水卷材企业的技术装备水平、产品质量水平、企业管理水平在全国都处于领先地位。

（三）禁限政策对北京市防水材料发展的推动作用

20 世纪 80 年代以前，北京市防水材料主要是纸胎沥青油毡（北京油毡厂，20 世纪 50 年代建厂）和乳化沥青（房管单位修缮用品）。

为保障防水工程质量，1992 年北京市建委根据国家建设部的要求，对进入工程的建材实行准用证管理。开始对防水材料进入工程的产品进行监管，当时进入北京防水材料的企业 200 余家。此认证至 2000 年为止，转为备案管理。2013 年以后，北京市住建委取消了备案制度，实行采购供应备案管理。在上述监管过程中，逐步将性能低劣、污染环境、安全隐患高的防水产品淘汰出局，促进北京市防水材料行业健康发展。

1998 年，北京市建委发布了《关于限制和淘汰石油沥青纸胎油毡等 11 种落后建材产品的通知》(京建材〔1998〕480 号)，其中明确规定：

（1）“对污染环境、影响人体健康、技术落后的焦油聚氨酯防水涂料、焦油型冷底子油（JG-1 型防水冷底子油涂料）、焦油聚氯乙烯油膏（PVC 塑料油膏、聚氯乙烯胶泥、塑料煤焦油油膏）、进水口低于水面（低进水）的水箱卫生洁具配件、水封小于 5 厘米的地漏等五种产品强制淘汰。自 1999 年 3 月 1 日起，上述产品在所有新建工程、维修工程、装饰工程中禁止使用。”

（2）“对技术水平低、国家产业政策限制的石油沥青纸胎油毡、普通承插口铸铁排水管、镀锌铁皮雨水管、螺旋升降式铸铁水嘴、铸铁截止阀、32 系列实腹钢窗等六种产品，在规定工程和部位中禁止使用。自 1999 年 1 月 1 日起，凡列入本市建设工程施工计划的新建工程停止设计上述产品（具体范围详见附表）；自 1999 年 7 月 2 日起，在新开工的规定工程和部位中禁止使用。有条件的工程要及早组织实施。”

1999 年，《关于公布第二批 12 种限制和淘汰落后建材产品目录的通知》(京建材〔1999〕518 号）中明确规定：“对污染环境、影响人体健康、能耗高、性能差、质量不稳定的再生胶改性沥青防水卷材、高碱混凝土膨胀剂、黏土珍珠岩保温砖、充气石膏板、菱镁类复合保温板、菱镁类复合隔墙板六种产品强制淘汰。”

2004 年，《关于公布第四批禁止和限制使用建材产品目录的通知》(京建材〔2004〕16 号）则对溶剂型建筑防水涂料和厚度≤2mm 的改性沥青防水卷材提出明确限制，具体内容见表 2：

表 2　京建材〔2004〕16 号限制使用产品内容

序号	产品类别	限制使用产品名称	限制使用原因	限制使用范围	替代产品
1	防水材料	1. 溶剂型建筑防水涂料（含双组分聚氨酯防水涂料，溶剂型冷底子油）	挥发物危害人体健康；易发生火灾	室内和其他不通风的工程部位	各种水溶性防水涂料
		2. 厚度≤2mm 的改性沥青防水卷材	高温热熔后易形成渗漏点，影响工程质量	热熔法防水施工的各类建筑工程（不含临时建筑）	高分子片材及厚度 >2mm 的改性沥青防水卷材

2007 年，《关于发布北京市第五批禁止和限制使用的建筑材料及施工工艺目录的通知》(京建材〔2007〕837 号）中规定了：

“沥青复合胎柔性防水卷材等 3 类建材产品自 2007 年 10 月 1 日起停止设计，2008 年 1 月 1 日起禁止在本市建设工程中使用。”

“沥青类防水卷材热熔法施工工艺自 2008 年 1 月 1 日起，按本通知附件规定的范围在本市建设工程中停止使用”，其限制范围为“不得用于空气流动性差及非露天的施工部位”，其替代工艺为“防水卷材冷粘法施工工艺”。

2014 年，《北京市推广、限制和禁止使用建筑材料目录（2014 年版）》对“沥青类防水卷材热熔法施工工艺”的限制进行了调整，禁止在“地下密闭空间、通风不畅空间和易燃材料附近的防水工程”使用“明火热熔法施工的沥青类防水卷材”，其表述更为准确。

对于汽油加热法施工的改性沥青防水卷材，施工过中释放有害气体污染环境，加热过程时释放出的有害气体比汽车要高出数倍，因为汽油燃烧是无处理直接排放到大气中的，同时易因施工不安全引起火灾，如北京园博会施工期间，在进行改性沥青防水卷材的明火施工时，其熔渣掉入溶剂中而造成十分严重的火灾事故，一座标志性塔全部烧毁。

北京市出台的关于防水材料的禁限政策，一直受到防水行业及其他省市监管部门的关注及效仿，在后续的产品标准更新过程中，也逐步采纳了北京市禁限政策的意见，将所涉及产品逐步废除。总的来说，这对北京市乃至全国的防水行业和防水材料的发展起到了巨大的推动作用。

二、防水材料及防水技术展望

“十三五”期间防水行业全国防水材料总产量将达到 20 亿平方米，可满足国内建设工程、轨道交通、高速铁路、城市综合管廊、水利工程、绿色建筑、装配式建筑等需求。当前整个建筑业包括防水行业都处在深化改革的关键时期，住建部适时提出了新的十大建筑技术（含防水技术），引导防水行业采用先进、成熟、可靠的新技术，提高工程科技含量，保证工程质量；引导企业通过新技术应用，吸收转化、激发创新动力，增强自身技术创新能力。重点发展以下防水新技术：

（一）聚氯乙烯（PVC）、热塑性聚烯烃（TPO）防水卷材机械固定施工技术

PVC 防水卷材和 TPO 防水卷材采用机械固定施工，通常用在钢板屋面或单层防水屋面上。施工时，采用专用固定件、垫片、压条、螺钉（不锈钢），对其进行点式固定和线性固定，达到整体防水而无渗漏的目的。该项技术主要用于公共建筑和工业厂房中。

单层屋面施工时对基层厚度有所要求，压型钢板应大于 0.75mm。C20 钢筋混凝土厚度大于 40mm。

（二）三元乙丙（EPDM）、热塑性聚烯烃（TPO）、聚氯乙烯（PVC）防水卷材无穿孔机械固定技术

该项技术是以电流产生的红外线为主要热源，同时把卷材和金属垫片上的热熔涂层加热，再把带有磁性压固的工具置于加热部位，将卷材下部的金属垫片吸附在工具的底部，同时使得带有热熔涂层的金属片与高分子卷材焊接在一起，从而达到不需要穿孔即可固定卷材的目的。该项技术主要用于工业厂房、粮库等场合。

该项机械固定技术的施工步骤为：将无穿孔垫片（带有热熔涂层）固定在轻钢屋面或基层上→铺设高分子卷材→磁性压固工具对准垫片→红外线加热→将卷材焊在基层上→卷材搭接（采用热网焊接成整体防水层）→收头密封。

（三）地下工程预铺反粘防水技术

地下工程预铺反粘防水技术所采用的材料是高分子自粘胶膜防水卷材，该卷材是在一定厚度的高密度聚乙烯卷材基材上涂覆一层非沥青类高分子自粘胶层和耐候层，进而复合制成的多层复合卷材。

采用预铺反粘法施工时，在卷材表面的胶粘层上直接浇筑混凝土，混凝土固化后，与胶粘层形成完整连续的粘结。这种粘结是由混凝土浇筑时水泥浆体与防水卷材整体胶合、相互勾锁而形成。高密度聚乙烯主要提供高强度，自粘胶层提供粘结性能，可以承受结构变形所产生的裂纹影响。

耐候层既可以使卷材在施工时可适当外露，又可以提供不粘的表面供施工人员行走，使得后续工序可以顺利进行。

（四）种植屋面防水施工技术

种植屋面具有改善城市生态环境、缓解热岛效应、节能减排和美化空中景观的作用。种植屋面也称屋顶绿化，分为简单式屋顶绿化和花园式屋顶绿化。

简单式屋顶绿化土壤层厚度不大于150mm，花园式屋顶绿化土壤层厚度可以大于600mm。一般构造为屋面结构层、找平层、保温层、普通防水层、耐根穿刺防水层、排（蓄）水层、种植介质层以及植被层。耐根穿刺防水层应位于普通防水层之上，避免植物的根系破坏普通防水层。

目前有阻根功能的防水材料有聚脲防水涂料、化学阻根改性沥青防水卷材、铜胎基-复合铜胎基改性沥青防水卷材、聚乙烯高分子防水卷材、热塑性聚烯烃（TPO）防水卷材、聚氯乙烯（PVC）防水卷材等。

聚脲防水涂料采用喷涂施工，改性沥青防水卷材采用热熔法施工，高分子防水卷材采用热风焊接法施工。

（五）装配式建筑密封防水应用技术

密封防水是装配式建筑应用的关键技术环节，直接影响装配式建筑的使用功能及耐久性、安全性。

装配式建筑防水措施按原理可分为材料防水（密封防水）和构造防水（排水）两大类。材料防水是依靠防水材料阻断水的通路来达到防水的目的，如接缝嵌填耐候建筑密封胶、外挂墙板周边设置橡胶空心气密条等。构造防水是采取合适的构造形式阻断水的通路，以达到防水的目的，如采用外低内高企口缝、设置排水空腔构造等。

（六）非固化橡胶沥青涂料复合施工技术

非固化橡胶沥青防水涂料，用于建筑工程非外露防水大面积喷涂防水层并同防水卷材复合施工，形成柔柔结合的性能优异的防水层，在国内得到广泛应用。尤其是同自粘型防水卷材复合施工，效果极佳。非固化橡胶沥青防水涂料同卷材复合施工的关键技术是两者的物理化学反应性能相容。

作者简介

杨永起，北京市建筑材料质量监督检验站原总工教授级高级工程师。研究方向为防水、保温、地面材料，涂料及粘结材料，砂浆及混凝土研究材料和工程应用。

北京市建筑防水材料发展及禁限与推广对发展的引领作用

◎田凤兰

早在远古时期，人们便本能地知道防水。那时只是为了遮风避雨。到了现代，建筑防水已成为建筑工程功能的一个组成部分。随着社会经济和建设事业的快速发展，今日的建筑防水工程已遍及建筑、市政、交通、水利 / 电力等各个领域，而且规模巨大。所以，建筑防水已成为一项涉及建筑安全、环境保护、建筑节能、百姓民生的产品和技术，防水工程质量直接影响建筑物（构筑物）的结构安全、使用功能和使用寿命。

建筑防水材料质量的优劣、选材是否合理，均直接影响工程的质量，所以建筑防水材料的发展越来越受到各界的广泛重视。

一、北京市建筑防水材料发展历程与现状

（一）发展历程

北京作为全国的首都，基本建设规模大、重点工程多、建造质量要求高，建筑防水材料发展在全国起步较早。北京 1950 年就建立了生产沥青油毡的工厂，建厂初期生产煤焦油沥青纸胎油毡，随着石油化工的发展，煤焦油沥青纸胎油毡逐渐被石油沥青油毡取代。为了支持首都建设对高质量沥青油毡的需要，北京自 1958 年起就开始了新型防水材料的研制，从 1958 年至 2018 年的半个多世纪以来，建筑防水材料发展经历了多次重大变革，在科技进步和工程领域不断扩展。以重点工程为依托，有力推动了新型防水材料的发展，满足了北京建设的发展需要。北京市防水材料技术的发展大致分为以下几个阶段：

1. 第一阶段（1956—1978 年）

为向中华人民共和国成立十周年献礼，国务院决定在北京修建包括人民大会堂、中国

革命历史博物馆、中国人民军事博物馆、民族文化宫、民族饭店、钓鱼台国宾馆、华侨大厦、北京火车站、全国农展馆及北京工人体育馆这十大建筑。这些建筑工程的设计者认为纸胎沥青油毡拉力低、吸水率高，不能满足百年大计的要求。当时的油毡厂经过调研，开发了以藻麻织物和矿棉织物为胎基的石油沥青油毡，这两种新型油毡拉力大、耐水性与当时的纸胎油毡比具有优异性，而且两种织物厚度大，生产出的油毡厚度为 3 ～4mm，产品在十大建筑的屋面和地下工程都有应用，叠层防水系统构成为三层沥青油毡＋四层热沥青玻璃酯（即在石油沥青中加入矿物粉料混合而成）。

与十大建筑同期建设的还有现在的北京地铁一号线一期工程，该线也是中国最早的地铁线。该线的建设不但给城市居民提供了便利和经济的交通工具，而且适应了当时国防的需要。该地铁线的设计采用浅埋明挖法施工方案，所以给防水带来了新的问题，解决一期工程 90 万平方米大面积的隧道防水成为北京地下铁路修建的关键问题，当时的油毡厂与设计人员几经研究开发出适应基层的沥青玻璃布油毡。在该材料的研究中为改善卷材的柔韧性，当时就提出了要对沥青进行改性，这是我国“沥青改性”技术的初始，开发了以玻璃布为胎基，以化学改性的沥青作为浸渍和涂盖材料的玻璃布胎油毡。该材料不但在零度低温下柔软，而且具有耐酸、碱、盐等特点，这在当时也是一个巨大的创新和技术进步。北京地铁一号线的一期工程防水系统为四毡五油叠层构造，该防水工程至今已使用几十年，尚未发现严重渗漏。

这一阶段，除为支持重点建设工程而研制出的新型沥青油毡外，还有沥青油膏和为满足房屋修缮需要而研制的乳化沥青、再生胶、水乳型防水涂料，并广泛用于当时的房屋维修工程。

2. 第二阶段（1978—1988 年）

1978 年开始，在改革开放政策推动下，北京市建筑防水材料技术开始迈入一个新的发展阶段，这一阶段的发展特点是高性能上档次的新型防水材料相继问世，两种合成高分子防水涂料相继成功开发并在工程中应用。1980 年，当时的北京市建工研究院成功开发出双组分聚氨酯并首先在北京的燕京饭店改造工程的卫生间防水做了示范应用，其具有强度高、延伸度大、回弹好、对基层伸缩变形适应性强等优异性能，施工时多遍涂刷形成 2mm 厚度的防水膜，经验证和实际应用，均未发现有渗漏现象，取得了良好效果。1984 年在中冶建筑研究总院研制开发了具有高延伸性的硅酮胶防水涂料，并在国家技术监督局、中粮广场等新建地下工程中应用，获得良好防水效果。这两种高分子防水涂料填补了我国同类产品的空白。

三元乙丙橡胶防水卷材是国际上公认的耐候性最好的防水材料。该材料是以三元乙丙橡胶为基本组成，加入多种辅助材料，采用橡胶制品加工工艺制成的具有一定厚度的层状防水材料，其具有耐老化性能好、抗拉强度高、延伸率大、质量轻、适应基层变形能力强等优点。美国、日本早在20世纪70年代就已广泛应用该材料。1980年北京建工研究院与北京化工研究院、北京橡胶六厂、保定第一橡胶厂共同研制成功并在首都国际机场航站楼（现为1号航站楼）屋面及车道的渗漏维修工程中应用，总施工面积约1万平方米。通过该工程的实践，不但较好解决了该工程渗漏维修问题，而且完善了应用技术，该产品的成功应用填补了我国同类产品的空白，并为以后该材料的推广奠定了基础。

3. 第三阶段（1988—1998年）

这一阶段，沥青基防水卷材发生了历史性变革，改性沥青防水卷材获得大发展。到1998年，传统沥青油毡彻底退出了北京建筑防水材料市场。1986—1988年，全国10余条改性沥青防水卷材生产线相继投产，但北京的新型SBS/APP改性沥青防水卷材产品入市，还是在1990年北京奥克兰建筑防水材料公司从德国引进的多品种油毡生产线投产以后。采用我国配方和工艺生产出的SBS/APP改性沥青聚酯胎防水卷材性能和质量达到德国同类产品水平，一些性能指标高于美国和日本标准。该产品当年就应用于北京燕莎商城屋面，采用4mm厚卷材防水构造，热熔法施工，工程竣工后经检验和实际应用，均未发生渗漏，为在北京市推广应用新型沥青防水卷材起到示范作用。研究人员于1992年组团赴欧洲考察应用技术，随后研编了北京市《新型沥青防水卷材应用技术规范》。1994年SBS/APP改性沥青防水卷材列入国家标准《屋面工程技术规范》(1994)，1996年又在毛主席纪念堂维修屋面工程中应用2mm厚卷材，热熔法施工。与此同时高耐热性的APP改性卷材开始应用于北京市政桥面防水。在这一阶段，自粘聚合物改性沥青防水卷材也应运而生。自1998年开始，北京的新型改性沥青类防水卷材成为北京建筑防水材料市场占主导地位的产品。传统纸胎沥青油毡彻底退出了北京市建筑防水材料市场。

毛主席纪念堂和人民大会堂SBS聚酯胎改性沥青卷材屋面防水维修如图1所示。

在这一阶段，随着地下工程建设规模的扩大，高分子防水卷材以其拉伸强度高、断裂伸长率大、撕裂强度高、耐腐蚀性能好等特点，树脂类的聚氯乙烯（PVC）、氯化聚乙烯（CPE）、乙烯共聚物（EVA防水板）以及土工膜防渗产品均在北京市屋面及地下工程中得到广泛应用（图2）。

(a) 毛主席纪念堂（1996年）

(b) 人民大会堂（1998年）

图1　毛主席纪念堂和人民大会堂SBS聚酯胎改性沥青卷材屋面防水维修

(a) 北京地铁（暗挖隧道）

(b) 北京地铁（明挖底板）

图2　北京地铁

在这一阶段，双组分聚氨酯防水涂料得到更广泛的应用，沥青基防水涂料在这一阶段也有新的产品问世，包括阳离子氯丁胶乳涂料、溶剂型和水乳型橡胶沥青防水涂料，聚合物防水涂料以其耐水性优于丙烯酸聚合物乳液涂料的优势，在北京建筑防水工程得到广泛应用。

4. 第四阶段（1998—2008年）

进入21世纪，北京市建筑防水材料开始向产品品种和应用领域多元化发展，产品方面已初步形成多品类、多品种、多样化、系列化的格局。随着防水工程领域的不断扩大，建筑工程防水领域也随房屋建筑使用功能标准的提高而扩大，加之地铁、市政基础设施等工程的需求，人们对防水材料技术提出了更高的质量要求和新品种要求。

在这一阶段，防水卷材中的种植屋面用耐根穿刺防水卷材，HDPE、PVC等高分子防水卷材在北京都得到了应用，但占比例最大的是改性沥青类耐根穿刺防水卷材，该种卷材的性能除满足SBS/APP改性沥青防水卷材（Ⅱ）型标准外，还具有耐植物根穿刺、耐霉菌等性能（图3）。

图 3　种植屋面（北京万科长阳天地项目）

在这一阶段，防水涂料也有新的发展。中美合资北京卡莱尔防水材料有限公司的单组分聚氨酯防水涂料生产线建成投产，并在北京开始推广应用，该涂料性能达到美国同类产品水平，填补了我国无单组分聚氨酯防水涂料的空白，该涂料在施工时开盖即用无须反应，与双组分聚氨酯防水涂料比较更加环保。在高速铁路发展突飞猛进形势下，喷涂聚脲防水涂料应运而生并以其快速固化、涂膜拉伸强度高（＞12MPa）、延伸率大、耐磨等突出特点，于 2006 年率先应用于京津城际铁路桥面，随后又应用于京沪高速铁路桥面。沥青基防水涂料在此阶段也有新的发展，非固化型和喷涂速凝型两种涂料在北京的一些企业都有开发，其中非固化橡胶沥青防水涂料与防水卷材复合系统列入建设部 10 项推广技术，在全国市场迅速推广。在这一阶段发展的防水涂料还有水泥基渗透结晶型防水涂料、聚合物改性水泥防水涂料、水泥基堵漏材料等，它们在北京的一些防水材料生产企业都有生产，并在北京工程上广泛应用。

5. 第五阶段（2008—2018 年）

在这一阶段，北京的高分子防水卷材及其应用技术又有快速发展。

（1）高密度聚乙烯自粘胶膜防水卷材及其预铺反粘施工技术研发成功并得到应用。该技术 20 世纪 90 年代中期在北京由美国格雷斯公司做示范应用，其具有可与后浇筑结构混凝土永久牢固粘结和可免设混凝土保护层即可进入后续浇筑施工的独特性能。业界一致认为该预铺反粘技术可有效解决因防水层与后浇结构混凝土不粘引发的漏水。但该结构复杂，研发难度大，2012 年北京东方雨虹和北京化工大学合作突破多项技术瓶颈研发成功，产品性能达到或接近国外同类产品水平。该产品及其预铺反粘技术在全国地铁和铁路隧道工程中应用，并在南水北调北京段工程中应用（图 4）。

(a) 南水北调北京段

(b) 南水北调北京段盾构隧洞内壁防水

图 4　南水北调工程

（2）热塑性聚烯烃（TPO）防水卷材机械固定单层屋面系统。该材料因既具有三元乙丙耐候性又具有 PVC 可焊接性，并在组成的生产和应用过程无任何有害物产生且可以回收再加工利用，是一种符合“节能—环保”政策的材料，产品还具有可以做成以浅色为主的各种颜色，热塑性聚烯烃（TPO）防水卷材还具有耐根穿刺的性能，该技术在北京多个公用工程和大型工业厂房中应用（图 5、图 6）。

(a) 增强型TPO防水卷材

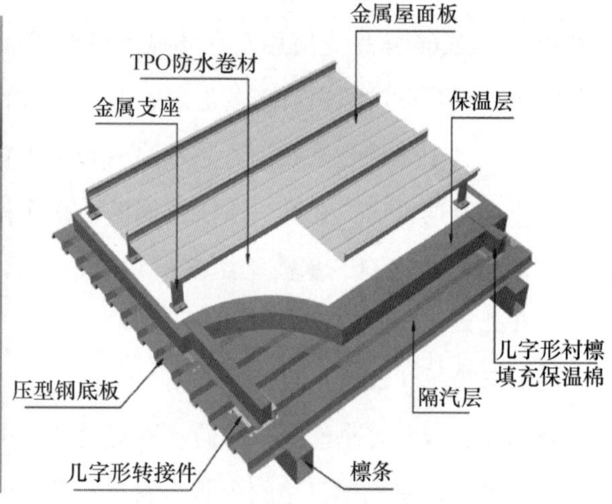

(b) TPO卷材单层屋面机械固定系统构造

图 5　TPO 防水卷材

在这一阶段，为贯彻“节能—环保”产业政策，降低使用过程挥发性有机化合物的排放，改善北京大气环境质量，制定了高于国家标准的北京市地方标准《建筑类涂料与胶粘剂挥发性有机化合物含量限值标准》（DB11/3005—2017）。

图 6　北京大兴国际机场（TPO 卷材单层屋面防水）

（二）发展现状

经过自 1958 年开始至今的半个多世纪的发展，尤其是自 1988 年至今的 30 多年的发展，北京市建筑防水材料的发展成就是巨大的。

（1）从产品单一化发展到多元化，目前已形成了包括高聚物改性沥青防水卷材（含自粘聚合物改性沥青）、合成高分子防水卷材、合成高分子防水涂料和聚合物改性沥青涂料、高分子接缝密封防水材料、水泥基防水涂料（也称刚性防水涂料）、止水堵漏材料、其他材料和配套材料等各类防水材料。各类材料品种、规格齐全，完全满足了北京市建设工程的需要。

（2）在各种材料中，国际流行且我国自"九五"至今后一段时期内大力推广的高性能改性沥青防水卷材、合成高分子卷材、防水涂料和高分子密封胶材料，北京市建筑防水材料市场均有，完全适应了北京市重点建设工程对防水材料高标准要求的需要（图 7）。

（3）为贯彻《北京市大气污染防治条例》和保卫蓝天工程，北京市建筑防水材料中的防水涂料有害物质限量均符合高于国家相关标准的北京地方标准。

（4）北京市建筑防水材料不但门类及品种规格的配套齐全，而且正向着防水系统材料配套化和施工机械化发展，如高分子防水卷材单层屋面机械固定系统、高分子预铺自粘胶膜防水卷材预铺反粘系统、防水涂料喷涂以及卷材热熔施工机械化均已广泛应用于市场。

图 7　城市副中心综合管廊（高分子自粘胶膜防水卷材）

二、北京市禁限和推广目录对防水材料发展的引导作用

北京市建筑防水材料发展历程表明，北京自 1958 年就开始了国家重点工程建设，所以北京市的建筑防水材料市场自改革开放以来就成为全国乃至世界各国建筑防水材料技术展示和推广的大市场。另外，防水材料生产企业分散在建材、建工、石油、化工、轻工等部门，引进的材料技术也来自世界各国。在建筑防水材料发展的初期，由于没有统一归口上的规则、指导，加之市场的不规范，性能和质量低劣的产品也曾充斥北京市建筑防水材料市场，如不加规划和指导，会影响北京市建设工程质量，所以北京市自 1999 年开始适时推出禁限政策和推广使用建筑防水材料目录，对北京市建筑防水材料市场发展起着重要的引导和规范作用。

（一）北京市禁限目录对发展的引领作用

（1）第一批——京建材〔1998〕480 号通知发布第一个“第一批限制和淘汰的落后建材产品目录”中禁限的防水产品及其对发展的引领作用：

禁限产品一：石油沥青纸胎油毡自 1999 年 7 月 10 日起禁止在住宅工程和共建工程中使用，这对推广 SBS/APP 改性沥青防水卷材起着推动的作用，同时两种改性沥青防水卷材至今也是世界各国广泛使用的，尤其在欧洲，符合《弹性体改性沥青防水卷材》（GB 18242—2008）要求的产品，在精心施工下完全可以保证防水工程质量。

禁限产品二：焦油聚氨酯防水涂料和煤焦油型冷底子油、煤焦油聚乙烯油膏（PVC

塑料油膏）三种。自1999年3月1日起禁止在所有新建工程和维修工程中使用，作为禁止使用的产品，这三种产品均为20世纪90年代由南方一些企业开发的，以其成本低、价格低在全国得到了广泛应用，如不强行禁止将极大地影响聚氨酯防水涂料和聚氨酯系统密封胶的推广使用，且这三种产品危害人体健康及污染环境。

（2）第二批——京建材〔1999〕518号通知“第二批限制和淘汰的落后建材产品目录”中禁限的防水产品及其对发展的引领作用：

20世纪末SBS/APP改性沥青防水卷材在北京及全国已有多个较大型企业生产，可以满足北京市建设工程需要，因此1999年推动淘汰质量低劣且不环保的低价的产品——自粘改性沥青防水卷材是适时的，起着引导市场发展的作用，SBS/APP改性沥青防水卷材代表了防水建材的新方向。

（3）第三批——京建材〔2001〕192号通知发布的第三批禁限通知中列入禁限的防水产品及其对发展的引领作用：

列入淘汰目录的第8项是改性聚氯乙烯（PVC）弹性密封胶，该材料应包括当时的塑性油膏和聚氯乙烯胶，这两种产品的基本组成是聚氯乙烯（PVC）树脂，其中均含有增塑剂，有产品还含有煤焦油成分，所以材料无弹性、低温性能差，增塑剂迁移性强，材料硬化后会产生龟裂，不能保证长久密封层防水，但优点是价格低。三元乙丙橡胶密封条具有三元乙丙橡胶的耐老化性能，而且有较好的弹性，适应基层变形能力强，低质的PVC类密封胶列为淘汰产品退出市场，引导建筑工程选用性能优良的三元乙丙橡胶密封条，不但有利于工程质量而且也对环境有利。

（4）第四批——京建材〔2004〕16号通知发布的第四批禁限通知中，列入禁限的防水产品及其对发展的引领作用：

列入限制使用防水产品一：“溶剂型建筑防水涂料（含双组分聚氨酯防水涂料、溶剂型冷底子油）”，溶剂型建筑防水涂料符合《溶剂型橡胶沥青防水涂料》（JC/T 852—1999），其低温柔性要求−10～−15℃弯曲无裂纹（ϕ10mm，2h），而该材料的溶剂组分中有二甲苯，为有害成分。涂料成膜是挥发成膜，也就是施工过程中有溶剂挥发，双组分聚氨酯类热固反应型材料在施工现场混合，混合过程会有溶剂挥发，而且一些见利忘义的施工队会添加苯类溶剂，不但对环境及人体有害而且性能也不能保证，所以列入限制使用，对推广单组分聚氨酯防水涂料有利。

列入限制使用防水产品二：厚度≤2mm的改性沥青防水卷材，改性沥青防水卷材是热熔施工而且边缘要求挤出沥青条作为密封。2mm厚卷材沥青层容易烘穿或使胎基收缩，而且2mm厚卷材施工质量也不容易保证，采用热熔施工的卷材厚度最小要求3mm。

（5）第五批——京建材〔2007〕659号通知发布的第五批禁限通知中，列入禁限的防水产品及其对发展的引领作用：

禁止使用产品一：沥青复合胎柔性防水卷材，它是20世纪90年代中期发展起来的卷材产品，基层以废旧纤维材料制成，不具有强度、延伸性，也不耐水，更不耐久，卷材浸涂沥青也采用一些胶粉做改性剂，卷材性能低劣，但由于价格低受到使用单位和施工单位的欢迎。该产品在建设部门“十五”推广和限禁技术报告中就列为限制使用（即不使用于Ⅰ、Ⅱ、Ⅲ级的建筑屋面及各类地下工程），禁用这些产品对选用高性能质量防水材料具有引导作用。

禁止使用产品二：改性聚氯乙烯（PVC）弹性密封胶条，该产品为第三批禁限产品中限制使用产品，也早在建设部“十五”推广和禁限技术公告中列为禁止使用。

禁止使用产品三、四、五：再生胶改性沥青防水卷材、煤焦油聚氨酯防水涂料、煤焦油冷底子油（JG Ⅱ型防水冷底子油涂料），均为性能低、不环保的防水材料，在建设部“十五”推广和禁限技术公告中列为禁止使用。

（二）北京市推广的建筑防水材料及其引导作用

为引导北京市建筑工程合理选用防水材料，北京市建设工程物资协会防水材料分会于2013年8月26日发布“北京市建筑材料使用指南”，其中推荐选用的防水材料共8大类30种材料，北京市建委在20世纪90年代中期就总结出保证建筑工程质量的20字方针“设计是前提，材料是基础，施工是依据，管理是保证”，为设计单位选材提供引导。

(a) 水立方

(b) 鸟巢

图8　北京奥运会标志性建筑

三、北京市建筑防水材料发展方向与前景

（一）北京市建筑防水材料发展方向

建筑防水材料可保证自然界的水不侵入结构并通过结构进入使用空间，避免影响建筑

物的使用和寿命。建筑物和构筑物必须具有保证结构不受水侵蚀、内部空间不受水危害的防水功能，而防水功能是通过建筑防水材料和技术来实现的。材料质量的优势、选材是否正确等直接影响工程的质量。北京市建筑防水材料发展方向如下：

（1）大力推广高性能质量档次的弹性体（SBS）改性沥青聚酯纤维胎防水卷材和优异耐候性能的高分子防水卷材。

（2）积极发展和推广采用环保型的聚氨酯防水涂料、丙烯酸防水涂料、聚合物水泥基防水涂料和高弹性密封材料。

（3）在公用建筑和工业厂房推广采用耐候型高分子防水卷材单层屋面机械固定系统，在地下空间工程的防水防护发展高分子预铺防水卷材及其预铺反粘防水系统。

（4）绿色防水材料对于抑制气候变暖、改善居住环境、节约能源都起到重要作用，推广使用的材料包括线色屋面、种植屋面等。

（5）遵循国家供给侧改革方针，推广和发展各类材料的高性能产品，限制发展和限制、禁止使用低性能、不环保的防水材料。

（6）通过实现北京市防水材料的产品系统化、配套化、防水工程应用技术系统化、实用化，加快提高北京市建筑防水技术整体水平。

（7）不断提高产品质量和使用寿命，促进提高防水工程质量、推动延长防水工程质量保证期，并推动建立防水工程质量保证期制。

（二）前景展望

随着社会经济的快速发展，防水工程领域已遍及建筑各部门，防水工程的功能与作业日益突出，北京作为全国的首都，依托重点和重大工程展望未来，建筑防水材料技术的发展一定会创出更加辉煌的成就。

作者简介

田凤兰，女，教授级高级工程师，获国务院特殊津贴科技专家。现任北京东方雨虹防水技术股份有限公司首席技术专家，特种功能防水材料国家重点实验室学术委员会副主任，并任中国建筑防水协会和中国建筑学会防水专业委员会专家委员。

装饰装修材料篇

北京市建筑胶粘剂禁限和推广的历史发展与作用

◎冯秀艳

一、引言

建筑胶粘剂是建筑工程上必不可少的材料，使用范围很广泛。我国建筑胶粘剂的发展具有很久的历史，最早人们使的胶粘剂包括黏土、熟石灰、动植物胶、沥青等。自从波特兰水泥问世以后，水泥便成为用途极广的砖板砌筑、粘贴、抹灰砂浆及批刮腻子的无机胶粘剂。随着科学技术的发展、应用领域的扩大和人们生活水平的提高，传统的动植物胶、矿物胶及水泥等无论在粘结性能或使用功能上逐渐不能满足使用要求。在欧洲，合成的聚合物乳液自20世纪30年代起就用于砂浆的改性，以这种方式改性的砂浆称为双组分系统（袋装的矿物胶粘剂粉料＋容器包装的第二组分液态聚合物胶粘剂），而在我国建筑装修工程中，20世纪70年代以前主要采用普通水泥砂浆粘贴饰面砖板，由于水泥砂浆粘结强度低且非弹性模量高，在热胀冷缩、冻融及振动等外力作用下，饰面砖板脱落、抹灰砂浆空鼓、新老混凝土连接中的脱层现象十分严重，其中严重脱落者竟达70%以上，而且95%以上从被粘物的界面脱落，很少发生于结合层本体。20世纪70年代中期，采用在水泥砂浆中掺入聚乙烯醇缩甲醛溶液（以下简称107胶）粘贴饰面砖板、抹灰及壁纸粘贴等，使水泥砂浆粘结强度有明显提高。其砂浆的保水性能及施工性能大大改善，因而在全国各地被广泛采用。

聚乙烯醇缩甲醛溶液（107胶），外观为无色或黄色透明黏滞性胶状物，它是聚乙烯醇分子链中的羟基与甲醛分子的羰基作用的产物。在我国107胶工业化生产以来，最初作为图书工业、办公用和民用胶水被利用。由于它具有很强黏滞性胶状外观，可以改善新拌水泥的和易性和可操作性及相对经济性，作为水泥改性高分子材料、涂料用成膜物质被引入建筑行业，并逐渐得到广泛的使用，二十世纪七八十年代，北京建筑用胶粘剂一直是以

107胶为主，107胶对改善产品性能，加快施工速度、改进建筑质量等方面起到积极的作用。无论是从应用量还是应用面上来看，107胶都是建筑业中首屈一指的胶料，推动了我国合成高分子改性材料和建筑用化学材料的发展，也起到促进建筑业施工技术革命的作用。

但是，随着我国科学技术的进步，建筑工业水平的提高，加上实践应用中的观察和总结，107胶在建筑业上应用的不足越来越充分地暴露出来，已到了不得不以其他新技术、新材料代替的地步。

（一）北京市20世纪90年代初建筑胶粘剂产品种类

20世纪80年代末和90年代初，我国有关单位研制开发出改进型的建筑胶粘剂及混凝土界面处理剂系列产品，由于它们对饰面砖板粘结力强、弹性模量小、耐水抗冻融性能好及施工便捷等优点，因而在建筑装修工程中被广泛采用。实践表明：凡采用胶粘剂或混凝土界面外理剂的工程，无论是多层建筑或高层建筑，饰面砖板脱落率及抹灰砂浆空鼓率都大幅度下降。20世纪90年代，北京市建筑胶粘剂按出厂时的物理形态主要有三种：

（1）液体类：按产品成分主要有两大类：一是以聚乙烯醇水溶液为主要原料的107胶；二是纤维素水溶液（甲基、乙基、羟丙基纤维素）、聚醋酸乙烯 - 乙烯乳液（707乳液）原料，使用时需要与施工工地的水泥和建筑砂按一定比例混合后使用。

（2）干粉类（也称干混砂浆中的特种砂浆）：它是由胶凝材料、细骨料、外加剂等固体材料组成，经工厂准确配料和均匀混合而制成的粉状产品。使用前在施工现场加入水搅拌后使用。

（3）膏状建筑胶粘剂，由聚合物分散液和增塑剂与填料等组成的膏糊状产品。无须搅拌，直接使用。

三种胶粘剂的比较见表1。

表1　三类胶粘剂应用范围及代表企业对比

<table>
<tr><th>产品种类</th><th>应用范围</th><th>代表企业</th><th>产品名称</th></tr>
<tr><td rowspan="2">液体类</td><td rowspan="2">瓷砖粘贴、界面处理</td><td>北京有成粘合剂厂
以EVA乳液为主要原料</td><td>众霸建筑胶系列</td></tr>
<tr><td>北京市正大方正装饰材料有限责任公司（现美巢集团）以聚乙烯醇为主要原料</td><td>美巢107胶</td></tr>
<tr><td>粉状类</td><td>瓷砖粘结</td><td>北京市建筑材料科学研究所</td><td>金鼎503胶</td></tr>
<tr><td>膏状类</td><td>瓷砖粘结</td><td>北京西城粘合剂厂</td><td>壁虎903建筑胶</td></tr>
</table>

（1）1986年北京市建筑材料科研究学所（现北京市建筑材料科学研究总院有限公司）

引进英国干混砂浆生产线，生产瓷砖胶粘剂、勾缝剂、水泥基自流平等产品，其中瓷砖胶粘剂获得 1988 年市科委科技进步三等奖。

（2）1990 年，北京西城粘合剂厂研制并生产出膏状的建筑胶——壁虎牌 903 建筑胶，主要用于室内瓷砖的粘贴。由于该类瓷砖耐水性差，所以主要用于室内装修中的瓷砖粘贴，在建筑外墙很少使用。

（3）20 世纪 90 年代初，液体胶粘剂主要有北京市正大方正装饰材料有限责任公司（现美巢集团）生产的美巢 107 胶；北京有成粘合剂厂生产的以 EVA 乳为主要原料的众霸胶系列。

（二）建筑胶粘剂标准对规范市场的作用

随着北京建筑业的蓬勃发展，建筑胶的市场越来越大，北京建筑胶粘剂生产企业也越来越多，但生产规模普遍较小，绝大多数生产企业生产设备落后，生产工艺控制不严格，产品研发能力差。由于恶性竞争，产品质量参差不齐，同样用途的胶粘剂因使用原材料不同，产品质量差异较大。低档次、低性能的胶粘剂占据大部分的市场份额，而一些高质量高性能的产品由于价格等因素，应用比较少。标准的缺失，给低档、劣质产品提供了土壤。

——1994 年国家制定了第一部陶瓷墙地砖胶粘剂标准《陶瓷墙地砖胶粘剂》行业标准（JC/T 547—1994）；

——1996 年北京市建委颁布了北京市地方标准《膏状建筑胶粘剂应用技术规程》（DBJ 01-28—1996）；

——1998 年北京市建委颁布了北京市地方标准《陶瓷砖外墙用胶粘剂应用技术规程》（DBJ 01-37—1998）；

——1998 年北京市建委颁布了北京市地方标准《建筑用界面处理剂应用技术规程》（DBJ/T 01-40—1998）。

此前，107 胶采用标准是《水溶性聚乙烯醇缩甲醛胶粘剂》（JC 438—1991），该标准的粘结强度指标只有 180° 剥离强度，测试所用材料是胶合板和棉布，而 107 胶用于建筑施工时，主要用于混凝土的界面处理（拉毛），砖石饰面的粘结，所涉及粘结基材表面主要是水泥质建筑材料（如水泥砂浆抹灰、混凝土、加气混凝土等）和砖石饰面材料（如釉面砖、劈裂砖、各种装饰石材等）。107 胶的要求与建筑用胶粘剂的要求存在明显的差异。

107 胶产品标准中的强度技术指标没有考虑使用环境变化对胶粘结性能的影响。但是在建筑上使用，就要考虑在不同部位使用时环境条件的变化。所以无论是混凝土界面处理剂，还是陶瓷墙地砖胶粘剂标准中，都对不同环境条件下的粘结强度提出了要求。

众所周知，产品的技术指标要求是根据产品的应用目的，为保证满足用户要求而提出的。从以上分析看，107 胶的技术指标并不能满足建筑领域用户的要求，因 107 胶从一开始就不是为应用于建筑领域设计的，只是一种低改性度的胶粘剂。

行业标准《陶瓷墙地砖胶粘剂》（JC/T 547—1994）的标准出台，以及北京市地方标准的颁布，对规范北京市建筑胶粘剂市场起到了积极的作用。107 胶按《陶瓷墙地砖胶粘剂》（JC/T 547—1994）或北京市地方标准《建筑用界面处理剂应用技术规程》（DBJ/T 01-40—1998）的规定进行测试，其性能均不能满足标准要求。我们选符合《水溶性聚乙烯醇缩甲醛胶粘剂》（JC 438—1991）标准的 A、B、C 三种 107 胶分别按 DBJ/T 01-40—1998 标准和 JC/T 547—1994 标准进行测试，结果见表 2 和表 3。

通过表 2、表 3 的试验可以看出，即便是符合标准的 107 胶按混凝土界面处理剂和陶瓷墙地砖胶粘剂标准进行检验，均不符合标准要求。

表 2　107 胶作混凝土界面处理剂应用 DBJ/T 01-40—1998 测试结果　　MPa

项目	指标	A	B	C
原强度	≥0.70	0.62	0.54	0.55
耐水	≥0.50	0.50	0.47	0.47
耐冻融	≥0.50	0.35	0.45	0.47

注：试验中采用的水泥为 52.5 基准水泥，符合 GB 175 要求；采用的砂为标准砂，符合 GB/T 177 要求。

表 3　107 胶作陶瓷墙地砖胶粘剂应用 JC/T 547—1994 测试结果　　MPa

项目	指标	A	B	C
原强度	≥1.00	0.72	0.35	0.91
耐温	≥0.70	0.62	0.36	0.58
耐水	≥0.70	0.67	0.33	0.60
耐冻融	≥0.70	0.42	0.46	0.56

注：试验中，107 胶：水：水泥：砂 =0.5 ： 0.5 ： 2 ： 3（质量比），所用水泥、砂的品质同表 2。

此外，107 胶对环境的污染极大，107 胶由聚乙烯醇与甲醛进行缩合反应而制备。由于聚乙烯醇是分子量为 1.6 万～5.4 万的高分子化合物，与甲醛反应时反应阻力很大，通常条件下，很难与甲醛反应完全，这样 107 胶中就会存在游离甲醛。甲醛是蛋白质凝固剂，属一种原生毒性。空气中的甲醛对人的眼、鼻、喉、皮肤产生明显的刺激作用和敏感人群脑电图的改变。空气中甲醛浓度在 1×10^{-7} 时，可刺激咽喉和肺部；在 5×10^{-7} 时，可威胁儿童和气喘病人；超过 3×10^{-6} 时，刺激增加，（4～5）$\times10^{-6}$ 时，超过 30min，引起流泪和不适；（1～2）$\times10^{-5}$ 时，引起呼吸困难、咳、胸痛和头痛，不小于 5×10^{-5}

时，会引起肺炎、肺气肿等严重损害，甚至死亡。1987 年，美国环保局宣布它为人类可疑致癌物。在 1998 年北京市技术监督局对 107 胶的 2 次抽检中，主要的问题是甲醛含量严重超标，最高的超出标准指 10 倍之多，大量的不合格 107 胶流入市场。在建筑上使用，即使交了工，甲醛还会不断地释放，形成了对人体健康的广泛性和潜在性危害，并对环境造成了极大的污染，对人类生存的环境造成了威胁。长期在这种环境下施工与居住直接影响人类生活质量，同时，影响经济发展和环境状况。2001 年，国家颁布并实施了《室内装饰装修材料胶粘剂中有害物质限量》（GB 18583—2001）标准，对胶粘剂中的甲醛、甲苯、二甲苯及总挥发性有机物做了规定，107 胶、903 胶等液体胶粘剂由于环保指标未能达到标准要求，销售和使用受到很大的制约。

二、北京市建筑胶粘剂发展的历史沿革

（一）北京市建筑胶粘剂的发展是由液体胶粘剂逐步发展到干粉粘结剂（预拌砂浆）的过程

液体类的胶粘剂大多需要在施工现场与水泥和砂子按液体胶粘剂制造商提供的比例进行配制，施工质量不易控制，这种现场搅拌施工方法有许多缺点：计量不准确或根本不计量（很少见到工地施工人员搅拌时有计量工具），加胶量和水泥、砂的比例凭施工人员的经验，随意性大；不同人或同一个人每次搅拌的样品不一致；由于施工的砂、水泥质量的改变造成最终胶粘剂的质量不稳定；施工工地搅拌不均匀；出现质量问题，责任不清。此外，这种方法非常耗时、材料用量大并且需要熟练的技术工人。为此我们进行了一项试验，即同一液体类产品，同一比例，采用不同水泥得到的试验结果（图 1）。试验方法参照《陶瓷墙地砖胶粘剂》（JC/T 547—1994）。

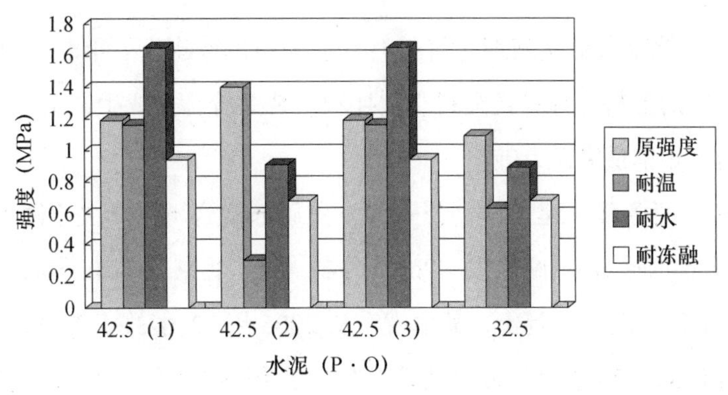

图 1　同一产品、同一比例、不同型号水泥的测试结果

通过结果可以看出，仅水泥的一个因素就对产品的最终结果有很大的影响，如果把其他的不确定因素考虑进去，对最终结果影响非常大，由此可见，实际施工时工程质量的不稳定性。

干粉粘结剂（预拌砂浆）具有实现标准化的生产控制，质量均匀可靠；使用、运输及储存都比较方便；施工时只需要加水搅拌，产品的质量得以保证等优点正逐步被接受，发达国家的建筑胶粘剂的发展过程即是现场搅拌—干混砂浆的工业化生产—干混砂浆加机械化现场施工。随着中国加入 WTO，发达国家的产品和技术已经被国内接受。

（1）1986 年北京市建筑材料科学研究所（现北京市建筑材料科学研究总院有限公司）引入英国 FEB 公司干粉砂浆生产线生产技术，生产瓷砖粘结剂、勾缝剂、水泥基自流平等产品。

（2）1997 年，北京市建兴新建材开发中心，引进、吸收欧洲先进的成熟技术，投资总额 450 万元人民币，建成北京地区最大的预配制聚合物干混砂浆专业生产厂。年生产预配制聚合物干混砂浆 2 万吨。该中心主要产品有“贴得牢”高级陶瓷墙地砖胶粘剂、内墙高级陶瓷墙砖胶粘剂、聚合物外保温粘结砂浆、抹面砂浆。该中心的成立，为北京市建委后期推广预拌砂浆起了带头和示范作用。

（3）1999 年，国家建材局《新型建材制品导向目录》（建材规划发〔1999〕163 号），将聚合物干混砂浆列为重点发展和鼓励项目之一，可享受设备进口等有关税收的优惠。

（4）2001 年，北京市建筑材料科学研究所（现北京市建筑材料科学研究总院有限公司）产 6 万吨粉体材料生产线投产，主要生产粉刷石膏墙体抹灰材料。

（5）2001 年，国家经贸委《关于印发〈散装水泥发展“十五”规划〉的通知》（国经贸资源〔2001〕1022 号）中，明确提出“大力发展预拌混凝土和干粉砂浆，提高散装水泥质量和技术含量”。

（6）2002 年，北京敬业达新型建筑材料有限公司投资建成了年产 17 万吨干粉砂浆生产线，具有较先进的上料、计算机配料、搅拌和包装系统，主要生产水泥基干粉砂浆。该生产线投产初期，年销量突破万吨。

（7）2003 年，商务部、建设部、公安部、交通部联合下发《关于限期禁止在城市城区现场搅拌混凝土的通知》（商改发〔2003〕341 号），北京等 124 个城市城区从 2003 年 12 月 31 日起禁止现场搅拌混凝土，其他省市从 2005 年 12 月 31 日禁止现场搅拌混凝土，并推广使用预拌砂浆。2003 年，北京建筑开复工面积达 1.1 亿平方米，竣工面积约 4000 万平方米，建筑业完成总产值 1300 亿元，建筑胶粘剂用量也快速增加，据不完全统计，

2003 年北京市建筑工程共使用各类胶粘剂约 30 万吨（不包含家庭装修），其中液体胶粘剂约占 90%（折合成干砂浆约 135 万吨），干粉类产品占 10%；瓷砖粘合剂、界面处理剂和外墙外保温用粘结剂占胶粘剂三大类产品占总用量的 70% 左右。干混砂浆的生产企业逐步增多，预计其后几年，干粉类胶粘剂用量将大幅增加，液体胶粘剂用量下降。

（8）2004 年 1 月，北京市建委在发布的《关于在本市建设工程中推广使用预拌砂浆的通知》中规定："四环路以内工程、奥运工程应率先使用预拌砂浆，工程维修、家庭装修提倡使用干混砂浆，鼓励发展散装干拌砂浆"，通知的发布有力地促进了预拌砂浆的发展。

（9）2004 年 3 月，北京市建委、市商务局、市公安局、市交委联合转发《关于转发〈商务部、公安部、建设部、交通部关于限期禁止在城市城区现场搅拌混凝土的通知〉的通知》，在通知中提出："积极鼓励发展预拌砂浆，在条件成熟的时候，市建设行政部门会同市有关部门制定在本市行政区域内严格禁止现场搅拌砂浆的行政措施，推广使用预拌砂浆"。该政策的颁布实施，预示北京的建筑胶粘剂市场由液体类胶粘剂向干粉类胶粘剂的过渡完成，北京建筑胶粘剂开启了预拌砂浆的时代。

（二）北京市建筑胶粘剂的发展是由产品单一向产品多样化、专业化的过程

原有的液体类胶粘剂产品单一，一胶多用，但随着施工技术、建筑工业化水平的提高、新型建筑材料的不断出现，液体类胶粘剂已经不能满足市场的需求。1997 年，德国瓦克在同济大学德国中心成立代表处开始推广可再分散乳胶粉，采用可再分散乳胶粉改性的干拌砂浆产品与水拌和后，会形成一个高质量的、具有鲜明一致特性的聚合物改性水泥基砂浆。使用预装袋干拌砂浆能够对水泥、骨料、添加剂和可再分散乳胶粉进行精确计量，从而避免了在施工现场配料和搅拌过程中可能出现的错误，保证产品的使用具有高度的安全性。与液体和膏状产品相比，聚合物改性干拌砂浆没有受冻或微生物污染的风险，容易运输和储存，产品包装和容器的处理也十分简单。通过可再分散聚合物粉末的掺量及各种型号对干粉砂浆进行改性，可以显著改善砂浆的工作性、粘结性、柔性和变形性能、耐磨性、抗折强度和内聚性以及长期耐久性，从而使产品的胶粘剂的种类和性能更加多元化、专业化。

从产品品种看，水泥基产品主要包括粘结剂、勾缝剂、界面剂、地面自流平材料、耐磨地坪、单组分外墙外保温粘结砂浆和抹面砂浆等；石膏基产品主要包括以半水石膏或无水石膏为胶凝材料的粉刷石膏、粘结石膏、嵌缝石膏，石灰基产品主要包括以消解石灰为胶凝材料的耐水腻子产品。

（三）北京市建筑胶粘剂的发展是由低性能的改性产品向聚合物高改性的产品发展的过程

以传统的纤维素醚、聚乙烯醇、聚丙烯酰胺等大分子水溶液配制的胶粘剂，虽然黏度高，但粘结力、耐水、耐温性能较差，逐步被高性能的乙烯/醋酸乙烯酯共聚乳液和丙烯酸酯类高分子树脂为主要粘结材料的产品所取代。现代化的建筑材料和施工方法需要聚合物改性砂浆，如粘贴全玻化的瓷砖或固定保温用的聚苯板。因此，建筑化学工业的一个重要发展就是使用添加剂和聚合物胶粘剂来改善砂浆（主要是水泥基砂浆）的性能。高性能的聚合物分为两种：一种是可再分散乳胶粉，单组分粘结剂；另一种是丙烯酸乳液和乙烯/醋酸乙烯酯共聚乳液双组分系统（袋装的矿物胶粘剂粉料+容器包装的第二组分液态聚合物胶粘剂）。但是在实际应用中，施工现场使用这些双组分系统时出现了很多问题。最主要的困难就是准确控制聚合物乳液的掺加量。其原因可能是缺乏知识、经验以及针对某一特殊应用对工人的培训。掺量上的错误也可能偶然发生，甚至是故意这样做以在短期内省钱。过高或过低的聚合物乳液掺量会显著改变砂浆的特点和技术性能，从而由于粘结性、柔性和/或耐久性不符合要求引起各种建筑材料的严重破坏。其他不使用双组分产品的原因除了搬运上的困难和风险，还有费用和物流方面的问题（例如，需要容器进行包装，存在如何安全处理方面的问题；双组分体系在现场的施工操作要消耗更多的时间，工作条件也更艰苦）。

在世界范围内，施工现场搅拌技术和现场采用液体聚合物改性砂浆的技术正在逐渐被特别为现代建筑技术、材料和环境设计且具有不同特性的聚合物改性干拌砂浆产品所替代。在工厂生产的经可再分散乳胶粉改性的干拌砂浆显著提高了施工现场的生产效率，可以使产品容易、快速和更有效、更安全地进行搬运和作业。这样可以避免现场混拌砂浆容易出现的错误，确保更好的和稳定一致的最终效果。采用可再分散聚合物粉末对干砂浆进行改性还可以显著改善其工作性、粘结性、柔性和变形性能、耐磨性、抗折强度和内聚性以及长期耐久性。生产商、施工单位和最终用户均可以从由可再分散乳胶粉改性的干砂浆中获得显著的效益。

三、北京市建材禁限目录对建材行业发展的作用和贡献

20世纪90年代，北京市建筑胶粘剂的生产企业近300家，但生产规模普遍较小，绝大多数生产企业生产设备落后，生产工艺控制不严格，产品研发能力差等，缺少龙头企业、知名品牌。同样用途的胶粘剂因使用原材料不同，产品质量差异较大。低档

次、低性能的胶粘剂占据大部分的市场份额，而一些高质量、高性能的产品由于价格等因素应用比较少，由于低价竞争，瓷砖脱落、抹灰空鼓工程事故经常出现，如图2所示。

图2 瓷砖脱落、抹灰空鼓工程事故

1998年第二季度，北京市质量技术监督局对北京市的建筑胶（主要指砖石饰面用胶）生产企业进行了统检，其结果令人吃惊。在抽检的84家生产建筑用107胶（聚乙烯醇缩甲醛胶）中，合格率仅为13%。同年9月，北京市质量技术监督局在市场执法检查中，共抽检了46个同类产品样品，涉及30家企业，合格率为零，与第二季度统检的84家企业重复的为13%。根据统检的企业销售记录统计，劣质107胶已经混入建筑市场，对建筑施工质量带来了极大的隐患。107胶生产质量问题已经到了极其严重的地步。

建筑粘结除了内掺抹灰，主要的功能是界面的粘结和石材与基层之间的粘结。其不仅关系到建筑物的使用寿命，而且关系到人身安全问题。因此，北京市建委发布了《关于公布第二批12种限制和淘汰落后建材产品目录的通知》（京建材〔1999〕518号）。通知中规定，由于聚乙烯醇缩甲醛胶粘剂（107胶）为低档聚合物，性能差，产品档次低列为限制产品，不准用于粘贴墙地砖及石材。该通知出台后，开始阶段效果非常好，但并没有持续下去，淘汰107胶后，有许多企业把107胶改名，市场上出现了106胶、108胶、801胶等，其实仍是107胶，仅是改变了名称。其内在质量没有任何变化，市场仍在大量使用。2001年，国家颁布并实施了《室内装饰装修材料胶粘剂中有害物质限量》（GB 18583—2001）标准，对胶粘剂中的甲醛、甲苯、二甲苯及总挥发性有机物做了规定，107 胶由于环保指标未能达到标准要求且有明显的甲醛味道，比较容易辨别，因此逐步退出市场，一种新的低成本的胶粘剂（以聚丙酰胺为主要原料）出现，该胶粘剂虽然无甲醛，高黏度、低固含量，但其性能也不能符合标准要求。此时市场较为混乱，产品名称也不规范，五花八门，如有 108 胶、791 胶、891 胶、801 胶、818 胶、881 胶、911 胶、921 胶、强力胶等；产品用途不清楚，万能、多用途胶多，同一名称、不同用途的胶多，同一用途、不同名称的胶多，同一名称、同一用途、不同使用比例的胶多，同样的胶用途万能与水、灰配比多样。

为此，北京市建委 2004 年发布的《关于公布第四批禁止和限制使用建材产品目录的通知》（京建材〔2004〕16 号）中规定，由于聚丙烯酰胺类建筑胶粘剂耐温性能差，耐久性差，易脱落，在内外墙瓷砖粘结及混凝土界面处理限制使用。商务部、公安部、建设部、交通部已于 2003 年发文《关于限制禁止在城市城区现场搅拌混凝土的通知》（商改发〔2003〕341 号），2004 年，北京市建委于 2004 年发文《关于在本市建设工程中推广使用预搅拌砂浆的通知》（京建材〔2004〕13 号），通知中鼓励发展干混砂浆。从确保工程质量和环境保护讲，都应加快推广干混砂浆。随着干粉类砂浆的大推广普及，政府监管加强，液体类的胶粘剂逐步退出建筑市场。2007 年，北京市建委发布的《关于发布北京市第五批禁止和限制使用的建筑材料及施工工艺目录的通知》（京建材〔2007〕837 号）中规定，由于聚丙烯酰胺类建筑胶粘剂，耐温性能差，耐久性差，易脱落在内外墙瓷砖粘结及混凝土界面处理限制使用。通知中还规定：由于现场搅拌砂浆使用袋装水泥，浪费资源、污染环境，不符合国家产业政策发展方向，在中心城区、市经济技术开发区新开工的建设工程中不得进行现场搅拌，推荐使用预拌砂浆。

自 2007 年后，北京市禁止现场搅拌砂浆工作开展取得了很大的成绩。政策、法规、标准管理制度建设日趋完善，宣传、培训、示范、推广效果不断增强，科研创新工作有效驱动行业发展，监督、检查有力地规范了建设市场秩序，预拌砂浆使用量连年保持 30% 以上的增长；预拌砂浆行业投资意愿大增，预拌砂浆供应能力进一步增强，北京市建筑胶粘剂市场（不含结构胶）已经全面进入预拌砂浆时代，在施工现场与欧美基本同步，北京市建筑胶粘剂市场正在向高起点、高标准、高水平加快前行。

参考文献

[1] 郜希贤 . 我国建筑胶粘剂的发展现状及存在问题［A］// 北京粘接学会第十一届年

会暨技术论坛论文集［C］. 2003.

[2] 于亚军，吴英君，杨纯武，等 . 淘汰 107 建筑胶的必要性［J］. 中国胶粘剂，1994（06）.

[3] Jakob Wolfisberg，张量 . 干拌砂浆的发展及可再分散聚合物粉末的应用［J］. National Starch & Chemical, 2005(1):1-6.

作者简介

冯秀艳，女，北京建筑材料检验研究院有限公司事业部副经理，高级工程师。主要研究方向为砂浆、石膏、保温材料及其系统检测技术开发与相关领域标准编制。

建筑胶粘剂应用现状及创新发展

◎杨永起　贾兰琴

胶粘剂是现代工业和现代建筑业中应用十分广泛的产品。建筑胶粘剂用于建筑的室外、室内建筑制成品的黏合。以基材为对象，建筑胶粘剂可分为水泥混凝土胶粘剂、木材胶粘剂、塑料胶粘剂、玻璃胶粘剂、钢材胶粘剂。如，陶瓷砖胶粘剂、石材胶粘剂、壁纸（布）胶粘剂、PVC 板胶粘剂、钢结构装配式建筑专用胶、装配式建筑专用密封防水产品等。各种结构胶（混凝土结构工程锚固胶、混凝土接缝用建筑密封胶等）和建筑胶从低档向高档发展，从单一品种向多品种发展，已形成一个专门的系列产品。

一、禁限政策与标准对北京市建筑胶粘剂发展的作用

（一）禁限政策的作用

20 世纪 80 年代，建筑业开始广泛使用胶粘剂。产品主要有混凝土界面剂、瓷砖胶粘剂、建筑构件用粘结剂、石材胶粘剂、壁纸胶粘剂和各种密封防水材料、接缝填缝材料等。初期使用的以聚乙烯醇缩甲醛为主成分的 107 胶。107 胶作为砂浆胶粘剂的主体材料，用于粘结室内隔墙板，粘结瓷砖和石材，而当时尚未有专用的陶瓷砖胶粘剂和石材胶粘剂。由于 107 胶是一种水性的产品，在潮湿环境下其粘结强度降低，耐久性差，并会产生霉变现象。受制于当时的技术水平和经济条件，建筑业大量采用这种低价的产品。

与此同时，建材行业又推出水溶性聚丙烯酰胺胶，作为新产品进入建筑市场。聚丙烯酰胺原本是一种增稠剂和润滑剂，其广泛地用于石油行业钻井泥浆添加剂，通过掺加聚丙烯酰胺，可增加泥浆的润滑性。聚丙烯酰胺胶粘剂最早由天津大学化工厂研制。当时有人将此产品加水调制成“胶粘剂”，进而用于建筑施工。其掺加量很小，却能有效地使水泥砂浆增稠，造成有较强黏性的假象，广泛地应用在建筑施工，蒙蔽了不少人的眼睛。实际上此产品不具有胶粘剂的性能，只是起到增稠效果。

在20世纪90年代，低劣质量的胶粘剂充斥着市场，还有一部分人以低质量水玻璃作为胶粘剂到市场上推销。原北京市建筑材料质量监督检验站（现北京建筑材料检验研究院）在北京市质量技术监督局的安排下，在丰台区槐房地区进行多次打假，现场发现所谓的建筑胶粘剂装在黑塑料桶中，上面还漂浮着蚊虫，质量无从谈起。在各级政府协同下，经过多次打假，假冒伪劣产品逐步被清出市场。

上述情况说明，当时建筑胶粘剂市场十分混乱，在工程中出现了较为严重的质量问题和安全隐患。在北京市建委和政府有关部门领导下数次发文将低质产品逐步淘汰和采用限用等措施，建筑市场将低质胶粘剂产品得以被清理。与此同时出现了一批正规的建筑专用的胶粘剂生产厂家。

1999年，北京市建委发布了《关于公布第二批12种限制和淘汰落后建材产品目录的通知》(京建材〔1999〕518号)，将“聚乙烯醇缩甲醛胶粘剂（107胶）”列入限制类产品目录，限制范围为“不准用于粘贴墙地砖及石材”，限制原因为“低档聚合物，性能差，产品档次低”。

2004年，北京市建委发布了《关于公布第四批禁止和限制使用建材产品目录的通知》(京建材〔2004〕16号）其中将“聚丙烯酰胺类建筑胶粘剂”列入限制类，限制范围为“内外墙瓷砖粘结及混凝土界面处理”，限制原因为“耐温性能差，耐久性差，易脱落”。2014年，北京市建委发布的《关于发布〈北京市推广、限制和禁止使用建筑材料目录（2014年版）〉的通知》(京建发〔2015〕86号）又彻底地将“聚丙烯酰胺类建筑胶粘剂”列入禁止类。

经过不断的政策限制与升级，以聚乙烯醇缩甲醛胶粘剂（107胶）和聚丙烯酰胺类建筑胶粘剂为代表的低劣建筑胶粘剂在北京建材市场逐渐销声匿迹。在建筑胶粘剂较为混乱的年代，这些政策也起到了很好的宣传和教育作用，使广大的建设单位和用户单位能够有效地了解建筑胶粘剂质量。

（二）标准的作用

2004年，根据北京市建材质量监督局和北京市建委的要求，北京市建筑材料质量监督检验站协同生产和施工单位一起编制了《膏状建筑胶粘剂应用技术规程》(DBJ 01-28—1996）和《陶瓷砖外墙用复合胶粘剂技术规程》(DBJ 01-37—1998)。这些技术规程是在参考了国外的技术和标准编制的，这也是国内首次编制颁布的胶粘剂地方标准。建设部于2005年颁布了行业标准《陶瓷墙地砖胶粘剂》(JC/T 547—2005)，根据此产品标准，北京市编制并发布了《陶瓷墙地砖胶粘剂应用技术规程》(DB11/T 344—2006)。在当时，饰面砖起鼓、脱落等质量事故时有发生，使得许多耗巨资装修的建筑物面目全非，不仅影响环境美观，而且威胁人身安全。工程的维修和返工造成很大的经济损失。这一系列标准出台极大地提升了建筑工程质量，避免了饰面砖起鼓、脱落等质量事故发生。上述产品和施工标准于近期又都在总结10余年的实践而进行了修编。《外墙饰面砖工程施工及验收规程》（JGJ 126—2015）、《陶瓷砖胶粘剂》（JC/T 547—2017）。与此同时北京市地方标准《陶瓷墙地砖胶粘剂施工技术规程》（DB11/T 344—2017）。新颁布的《陶瓷墙地砖胶粘剂施工技术规程》是以国家行业标准为依据，以本市工程为基础编制的，对北京市陶瓷墙地砖胶粘剂的工程使用起到正确的指导作用。

新颁布的《陶瓷砖胶粘剂》（JC/T 547—2017）标准，将胶粘剂分为水泥基胶粘剂、膏状乳液基胶粘剂和反应型树脂陶瓷砖胶粘剂。其中水泥基胶粘剂的应用最广泛，是以水泥掺加聚合物等外加剂制成的，膏状乳液基胶粘剂是以树脂乳液掺加填充剂和添加剂而制成。反应型树脂胶粘剂以聚氨酯或环氧等树脂构成，性能良好。粘结强度高分别在大于0.5MPa、1.0MPa、2.0MPa。其标准主要技术要求见表1。

表1　水泥基胶粘剂（C）的技术要求

特殊性能		指标
抗滑移	滑移（mm）	≤0.5
快凝型水泥基胶粘剂	6h拉伸粘结强度（MPa）	≥0.5
	晾置时间≥10min、拉伸粘结强度（MPa）	≥0.5
	所有其他的要求应不低于C型胶粘剂的粘结强度要求	见胶粘剂C的要求
横向变形	柔性胶粘剂（S_1）（mm）	≥2.5，<5
	高柔性胶粘剂（S_2）（mm）	≥5
加长开放时间	加长的晾置时间≥30min、拉伸粘结强度（MPa）	≥0.5
外墙基材为胶合板材的胶粘剂	普通型粘结剂（P1）（MPa）	≥0.5
	增强型粘结剂（P2）（MPa）	≥1.0

膏状乳液基胶粘剂的性能应符合表2规定。

表2　膏状乳液基胶粘剂的技术要求——基本性能

分类	性能	指标
D1-普通型胶粘剂	剪切粘结强度（MPa）	≥1.0
	热老化后的剪切粘结强度（MPa）	≥1.0
	晾置时间≥20min拉伸粘结强度（MPa）	≥0.5
D2-增强型胶粘剂	21d空气中7d浸水后的剪切粘结强度（MPa）	≥0.5
	高温下的剪切粘结强度（MPa）	≥1.0

膏状乳液基胶粘剂的特殊性能应符合表 3 规定。

表 3　膏状乳液基胶粘剂（D）的技术要求——特殊性能

分类	特殊性能	指标
T- 抗滑移	滑移（mm）	≤0.5
A- 加速干燥	7d 空气中，7d 浸水后的剪切粘结强度（MPa）	≥0.5
	高温下的剪切粘结强度（MPa）	≥1.0
E- 加长开放时间	加长的晾置时间≥30min、拉伸粘结强度（MPa）	≥0.5

反应型树脂陶瓷砖胶粘剂应符合表 4 和表 5 规定。

表 4　反应型树脂陶瓷砖胶粘剂（R）技术要求——基本性能

分类	性能	指标
R1- 普通型胶粘剂	剪切粘结强度（MPa）	≥2.0
	浸水后的压缩剪切粘结强度（MPa）	≥2.0
	晾置时间≥20min，拉伸粘结强度（MPa）	≥0.5
R2- 增强型胶粘剂	热冲击后剪切粘结强度（MPa）	≥2.0

表 5　反应型树脂胶粘剂（R）的物理性能——特殊性能

分类	特殊性能	指标
T- 抗滑移	滑移（mm）	≤0.5

二、建筑胶粘剂的现状和创新发展

当前建筑胶粘剂的创新发展，北京市和世界是同步进行的，随着世界经济和我国经济的快速发展，建筑胶粘剂成为建筑业中的重要产品。我国建筑业的发展尤其是装配式建筑逐渐成为建筑市场的主力军，对胶粘剂发展起到积极的促进作用。我国已成为世界胶粘剂生产和消费的大国，而且一直是保持着增长的势头，增长效率平均在 7% 左右。

随着原材料上涨，高品质、高性能、高附加值建筑胶粘剂产品的快速增长，其中热熔胶、反应型胶粘剂增长更快，预计全国各类胶粘剂总产量达到 740 万吨。

由于市场发展和环保节能法规的要求，水基型、热熔型、生物降解型、光固化型、室温和低温固化型和高固含量型等环保节能的产品将会得到更大的发展。创新改进型、反应型、多功能型等高新技术产品会有较大发展。近期用于装配式建筑专用的各种胶粘型密封防水剂、接缝型胶粘剂将会更快增长。

目前随着建筑主体的变化，胶粘剂分为专用胶粘剂、密封防水材料、接缝粘结材料、界面处理剂材料等。

2017 年，国家颁布了最新的行业标准《陶瓷砖胶粘剂》。陶瓷砖胶粘剂广泛地用于室内墙和地面。室内卫生间的墙和地面，室外墙和地面。其产品分为水泥基、树脂乳液膏状、反应型树脂。在实际工程中以环保节能型的水泥基应用为主，其他两类在指定工程中采用。如反应型树脂用于粘结、防水、防腐、耐久的工程（如污水处理场水池）。北京市地方标准《陶瓷墙地砖胶粘剂施工技术规程》（DB11/T 344—2017）为施工和质量验收提供了标准依据。

用于建筑的结构胶和密封防水胶分为三类：一是混凝土装配式建筑；二是钢结构装配式建筑；三是木结构装配式建筑。

1983 年，由中科院与建设部联合鉴定《JGN 型建筑结构胶粘剂及其应用技术》开创了中国建筑结构胶粘剂的历史，填补了国内空白。自此，国内科研机构及生产企业踏上了建筑结构胶粘剂的自主研发之路。1990 年颁布的《混凝土结构加固技术规范》（CECS 25—1990），将此产品列入该规范，给建筑结构胶的应用提供了依据，推动建筑结构胶的发展。

建筑结构胶的主要成分为环氧树脂。这种双组分反应型改性环氧树脂结构胶具有浸润性好、渗透力强、粘结强度高、抗冻融性好、耐腐蚀、无毒无害、绿色环保、施工方便、易于操作等特点。在《混凝土结构加固设计规范》（GB 50367）、《建筑结构加固工程施工质量验收规范》（GB 50550）和《工程结构加固材料安全性鉴定技术规范》（GB 50728）等相关标准指导下，环氧树脂建筑结构胶广泛用于混凝土结构、砌体结构、木结构的加固、改造和维修，用于工业与民用建筑物构筑物、机场跑道、高速公路等的粘结修复。各种建筑结构胶形式如图 1 至图 3 所示。

图 1　灌钢胶

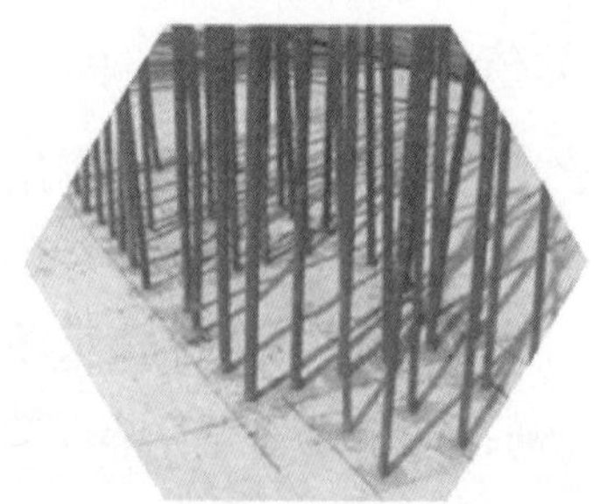

图 2　锚固植筋胶

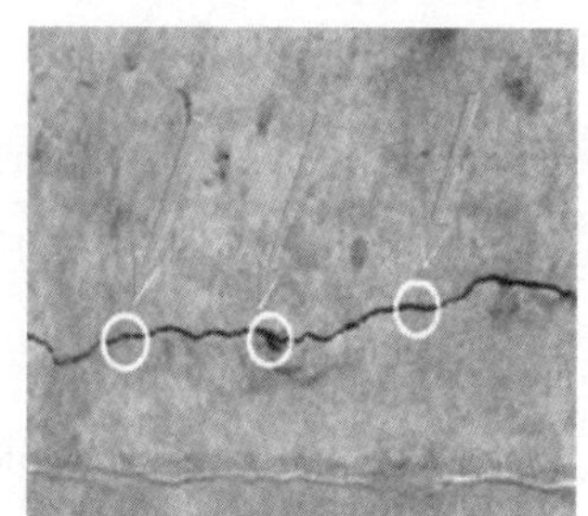

图 3　灌缝胶

随着高层建筑发展、装配式建筑和玻璃幕墙大量应用。硅烷改性密封胶广泛用于国内和本市重大工程项目，如国家体育场（鸟巢）、北京国际金融中心、上海世博会演艺中心、上海金茂大厦。该胶粘剂抗污染、常温固化，不含溶剂，对基材无腐蚀、耐湿气、抗紫外线、耐老化。适用于混凝土、玻璃、石材、铝材等，具有优异的粘结性能，尤其适用于装配式建筑填缝密封、门窗安装。

各种建筑用胶性能比较见表6。

表6　各种建筑用胶性能比较

类型	优点	缺点	用途
装配式建筑胶	耐候、粘结性好、无污染、位移能力强	非通用技术	水泥、钢结构
硅酮	耐候优异	若不涂底漆，易污染基材，修补性差	建筑幕墙
聚氨酯	粘结范围广，对基材无污染，涂刷性好	耐候性差，耐紫外线差	水泥、钢结构
丁基橡胶	粘结范围广，涂刷性好	硫化速度慢，需要高温或长时间硫化	门窗、外墙密封
聚硫	水汽透气性低	耐候一般	中空玻璃
丙烯酸酯	环保	耐候性差	室内装饰
改性丙烯酸酯	环保，粘结性好，耐候		室外工程，地面防滑

木材用胶最早以酪素为基料，后相继出现了脲醛树脂、酚醛树脂、聚醋酸乙烯胶粘剂（白乳胶），这些产品防水性能较差，在潮湿环境下产生脱胶问题。

现在大力推广的乙烯-醋酸乙烯（VAE）胶，是由原北京有机化工厂于20世纪90年代从美国引进技术进行国产化的。该产品的性能优异，具有良好的耐水性能、粘结强度和耐久性能。乙烯-醋酸乙烯共聚物再乳化粉末（VAE胶粉）是一种流动的粉末。可掺加在水泥、砂中，用以制取各种粘结砂浆材料、接缝材料、腻子、界面剂等。该产品用于陶瓷砖胶粘剂，取得了很好的外墙粘瓷砖效果。此外，该产品还用于外墙外保温系统、无机纤维喷涂胶等建筑领域。

密封剂是一种接缝材料，具有可移动能力和回缩能力，可使接缝达到密封防水的作用（表7）。

表7　各种密封剂的性能

材料名称	不挥发分（%）	接缝最大移动量（%）	接缝移动后回缩量（%）	收缩率（%）	室外使用寿命（年）	固化类型
石油沥青	70～90	5	<30	10～20	1～2	蒸发
丁基橡胶	74～99	10～15	10～20	1	5～10	化学
丁苯橡胶	60～70	5～10	10～20	20～30	3～10	蒸发

续表

材料名称	不挥发分（%）	接缝最大移动量（%）	接缝移动后回缩量（%）	收缩率（%）	室外使用寿命（年）	固化类型
聚硫	90 ～99	25	20 ～30	10	10 ～20	化学
聚氨酯	94 ～89	25 ～30	10 ～20	6	20+	化学
有机硅	98	20 ～50	10 ～20	2	30+	化学

从表 7 可以看出石油沥青基本不能用，中等是丁基橡胶，高等是聚硫、聚氨酯和有机硅。它们的使用寿命很长，伸缩率达到 25%。

密封剂广泛用于预制构件安装之中。由于装配式建筑大量采用外墙板、内隔墙板、阳台板、楼梯踏步等预制件，其接缝部位较多，故需要更多的接缝处理材料。

随着建筑业的不断发展。铁路、道路、市政、水利工程、工业建筑、民用建筑都对建筑胶粘剂、密封粘结防水材料、接缝密封材料、界面处理剂、各类构件和混凝土的保护剂等都提出了更新、更高的物理性能要求。国家的蓝天保护政策又对建筑产品提出环保要求。这是今后建筑胶粘剂的发展方向。

未来，随着建筑技术发展和需要，在化工技术的支持下，将会有更新、高效、环保、节能的产品创新出来，走上建筑市场。

作者简介

杨永起，北京市建筑材料质量监督检验站原总工教授级高级工程师。研究方向为防水、保温、地面材料，涂料及粘结材料，砂浆及混凝土研究材料和工程应用。

北京市建筑涂料及木器漆禁限和推广的历史发展与作用

◎彭洪均

一、行业概况

（一）我国建筑涂料发展概况

1949—1978 年，我国实行计划经济，全国没有明确的建筑涂料行业。据报道，1958 年，天津化工研究院与北京市油漆厂合作，上海涂料研究所与上海振华造漆厂合作，几乎同时投产醋酸乙烯均聚物（醋均）乳液和相应的平光内墙乳胶漆，并进行了试验性的施工，这是我国建筑乳胶漆发展的开端。

20 世纪 70 年代末，国内开发了聚乙烯醇水玻璃内墙涂料，简称为 106 涂料。为了改善其耐水性，通过甲醛与聚乙烯醇缩合反应，生成了疏水基团——缩醛基，从而得到聚乙烯醇缩甲醛胶，即 107 建筑胶。为了降低建筑胶中游离甲醛含量及改善聚乙烯醇缩甲醛涂料的施工性，加入少量的尿素进行氨基化，这样就演变成了 801 建筑胶。由 801 建筑胶制成的内墙涂料，有的称为 803 涂料，有的称为 808 涂料。这种水溶性涂料在 20 世纪 80 年代普遍使用，现在已被乳胶漆取代。

改革开放以来，我国经济逐步向市场经济转轨。改革开放初期，部分企业引进国外建筑涂料生产技术，如北京红狮和天津灯塔等涂料公司先后引进了美国奥伯兰和宣威乳胶漆技术。同时，国外的原材料供应商，如罗门哈斯、巴斯夫、陶氏、拜耳、汉高、毕克等纷纷来我国设立代表处和兴建工厂，供应涂料原材料。世界著名涂料企业（立邦和多乐士）在 1994 年前后分别来华投资建厂。

这些世界级的涂料原材料和涂料企业不仅带来了资本，而且带来了技术、设备、管理和营销理念等，极大地提升了我国建筑涂料技术的推广和发展，但同时抢占了国内大部分室内装饰市场。面对国外企业的进攻态势，国内企业奋起直追，一大批本土非国有涂料企业，如华润、红狮、嘉宝莉、紫荆花等在市场竞争中崛起，不断发展和壮大。

目前，建筑涂料市场形成以外资企业为龙头，本土非国有企业居中，随后是国有企业的格局。

（二）我国建筑涂料行业现状

2017年，建筑涂料行业在环保和原材料涨价的压力下转型前行，在十九大提出的保增长的条件下取得良好增长。2017年，建筑涂料企业产量增速约为9%，达630万吨。其中外墙涂料产量约为260万吨，真石漆和质感涂料占比较高，约为220万吨。内墙涂料约为258万吨，防水涂料约为65万吨，防火涂料和地坪涂料约为65万吨。建筑涂料销售收入增长约为7%，约达1290亿元。

从产品结构看，我国建筑涂料产品仍以建筑乳胶漆为主。创新主要包括：一是提高性能；二是增加功能；三是环境友好；四是降低成本。降低成本成为建筑涂料企业求生存、图发展的主要方面。一些新产品，如水性多彩涂料、反射隔热建筑涂料、环境友好型涂料发展较好。

近几年，国家和各地出台了一些称为史上最严的法规。2017年，国家和各地对建筑涂料企业生产环节的管控空前，环保巡查力度大，一些建筑涂料企业因未达标被关闭，另一些因违规而被处罚，建筑涂料企业转型升级在路上。

旧房翻新市场，也称为重涂市场，是一个蓬勃发展的新市场，是建筑涂料发展的新动力。重涂市场已成为我国建筑涂料市场新增长点。再过若干年或更长时间，我国建筑涂料市场也与世界发达国家一样，主要由重涂市场驱动。

环境治理将是我国的长期任务。政府对建筑涂料生产过程的管控要求和消费者对建筑涂料产品的环保要求将继续趋严，并成为新常态。在环保的严格要求下，建筑涂料企业需要按要求处理好废气、废水和固废。涂料厂进入化工园区是一种最好的选择。

（三）木器涂料概况

1. 木器涂料发展历程

木材一直是备受青睐的一种建筑材料。从古代开始，中国人就用木材造房、做家具，在新型建筑材料面世前，木材一直是家庭中重要的建筑材料。随着人口的增长以及人们生活水平的提升，城镇化的快速推进，极大地刺激了对家具的需求。

1937年，德国的Bayer教授首先人工合成了聚氨酯。

20 世纪 60 年代末开发了水性聚氨酯分散体树脂（PUD），水性聚氨酯作为聚氨酯涂料工业的一个重要组成部分得到飞速发展。

20 世纪 70 年代逐渐开发出一些具有应用价值的水性聚氨酯涂料。

20 世纪 70 年代末将水性聚氨酯分散树脂和丙烯酸乳液进行物理掺混，这样既改善了性能，又降低了成本。

20 世纪 80 年代中期，开发成功了丙烯酸 - 聚氨酯接枝工具树脂。还采用加入交联剂的方法，使涂料成膜时进一步交联，改善了涂料的耐水性、耐溶剂性、耐热性等。

到了 20 世纪 90 年代，国外的一些公司采用在聚合物中引入反应基团的方法，成功开发了单组分、自交联性水性聚氨酯分散树脂，接着又有一些公司开发出了双组分水性聚氨酯涂料，使漆膜的性能基本上达到溶剂型双组分聚氨酯涂料的性能。水性丙烯酸乳液虽然出现得比较早，但在水性木器涂料中大量使用也是最近才出现的。到目前为止，水性涂料达到了一个产品种类繁多、技术相对比较成熟的程度。

2. 我国木器涂料现状

家具行业的发展是木器涂料市场增长的主要驱动因素，建筑业的蓬勃发展也是促进木器涂料发展的主要因素之一。2017 年，我国家具行业整体运行平稳，家具行业规模以上企业数量不断增加，主营业务收入增长明显。我国家具行业对国际市场的依赖度持续减弱，推动我国家具行业逐步导向内需市场。在激烈的市场竞争中，家具行业规模以上企业增长明显，比 2016 年增长 439 家，同比增长 26.4%，产业集中度进一步提高，向中高端市场转型，市场向定制化、简约化方向发展。

随着消费者对环保要求的提高及国家对环保的重视，各地具体政策相继出台。家具涂料是近年来环保最关注的产品之一，深圳、北京纷纷出台政策，严格限制木器涂料的生产与使用，大力推广水性木器涂料。由于水性木器涂料的施工与油性不同，政府出台相应政策积极推动环保涂装产业的发展，企业自身也在不断努力，形成良好的市场环境。2017 年，水性木器涂料原料企业、木器涂料企业及家具企业，上下游联合，积极推动水性木器涂料在家具领域的应用。

近年来，我国水性木器涂料取得了长足的发展，水性家具涂料的使用比例在逐步提升，面对严格的环保要求，国家对溶剂型家具涂料加强了管控的力度，为水性家具涂料提供了发展的沃土，未来水性家具涂料的性能也会进一步提升。

在国家严格的环保政策下，家具木器涂料从油性转向水性木器涂料。消费者对环保涂料产品的使用意识越来越强，水性涂料的使用趋势非常显著。由于水性木器涂料在性能及施工工艺方面与油性涂料仍有差异，水性木器涂料在中国经历了10余年的发展历程，其产业化之路仍然十分遥远。

（四）北京市建筑涂料发展概况

北京市建筑涂料行业从研发到应用在全国都是领先的，同时从涂料的品种、产量、质量方面来说在国内也是首屈一指。北京大面积推广使用水性无机建筑外墙涂料的时间为20世纪70年代末，居全国之首。20世纪80年代中期，北京东方化工厂的丙烯酸生产装置与北京有机化工厂的EVA生产装置投产后，为生产各类建筑涂料提供了原料保证，使得建筑涂料的产量大幅度提高。近年来北京建筑装饰市场日趋高档化，涂料的质量日益提高。

但十几年来随着国外著名涂料企业的来华设厂、销售以及外省（特别是华东、华南）非国有企业的崛起，北京市建筑涂料企业发展相对趋缓。红狮并购案就是北京市本土涂料从高速发展到趋缓的缩影。按照北京市产业发展的新规划，劳动密集型、环境污染型等生产企业、化工企业纷纷外迁，涂料生产企业也不例外，很多生产基地已经或准备迁往北京周边地区。

最近几年，随着北京城市副中心、北京新机场、雄安新区等国家重大工程的建设，作为涂料重点消费地区，北京市人均涂料消费量占全国前列。许多涂料企业仍将北京作为重要的销售市场和研发中心。同时，由于北京市产品的品牌效应，出现了很多涂料企业生产基地在京外、销售或研发中心在北京的现象。

二、北京市建筑涂料行业发展

北京市建筑涂料行业的发展有以下几个阶段。

（一）第一阶段：1990年前，技术落后

北京市建筑涂料产量大幅度提高，但内墙涂料以聚乙烯醇、EVA树脂为主，该类涂料耐擦洗等性能较差。外墙涂料以东方化工厂的丙烯酸乳液BC-01为主，代表性的是北京金鼎涂料在亚运村项目的施工，因当初涂料助剂的发展不成熟，造成涂料的装饰效果、耐久性受到极大影响。

（二）第二阶段：1990—2000年，百花齐放，产品种类逐渐丰富

该阶段北京市涂料行业特点主要表现在以下几个方面。

1. 市场集中度低

随着房地产行业的兴起，北京市涂料企业如雨后春笋般出现，国际大企业（如立邦、

多乐士）纷纷在国内建厂，国外助剂、乳液企业纷纷进入中国，带动了中国和北京涂料行业的发展。但北京建筑涂料行业年产 3000 吨以上的企业为数不多，年产 5000 吨以上的大型企业不足 3%，年产 10000 吨以上的企业则更少，排名前 3 位的企业市场集中度不到 15%，排名前 10 位的企业市场份额为 29%，排名前 20 位企业的市场份额为 38%，其余 1000 多家企业的平均市场份额不足 20%。而国外发展成熟的建筑涂料市场的集中程度很高。

2. 行业进入壁垒弱，建筑涂料生产技术门槛低

建筑涂料生产基本上是以各种原材料的机械混合为主，而不发生任何化学变化。很多原材料厂商在销售产品的同时提供涂料配方，这些配方虽然不是最优化的，而且在原材料的选择上带有一定的片面性，但是它们使得建筑涂料企业不需要投入任何的技术研发就可以开始生产，有些技术人员跳槽的时候将配方带走。一个涂料厂的投资也相对简单，规模较小的企业往往只要有一两个大缸和三五个工人就行了。大多数涂料生产企业的市场渠道、销售方式基本雷同。行业进入壁垒相对较弱，市场高度分散，北京建筑涂料市场的竞争也随之愈演愈烈。

3. 产品差异化程度小

涂料成膜物质有丙烯酸类、醋酸乙烯类、聚乙烯醇类和淀粉纤维类等。其装饰效果有平涂、拉毛、质感涂料等。其光泽有高光、半光、丝光和平光等。建筑涂料可以调成不同的颜色，品种很多。但是，市场上的产品，基本还是以平涂的内外墙平光涂料为主，竞争主要集中在价格和客户关系上，而很少集中到产品的品质、提供特殊的视觉效果和功能效果上。建筑涂料产品的差异化是很大的，但是市场上主导的产品差异化却很小，因此未来的竞争趋势将是如何为客户提供多样化的产品，如何为消费者提供更多的选择。

（三）第三阶段：2000—2010 年，国外品牌逐渐崛起，产品档次逐步提高

2001 年北京市建委公布的第三批淘汰和限制使用落后建材产品规定：禁止使用以聚乙烯醇缩甲醛为胶结材料的水溶性涂料；2002 年公布第四批淘汰和限制使用落后建材产品规定：禁止使用聚醋酸乙烯乳液类（含 EVA 乳液）、聚乙烯醇及聚乙烯醇缩醛类、氯乙烯 - 偏氯乙烯共聚乳液内外墙涂料。此后聚乙烯醇缩甲醛为胶结材料的水溶性涂料和聚醋酸乙烯乳液类（含 EVA 乳液）、聚乙烯醇及聚乙烯醇缩醛类、氯乙烯 - 偏氯乙烯共聚乳液内外墙涂料在北京的使用量慢慢减少。内外墙涂料产品的质量、性能有了大幅度的提高。

建筑涂料市场逐步划分为工程类市场和零售类市场。所谓的工程类市场是指建筑承包

商通过招投标的方式来选择使用的建筑涂料品牌和种类，大多数是外墙涂料和少部分内墙工程涂料。零售类市场是指房屋业主在建材大卖场或涂料零售店中采购，再由专门的施工队进行涂装，大多数为内墙涂料和少部分外墙涂料。内墙涂料和外墙涂料在建筑涂料当中的比率分别为65%和35%。从产品档次上来分，涂料又分为高、中、低档。高档市场基本由几家跨国公司占领。

（四）第四阶段：2010—2015年，产品品种逐步丰富，功能逐步完善，市场竞争日益加剧

随着人们生活水平的提高，人们对装修的要求也逐步提高，装修的差异化也逐步显现。对内墙涂料从环保、装修效果提出了更高的要求，内墙涂料逐步出现了净味、除甲醛等功能性材料，弹性涂料、质感涂料、石头漆、仿花岗岩涂料等外墙涂料的研发成功，丰富了外墙涂料品种，满足了不同装饰效果的要求。

改革开放使国外的企业家都看好中国这一潜在的巨大市场。国外的知名涂料企业带着他们的先进生产技术、巨额的资金以及百年发展的丰富市场营销经验进入中国的市场，以其大量的广告宣传和对经销商的优惠政策迅速扩展到中国的各个城镇，使中国的建筑涂料企业如同遇上了暴风骤雨，始料不及。国内的独资企业、合资企业不断涌现，如日本立邦在上海、惠州、廊坊、苏州、重庆设立了5家生产和分装机构。英国ICI在广州、上海建成了4万吨和5万吨生产线。美国、意大利、加拿大、德国及我国台湾、香港地区等也都纷纷合资建立和预建大型生产厂。

（五）第五阶段：2016年至今，环保压力，小厂关闭，规模厂家逐渐搬离北京

随着环保压力的逐步增大，以金隅涂料、北新建材等为代表的规模企业搬离北京，在河北重新建设新厂，莱恩斯、富思特等企业也计划在北京周边重新建厂，一些规模较小、缺资金、技术落后的企业逐步关门，目前在京涂料企业已经不足20家。

三、全球建筑涂料产品发展趋向

建筑涂料生产、使用排放的VOC是主要的环境污染源之一。环境保护的要求使建筑涂料向低有机挥发物（VOC）方向发展。因此，减少VOC的含量是国外建筑涂料发展的总趋势。

（一）高固体分涂料

高固体分涂料即固体含量特别高的涂料，在涂装时溶剂的排放量大大减少，因其在保

护生态环境方面的优势而成为涂料工业的发展方向之一，也成为建筑涂料的重要方向。开发高固体分产品主要是在保证涂料所需性能要求的前提下，降低分子量，使分子量窄分布，以降低树脂的黏度，从而减少施工时的溶剂用量。杜邦公司开发的基团转移聚合方法开辟了制取新型高固体分涂料的途径，这种方法可以有效地控制分子量和分子量分布及聚合物的系列分布，得到高固体分的涂料，涂膜丰满。目前国外高固体分涂料的研究开发重点是低温或常温固化型和官能团反应型快固化且耐酸碱、耐擦伤性好的高固体分涂料。另外，在液晶基团中掺入涂料，可降低 VOC 含量，使高固体分醇酸涂料具有较低的黏度和较短的触干时间并生成硬韧兼备的涂膜。

（二）水性涂料

水性涂料由于无毒、安全、节约资源、保护环境，已成为建筑涂料发展的主要方向。目前主要有四种类型：水溶性涂料、水溶胶涂料、水乳胶涂料和粉末水性涂料。英国 ICI 公司、美国门德哈斯公司、德国拜耳公司、Hoechst 公司和荷兰 AKZO 公司都是大型的开发水性涂料的跨国公司。

目前，水性涂料发展方向是提高涂料外观质量，确立颜料分散技术和多元化技术，确立水性化涂料的制造技术，开发适合耐酸碱性、耐擦伤性清漆的水性化涂层。

（三）粉末涂料

由于粉末涂料无溶剂污染，100% 成膜，能耗较水性涂料和高固体分涂料低，涂膜具有优良机械性能和耐腐蚀性能，因而成为建筑涂料发展的方向之一。建筑行业用粉末涂料今后将向下列几个方向发展：研究开发新型的粉末涂料，以扩大在建筑行业中的使用范围；低温固化和快速固化粉末涂料；外观装饰性好的粉末涂料；薄层粉末涂料；适用于高层建筑、大桥、高速公路等领域的氟树脂粉末涂料。另外，还有低光泽粉末涂料、透明粉末涂料、预涂型粉末涂料等方向。

（四）辐射固化涂料

辐射固化涂料是以不饱和树脂和不饱和单体为基料引入引发剂，以阳光紫外线或电子束固化的一类涂料。由于这类涂料无溶剂、少污染、省资源、常温固化，因而成为建筑涂料发展方向之一。目前用于建筑行业的有不饱和聚酯、聚酯丙烯酸、环氧丙烯酸酯、聚氨酯丙烯酸酯、聚醚丙烯酸酯等由常光固化或由紫外线固化涂料。美国和日本以丙烯酸光固化涂料为主。目前开发的主要方向是低成本的新型常光固化涂料。

（五）建筑涂料向功能复合化方向发展

目前，建筑涂料研究开发的主要方向是装饰性、功能复合化的建筑涂料以及能赋予涂料特殊功能的树脂和添加剂。

（六）建筑涂料向高性能、高档次发展

美国、日本及欧洲等国家和地区已大量使用丙烯酸类树脂涂料和聚氨酯涂料，亚太地区近年来这两类涂料也占领了主要市场。高耐候性涂料树脂的研究开发成为当今世界尤其是发达国家涂料研究的领域。目前，最活跃的领域是含氟树脂和有机硅改性树脂的研究。其中，有机硅改性丙烯酸树脂涂料的研究将是今后超耐候性涂料的重要方向。

四、我国建筑涂料行业发展趋势

（一）向水性化发展

当今世界涂料品种结构向着减少 VOC 等方向发展，水性涂料是其中发展方向之一。中国传统的溶剂型涂料比例逐渐下降，水性涂料的发展速度也很快。提高水性涂料的质量、开发新的品种是巩固和发展水性涂料的重要环节。重点研究和开发应以醋酸乙烯 - 丙烯酸共聚乳液、苯乙烯 - 丙烯酸共聚乳液以及纯丙烯酸系列为基料的乳胶涂料为主，并争取在耐久性、漆膜平滑性、丰满度、施工性、装饰性等方面有所突破；对于较成熟的环氧乳液、水性聚氨酯的水性基料应继续研究，以满足部分的特殊要求。

（二）向功能化发展

目前，除应在防火、防毒、防虫、隔热保温等现有质量水平较低的功能涂料上加大力度进行科研攻关外，还应加紧研究和解决建筑装饰中的难、新问题。复合化技术将是提高和满足各类功能的有效途径。

（1）功能的复合化。如弹性功能与呼吸功能复合，将优良的弹性乳液与被亲水官能团表面修饰微壳（超微粒子）复合化，使弹性能力与透湿性并存；弹性功能与低污染功能的复合，将常温反应型乳液与涂膜亲水性技术复合，通过使用交联分子量大的反应乳胶，提高伸长率和膜密度，使弹性功能与低污染性相结合。

（2）加强对耐酸雨涂料的基础研究，解决建筑物受酸雨腐蚀问题，争取在基料复合技术及相关助剂的匹配上取得突破，解决我国日趋严重的酸雨对建筑物的腐蚀这一大难题。

（3）基料的改性功能复合化，对于已有的基料进行某种特殊性能的改性，并且将特殊功能相复合。如有机硅改性丙烯酸的耐候性与潮气固化聚氨酯透湿性相结合，以此来达到

双重特殊功能的作用。

（三）向高性能、高档次发展

作为涂料的一种理想性能，不仅要保护和美化基材，而且给予基材本身无法具有的特殊功能，使用一些新的基料就可以使涂料获得非常惊人的高性能化、高增值化、高级化的效果，如高耐候性的氟树脂涂料，用于建筑方面取得良好的效果。因为氟树脂涂料与其他合成树脂相比具有优异的耐候性、耐久性、耐化学品性。但是氟树脂价格较高，用于建筑外墙饰面要受到极大的限制。重视研究氟树脂在水性化方面的发展，尤其是以氟乙烯为主体的氟树脂改性的共聚物乳液，使其成为性能好、档次高、价格又能为人们接受的高品质基料，为发展高性能、高档次的涂料奠定基础。聚氨酯是性能优良的高档材料之一，将其水性化，不仅符合减少污染、节约能源的要求，而且还保持了聚氨酯本身的特性。在水性聚氨酯涂料的研究方面，应集中力量开发产品。另外，有机硅改性丙烯酸树脂涂料由于具有优良的耐候性、耐污染性、耐化学品性，是我国建筑涂料发展的重要方向。粉末涂料由于无毒、安全性能好，也将是高档建筑涂料的发展方向之一。

五、我国木器涂料的发展方向

水性化是我国木器涂料的发展方向之一，由于水性木器涂料在性能方面，还有部分不如溶剂型涂料，仍需要国内外木器涂料企业继续研究、攻克产品性能，推动木器涂料的环保性，实现达标排放。木器涂料水性化的内容包括：一是改用水性涂料；二是涂装线的治理；三是要对施工工艺进行推广普及。由于使用水性涂料需要家具企业对原有的涂装生产线进行改造，成本巨大，国内的家具企业生产经营环境压力巨大，短时期无法承受高成本的转型。“油改水”是大势所趋，涂装是家具制造的一个重要过程，也是家具制造企业需要不断深入学习研究的重要课题。规模企业有能力负担水性涂料进行涂装的改造，对于国内的中小家具企业，需要在水性涂料的环保性、施工工艺方面积极引导，摒弃油性涂料的施工工艺，才能真正推动水性木器涂料的使用和市场占有率。此外，由于能提供更快的固化速度和更高的生产效率，UV 木器涂料也是工业木器产品领域被广泛推广应用的方向之一。

作者简介

彭洪均，北京金隅涂料有限责任公司总工，高级工程师。主要研究方向为建筑内外墙涂料的研发、施工及质量管理。

北京市用水器具的历史发展与政策推动

◎王　巍　于祖龙

一、引言

改革开放40年来，我国经济经历了前所未有的高速发展，人民生活水平飞速提升，但我国淡水资源总量仅占全球水资源的6%，却供养着占世界20.9%的人口，人均淡水资源只有2100立方米，仅为世界平均水平的1/4，近2/3的城市不同程度存在缺水的情况，是全球13个人均水资源最贫乏的国家之一。据统计，京津冀地区人均水资源仅286立方米，远低于国际公认的人均500立方米的“极度缺水”线。严峻的水情现状，对我国用水器具的发展提出了更高要求。我们日常生活涉及的用水器具主要以生活用水器具为主，是以水嘴及便器产品为核心的卫浴产品，下面就从技术、标准和政策方面的发展历史说起。

二、水嘴的发展

20世纪30年代，螺旋升降水嘴自日本传入我国。自此，该产品作为末端用水器具的主力产品一直沿用了半个多世纪。传统的螺旋升降水嘴放水开关靠螺旋升降旋压胶垫实现，阀盖、阀杆材质大多为灰铸铁、软钢，长期浸水易生锈腐蚀，易出现滴漏现象，并且主密封采用橡胶材质，频繁旋压易松裂。上密封因轴向与径向的复合运动摩擦而磨损快、易漏水。操作方式令该产品饱受诟病，开启到关闭需要转好几圈把手，关闭时，活动密封件与气穴易诱发强烈的水锤振动，对管路寿命产生不利影响的同时，造成的管路噪声常常令居民难以忍受；更有甚者，部分企业在生产密封材料时采用了劣质橡胶材料，导致胶垫中含有有毒、有害物质甚至是致癌物质，长期随饮用水进入人体，成为危害人体健康的一大隐患。

据专家介绍，20世纪60年代初，西方发达国家率先用陶瓷加工成两个包含出水孔的圆片，上下重叠后只需旋转90° 就可以控制出水，不易漏水且寿命更长。1974年，北京饭店进行改扩建工程，当时采用的水嘴皆为进口产品，国内尚不具备陶瓷片密封水嘴的生产加工能力。彼时，北京市科委便委托当时北京市建材工业局所属的北京水暖器材一厂进行生产技术引进工作。直到20世纪90年代初期，北京水暖器材一厂终于完成德国技术及生产线引进工作，实现单柄双控水嘴的规模化生产制造。1994年，经北京建材工业局改制的北京建材集团五金科研实验厂（即北京水暖器材四厂）张芙蓉等技术人员的不懈努力，终于攻克采用陶瓷片生产民用水嘴的难关，将德国引进的单柄双控混合阀技术应用于单冷水嘴，研制开发出“菱形”牌系列产品，引发了国内水嘴行业的一次革命。随后的几年，福建、广东、浙江等产区的陶瓷片水嘴生产呈爆发性增长，全国产能迅速提升。

随着水嘴的产品革命，《陶瓷洗面器普通水嘴》（JC/T 758—1983）、《陶瓷片密封水嘴》（JC 663—1997）、《水嘴通用技术条件》（GB/T 1334—1998）等一批技术标准也相继出台。20世纪90年代中后期，陶瓷片密封水嘴虽然在北京各建材市场都有销售，但其动辄50元乃至上百元的价格，难以进入当时的百姓家。彼时，北京城老百姓所用的铸铁螺旋升降式水嘴多产自河北高邑，价格低但质量不佳，为了降低成本，水嘴内置橡胶皮垫多采用再生胶，不仅寿命短易漏水且饮水卫生情况堪忧。20世纪90年代末期，北京市依据新标准对水嘴市场展开质量检查工作，结果显示铸铁螺旋升降式水嘴不合格问题十分突出，不仅易漏水还不耐用，据此，北京市建委于1998年发布《关于限制和淘汰石油沥青纸胎油毡等11种落后建材产品的通知》（京建材〔1998〕480号），规定自1999年7月1日起在住宅工程的室内部分中限制螺旋升降式铸铁水嘴和铸铁截止阀的使用，不久后，经国务院批示，《建设部、国家经贸委、质量技监局、建材局关于在住宅建设中淘汰落后产品的通知》（建住房〔1999〕295号）正式发布，规定从2000年1月1日起，大中城市新建住宅强制淘汰铸铁水嘴，推广使用陶瓷芯水嘴。淘汰落后建材工作的大幕自此拉开。

2000年，经北京市建筑五金水暖产品质量监督检验站科技人员研究攻关，将《陶瓷片密封水嘴》（JC 663—1997）建材行业标准升级为《陶瓷片密封水嘴》（GB/T 18145—2000）国家标准，以此奠定了此后10余年中国水嘴行业飞速发展的质量基石。同年，北京市出台了26项节水措施，其中包括：强制淘汰螺旋式升降铸铁水嘴，出资4000多万元向居民发放200万只节水水嘴，截至当年11月，200万只单冷陶瓷片密封水嘴已全部发放给北京百姓。在强制淘汰产品的大背景下，此次活动极大地推动了北京市节水器具的应用普及。至此，北京市基本解决了水嘴“跑冒滴漏”的问题。

2000年11月7日，《国务院关于加强城市供水节水和水污染防治工作的通知》（国发〔2000〕36号）正式发布，其中明确要求“加大国家有关节水技术政策和技术标准的贯彻执行力度，制定并推行节水型用水器具的强制性标准，积极推广节水型用水器具的应用，提高生活用水效率，解决水资源。要制定政策，鼓励居民家庭更换使用节水型器具，尽快淘汰不符合节水标准的生活用水器具。所有新建、改建、扩建的公共和民用建筑中，均不得继续使用不符合节水标准的用水器具；各单位现有房屋建筑中安装使用的不符合节水标准的用水器具，必须在2005年以前全部更换为节水型器具”。政策指引，标准先行。《节水型生活用水器具》（CJ 164—2002）应运而生，推荐性国家标准《陶瓷片密封水嘴》（GB/T 18145—2000）升级为强制性国家标准GB 18145—2003。

2003年，“非典”爆发，为了预防病毒通过接触传播，非接触式给水器具在公共场所的应用得到了快速推广，保障卫生安全同时也在一定程度上助力了公共场所节约用水。市建委于2004年发布《关于公布第四批禁止和限制使用建材产品目录的通知》（京建材〔2004〕16号），明确限制直接接触式用水器具在公共场所的应用。

2005年11月16日，北京市建委、市水务局、市发展改革委、市规划委、市政管委、市质监局、市工商局、市城管执法局八部门联合发布了《关于严格执行〈节水型生活用水器具〉标准，加快淘汰非节水型生活用水器具的通知》（京建材〔2005〕1095号），通过多部门联动由建筑领域强制使用推广到按节水型器具标准施行强制性市场准入和退出机制，计划到2006年年底基本实现北京市非节水型用水器具退出市场。同时，八部门成立了“北京市节水型生活用水器具联席会议”，领导小组组长由时任市建委主任担任，通过统一部署推动北京市用水器具的新一轮革命。2005年12月30日，代表北京市节水政策的1095号文被建设部转发全国建委系统，从而掀起了全国节水型器具的改革大潮。

2008年，全国节水标准化技术委员会用水产品和器具用水效率分技术委员会由安徽省质量技术监督局筹建成立，负责专业范围为水产品和器具的用水效率的标准化工作。2011年1月10日，强制性国家标准《水嘴用水效率限定值及用水效率等级》（GB 25501—2010）正式发布，至此，水嘴的节水属性由各地方政策推动转变为有了全国统一的准入标准，可以说继淘汰螺旋升降式铸铁水嘴后的一轮的节水革命进入新的阶段。

2014年，由北京建筑材料检验研究院负责编制的《陶瓷片密封水嘴》（GB 18145—2014）正式发布实施，首次对水嘴中铅、汞等金属污染物析出的限量进行了强制规定，在经历漏水、节水革命后，对安全品质提出了新的要求，大量的小型生产企业被淘汰关停，极大地提升了我国水嘴行业生产制造水平，有效管控了人民群众饮水末端器具的安全，由此，水嘴产品进入了提升档次和全球竞争力的新时期。

三、便器的发展

回溯130年，光绪十五年（1889年），唐山细绵土厂成立，为我国第一家立窑生产水泥的工厂。1906年，北洋大臣袁世凯命令周学熙从英国人手中收回重办，改名为启新洋灰公司。1914年，启新洋灰股份有限公司西分厂改产陶瓷器后，改名启新瓷厂，生产出中国第一件卫生陶瓷。中华人民共和国成立初期，卫生陶瓷的制造技术十分薄弱，全国年产能不足万套，在之后漫长的计划经济年代，行业整体发展缓慢，设备陈旧，工艺落后且生产效率低下，有限的产能只够供应部分重点工程项目，这与人民群众对卫生陶瓷的迫切需求形成了强烈的矛盾。直到20世纪80年代以前，我国的卫生陶瓷发展并未取得重大突破。改革开放后，我国国民经济步入快速发展轨道，卫生陶瓷行业迎来了新的发展时期。20世纪80年代，由于人民生活水平和城镇化水平不断提高，新建和改建住宅中大量应用了卫生陶瓷，卫生陶瓷由星级宾馆的奢饰品变成普通百姓家的必需品，中国从陶瓷的生产大国真正成为卫生陶瓷的消费大国。然而，因当时生产技术工艺相对落后，产品质量问题层出不穷，特别是马桶漏水频发，成为困扰整个行业的大问题。究其原因，主要是当时的便器厂多只产陶瓷件，水箱配套件则由外协加工而来，产品匹配度问题不断；且产品多为结构落后，质量较差的老式产品，除漏水严重外，还存在耗水量大、噪声大等问题，同时，劣质低价产品冲击市场，施工安装不合理，密封不严等问题引起的漏水问题始终不能根除。

1984年3月，国家经委组织国家建筑材料工业局、轻工业部联合组成全国建筑五金与卫生陶瓷小组，拟定搞好国内配套生产的三年奋斗目标和具体措施。1986年10月9日，由国家建筑材料工业局提出的《卫生陶瓷》（GB 6952—1986）正式发布，将之前的行业标准提升为强制性国家标准，并对坐便器用水量做出了规定，连体坐便器为15L，喷射虹吸式坐便器为13L，普通虹吸式坐便器为9L，其中9L用水量标准的出现，为我国后来普及9L坐便器提供了技术支持，自此，我国的便器技术发展进入了标准化新时期。

1987年5月，国家建材局在唐山召开京津唐卫生陶瓷配套工作会，主要解决卫生洁具漏水问题；同年12月15日，国家计委、国家经委、城乡建设环境保护部、轻工业部、国家建材局五部委联合发布《关于改造城市房屋卫生洁具的通知》（计委〔1987〕2391号）文件，由此拉开了我国城市推广节水型卫生洁具工作的大幕。1988年10月，国家建材局、建设部在唐山召开会议，要求在全国彻底淘汰漏水的上导向、直落式排水结构的坐便器低水箱配件，同时推荐性能符合《坐便器低水箱配件》（GB 8219—1987）要求，排水结构改为翻板式、翻球式、虹吸式等19种坐便器低水箱配件和1种可供改造现有漏水低水箱配件的克漏阀。

1990年12月，全国卫生间节水型水箱配件推广工作会议在南京召开，研究讨论《卫生洁具漏水改造工程实施纲要》，要求全国自1991年开始施行卫生洁具漏水改造工程，计划1995年全面完成改革任务。1991年，国家计委、建设部等七个委办局联合颁发《关于推广应用新型房屋卫生洁具和配件的规定》（计资〔1991〕1243号），各地城建主管部门和节水机构努力推广新型节水便器水箱和配件取得了一定成效，但大量被淘汰的上导向、直落式排水结构的便器水箱和配件还在生产和销售，致使房屋便器水箱漏水问题迟迟得不到根本解决。为强化房屋建筑中便器水箱和配件应用的监督管理，1992年，建设部第17号令《城市房屋便器水箱应用监督管理办法》正式颁布，于同年6月1日开始施行，自此，推广节水型房屋卫生洁具就成了全国城市节水的一项重要的经常性工作。为了巩固配套产能支持推广行动顺利进行，国家建材局和建设部于1993年5月7日联合发布了《卫生洁具配件试点生产管理办法》（建材生管发〔1993〕164号文件），进一步加强了对卫生洁具配件产品质量的管理，自此，全国范围消灭"马桶漏水"的攻坚战进入新的阶段。

1994年6月6日，国家建材局和建设部联合举行"落实江总书记指示，加强城市房屋卫生洁具管理"的新闻发布会。

1995年，时任国务院副总理邹家华指出"建材工业生产卫生洁具不能只给瓷件不给配件，就好像买一件衣服，不给配好扣子，这件衣服就不能称其为衣服"；同年2月，由中日合资兴办的东陶机器（北京）有限公司在人民大会堂签署合同。项目由北京建材集团总公司与日本东陶机器株式会社（TOTO）、三井物产株式会社合资兴办，总投资2900万美元，引进世界先进高压注浆成型和机械化自动喷釉工艺，年产卫生陶瓷及器具72万件，对我国高档卫生陶瓷的生产及供应起到积极的作用。随后，国家建材局、建设部联合发布《关于推广应用卫生洁具配件生产定点管理企业定点产品的通知》（建材生产发〔1995〕176号），再次加强了解决漏水问题的专项工作力度，要求以系统工程的方法，对卫生洁具配件生产企业实行定点管理，从根本上解决卫生洁具漏水问题，强化卫生洁具配件的推广应用。同年5月22日，在广东省中山市小榄镇召开的"全国卫生洁具配件生产定点管理工作会议"，再次强调国家领导人对"马桶漏水"的重要指示精神，坚决打好这场彻底解决问题的攻坚战。从20世纪80年代各项计划工作，到1993年开始定点管理工作，至1998年定点管理办公室的工作重点由解决"马桶漏水"问题逐步转为推动卫生洁具向配套化和节水发展，通过十余年的努力，截至20世纪末，我国基本解决了"马桶漏水"这一顽疾。

解决了漏水难题，随着社会发展和老百姓对生活品质要求的提高，卫生、舒适、节水成为卫生洁具发展的关键词。北京市建委于 1998 年发布《关于限制和淘汰石油沥青纸胎油毡等 11 种落后建材产品的通知》（京建材〔1998〕480 号），规定自 1999 年 3 月 1 日起在所有新建工程和维修工程中强制淘汰进水口低于水面（低进水）的卫生洁具水箱配件，以防公共水源污染，保证公共卫生安全。

1999 年，《卫生陶瓷》（GB/T 6952—1999）发布实施，将坐便器最大冲洗用水量从 15L 降低到 13L，并首次提出了节水型坐便器（规定最大冲洗用水量不大于 6L）的技术要求和试验方法，为之后节水便器的应用推广提供了技术支持。2000 年 11 月 7 日，《国务院关于加强城市供水节水和水污染防治工作的通知》（国发〔2000〕36 号）正式发布，卫生洁具行业进入新的发展阶段。

根据全国节约用水工作的总体方针，北京市建委于 2001 年 4 月 18 日发布《关于公布第三批淘汰和限制使用落后建材产品的通知》（京建材〔2001〕192 号），规定自同年 10 月 1 日起，全市淘汰 9L 水以上的坐便器系统，以节水坐便系统替代。这一通知的出台，极大地提升了我市生活用水领域的节水效果，自此，北京的节水工作已全面领先，全市老百姓真正进入生活节水时代。2005 年，《卫生陶瓷》（GB 6952—2005）颁布实施，坐便器最大用水量由 13L 强制降为 9L，即全国范围淘汰了用水量 9L 以上的坐便器。

2005 年 11 月北京市八部门联合发布《关于严格执行〈节水型生活用水器具〉标准，加快淘汰非节水型生活用水器具的通知》（京建材〔2005〕1095 号），其作为纲领性文件，使北京市节水型生活用水器具的应用推广工作全面提速。2007 年 8 月 13 日，北京市建委发布《关于发布北京市第五批禁止和限制使用的建筑材料及施工工艺目录的通知》（京建材〔2007〕837 号），强调自 2006 年元旦起，全市禁止使用非节水型用水器具。2010 年 5 月 31 日，市住建委发布《北京市推广、限制、禁止使用建筑材料目录（2010 年版）》（京建发〔2010〕326 号），在民用建筑领域率先推广 4L 以下的节水型坐便器，在重申禁止使用非节水型用水器具的同时明确全市禁止使用 6L 水以上的大便器系统。

随着节水标准化工作的发展，2011 年 1 月 10 日，强制性国家标准《坐便器用水效率限定值及用水效率等级》（GB 25502—2010）正式发布，至此，坐便器的节水属性有了全国统一的准入标准，标志着便器节水革命进入了新的阶段。2015 年 9 月，《卫生陶瓷》（GB 6952—2015）正式发布，为了与节水标准协调统一，坐便器最大冲洗用水量的规定又进一步降低，普通坐便器不超过 6.4L，节水型坐便器不超过 5.0L。

四、结语

通过三十年来标准化改革与政策管理双管齐下，水嘴杜绝了跑冒滴漏，“马桶漏水”得以根治，居民生活用水量不断降低，降幅之大以倍数计，不仅令我国用水器具行业给水水平与国际接轨，产品走向全世界，更为全社会的节约用水事业做出了关键性的贡献。三十年来，北京市建委由坚决执行政策到率先制定政策成为全国风向标，为我国用水器具行业和节约用水事业的发展做出了卓越的贡献。

作者简介

王巍，北京建筑材料科学研究总院有限公司院长助理，高级工程师。主要研究方向为金属建材和卫浴五金。

塑料管道产品行业现状及市场管理

◎李延军

一、概述

（一）行业现状

我国的塑料管道发展，大致经历了研究开发、推广应用和产业化发展三个阶段。1994年全国化学建材协调组成立以前为研究开发阶段，其间主要进行了技术和设备的引进、消化和研究开发，以及工程试点，初步显示了塑料管道的优良性能和发展前景；1994年到1999年全国化学建材工作会议以前为推广应用阶段，其间主要对重大技术装备进行自主研究开发，对引进技术进行消化、吸收和创新，同时开始在工程建设中推广应用塑料管道；1999年全国化学建材工作会议召开和国家《关于加强技术创新，推进化学建材产业化的若干意见》的出台，标志着我国塑料管道进入产业化发展阶段。

20多年来，我国塑料管道产业得到迅速发展，原材料合成生产、管道生产设备制造技术、管材管件生产技术、管道设计理论和施工技术得到快速提升，并积累了丰富的实践经验，奠定了塑料管道重要位置，并初步形成了以聚氯乙烯、聚乙烯和聚丙烯为主的塑料管道产业。目前，塑料管道已经广泛应用于建筑给排水、市政给排水、电力通信、交通运输、工业、农业等领域（图1、图2）。

（二）塑料管道的特点

1. 使用寿命长

塑料管道产品在欧美国家拥有近百年的应用历史，20世纪30年代，PVC管道在德国就得到普遍应用，20世纪60年代，PVC管道开始在美国得到应用。美国犹他州立大学的Steven Folkman对地下PVC管道进行了系统的试验和分析，结果表明，PVC管材的使用寿命可以达到100年以上。通过对美国和加拿大188个市政项目进行调查分析，结果表

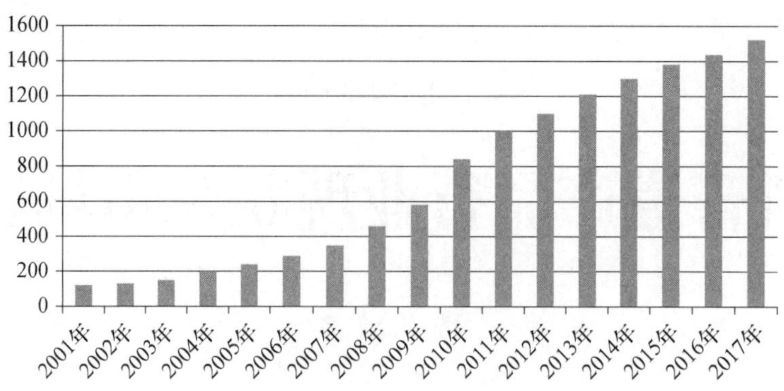

图 1 塑料管道年产量（万吨）

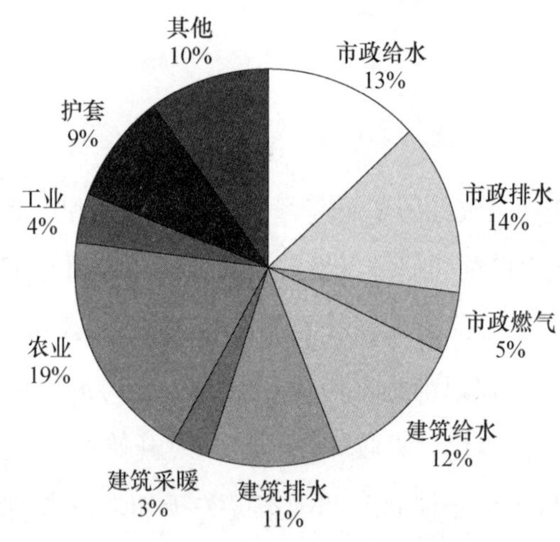

图 2 塑料管道应用领域分布

明 PVC 管道的失效率与铸铁管、球墨铸铁管、水泥管、钢管和石棉水泥管相比是最低的。PVC 管道占美国现有供水系统管道总长度的 23%，在农村供水和埋地排污管道中占主导地位。另外，欧洲、大洋洲及北美的相关研究结果也证实了 PVC 管道产品具有 100 年以上的使用寿命。

2. 成本低

塑料管道质量轻，运输成本较低，同时可减少大型机具的使用。塑料管道使用寿命长，连接可靠，且在运行过程中耐腐蚀，不易渗漏，维护维修成本低。非开挖技术的应用，使塑料管在既有管道更新和维修领域的优势得到充分发挥，可以大量节约施工费用。考虑各方面因素，在使用周期范围内塑料管道的综合成本低于其他材料管道产品。

3. 节约资源

（1）节能。塑料管道的生产能耗仅为金属管道的 10% ～20%；管壁光滑，粗糙度仅为0.01mm，而钢管和铸铁管表面粗糙度为0.04～0.1mm，可有效降低管网运行能耗；塑料密度远低于金属材料，同样规格的管材质量仅为金属管材质量的15%左右，运输能耗低。

（2）节水。塑料管道生产过程中的冷却水可直接循环使用，不产生废水。塑料管道连接可靠，漏水概率低，可以大量节约水资源。建设部对76个城市的供水管网进行调查，结果显示在7671.82千米长的金属管线上，找到漏水点1828个，主要是管道腐蚀和接头漏水，总漏水量达到10577.64m^3/h，达到供水量的25%～30%，造成巨大损失。

（3）节材。塑料管道生产过程中产生的回用料可直接回用，添加量不超过10%，对管材性能无不良影响；达到使用年限报废的塑料管道可回收再利用，制造其他塑料制品。

4. 环保

塑料管道直接采用塑料树脂经挤出或注塑加工而成，生产过程中没有废气、废渣和废水排放，也没有噪声污染及有毒有害物质释放；塑料管材本身耐腐蚀性极佳，不需进行防腐处理，使用过程中无有毒有害物质析出，卫生安全。

（三）存在的主要问题

1. 产品种类繁多

目前，国内塑料管材产品主要可分为硬聚氯乙烯（PVC-U）类、聚乙烯（PE）类、聚丙烯管材、复合管材及其他材料管材等，其中硬聚氯乙烯管材约占50%，聚乙烯管材约占30%，聚丙烯管材约占10%，复合管材及其他管材约占10%。上述材质的塑料管材通过改性、添加功能性填料等方式开发出很多新材料。另外，通过改变管壁结构、复合方式、连接方式等，衍生出大量使用功能相近或相同，但理化性能差别很大的管材产品。例如，埋地排水管材就有聚乙烯双壁波纹管、聚乙烯缠绕结构壁管、聚乙烯缠绕结构壁管、聚丙烯结构壁管、硬聚氯乙烯双壁波纹管、硬聚氯乙烯轴向中空壁管、硬聚氯乙烯加筋管材、钢带增强聚乙烯螺旋波纹管、聚乙烯塑钢缠绕排水管、钢塑复合缠绕排水管、硬聚氯乙烯实壁管等诸多品种，有的产品又按管壁结构分为若干型号，连接方式有电熔连接、热熔连接、弹性密封圈连接、胶粘剂连接、热熔挤出连接、电热熔带焊接、热收缩带连接、卡箍连接、法兰连接、套筒连接等。众多的产品种类为设计单位和用户提供了更多的选择，但随之而来的储运、施工等要求不同，安装操作不规范等，导致有的工程竣工后很快出现渗水、漏水、垮塌等问题，造成人力、财力的损失，给整个行业带来巨大的负面影响。

2. 产品质量良莠不齐

塑料管材通常作为工程材料，并不直接面对最终用户，存在质量控制把关不严的问题。同时，社会诚信体系不完善，监管不到位导致行业中不法企业有机可乘；生产工艺成熟，技术门槛不高，产业集中度低，作坊式企业大量存在。这些企业质量意识、诚信意识淡薄，个别企业为追求高额利润铤而走险，采用废弃料、回收料等；无序竞争、低价中标，层层分包等诱因的存在，最终导致塑料管道产品质量差别很大，劣质产品充斥市场。

3. 施工不规范

塑料管材与金属管材、混凝土管材等相比，强度低、模量小，受施工环境、安装条件、人员操作、外力破坏等因素影响很大，因此对管道施工要求更高，工程中管道系统出现破坏等问题的主要原因在于施工不规范，未按照程序要求操作。

4. 产业集中度低

与欧美等塑料管材生产和应用较发达的国家相比，我国塑料管道行业产业集中度很低，全国塑料管道生产企业估计超过5000家，其中产量前100家企业的总产量约占全国总产量的三分之一，大量小型企业科研开发能力、质量控制能力、社会责任意识较为薄弱，假冒伪劣、违规操作等问题屡禁不止。

5. 产能过剩

目前全国塑料管道行业年产量约1300万吨，产能约3000万吨，产能严重过剩，不但造成巨大浪费，还导致了产品同质化、无序竞争等后果。

6. 国产原料供应不足

目前，国产原料远不能满足我国塑料管道行业快速发展的要求，产品性能和供货能力还有较大差距，部分种类原料还需依靠进口，尤其是高附加值产品，几乎被几家大型跨国公司垄断，原料价格非正常的波动对我国生产企业影响很大。

二、标准化及质量控制

（一）标准化工作

我国塑料管道标准主要采用或参考ISO标准制定，对应的标准化技术委员会为“流体输送用塑料管材、管件及阀门标准化技术委员会”，承担由各种塑料材料加工的用于流体输送的管材、管件、阀门和附件的标准化工作。委员会主要制定管材、法兰、管件、阀门和附件的尺寸及其偏差、物理、化学及力学性能的要求和相应试验方法，下设1个咨询小组，1个直属工作组和8个分技术委员会，目前共发布国际标准311项（表1）。

表 1　流体输送用塑料管材、管件及阀门标准化技术委员会的组成、名称

分技术委员会	名称		标准数
TC 138	流体输送用塑料管材、管件及阀门标委会		6
SC1	排水用塑料管材及管件		35
	WG1	建筑排水系统	
	WG4	埋地实壁管系统	
SC2	供水用塑料管材及管件		70
	WG1	冷热水用塑料管道系统	
	WG2	灌溉用塑料管道系统	
	WG3	供水用 PVC 管道系统	
	WG4	供水用 PE 管道系统	
SC3	工业用塑料管材及管件		10
	WG7	工业用管道标准修订	
SC4	燃气用塑料管材及管件		37
	WG1	用于聚乙烯管道系统的管件	
	WG2	聚乙烯管道系统熔接	
	WG3	聚乙烯管道系统	
	WG5	多层管道系统	
	WG6	热熔对接规程	
	WG7	聚酰胺管道系统	
SC5	通用性能、测试方法和基本规范		95
	WG5	聚烯烃管道	
	WG17	替代试验方法	
	WG20	慢速裂纹增长	
	WG22	热塑性塑料管材	
SC6	多用途增强塑料管材和挂件		35
	WG1	测试方法	
	WG3	管道系统规格	
	WG5	安装	
SC7	塑料阀门和附属设备		11
SC8	管线修复系统		12
	WG1	系统设计和应用的分类及信息	
	WG2	排水管道修复用塑料管道系统	
	WG3	给水管道修复用塑料管道系统	
	WG4	燃气管道修复用塑料管道系统	
	WG5	埋地管网非开挖塑料管道系统	
合计	311		

我国的塑料管道标准化工作快速发展，近5年来，每年立项的国家及行业标准有20～30项，逐渐形成了较为完备的标准化体系。标准化水平与国际接轨，为产品质量控制及监管提供了良好的条件。

（二）产品检测和质量控制

产品检测严格依据相关产品标准及方法标准的规定进行，在产品标准中，一般根据材料性能、工程应用及环保卫生要求等设置技术参数，通过对这些参数的检测，反映管材在原料、生产工艺、安装施工、使用及卫生等方面可能出现的问题，确保管道符合设计要求和使用要求。

1. 规格尺寸

管材外径和壁厚是保证管材使用性能的最基本要求，采用经过定级的原料生产塑料管材产品时，管道系统的承压能力主要取决于管材尺寸是否符合标准要求，尤其是壁厚，决定了管材产品在使用中是否能够满足设计要求。

2. 长期静液压强度

根据高分子材料的时温等效原理，利用外推法进行长期强度预测，通过标准规定的若干温度条件和压力等级进行静液压试验，得到一系列管材测试温度、环应力和破坏时间的对应关系数据，再考虑预测的静液压强度97.5%的置信下限，得到管材在不同温度、不同应力下的静液压强度。长期静液压强度是原料的主要性能，通过该项试验可以确定生产管材所用原料的长期承压能力，是管材设计压力的基础。

3. 静液压强度

在长期静液压曲线上选取一点，按照该点的温度、应力和时间关系对管材进行试验，如果通过试验，可间接确定原料的长期性能符合要求。

4. 纵向回缩率

在管材生产过程中受高温及剪切应力作用，管壁内部产生残余应力，在长达50年的使用寿命范围内，如果残余应力较大可能造成管材破坏失效，因此需对生产工艺进行控制，尽量降低残余应力。通过纵向回缩率的检测，可间接反映生产工艺的合理性。

5. 拉伸屈服强度

对于硬聚氯乙烯类产品，通过拉伸屈服强度的测定可确定管材生产所用原料配方是否合理，当配方中添加了大量无机填料时，拉伸屈服强度将明显降低。

6. 断裂伸长率

对于聚乙烯管材，断裂伸长率是评价产品韧性的关键指标，如果该项目不符合要求，表明所用原料可能掺入了不达标的回收料或添加了其他原料。对于大口径厚壁管材而言，由于管壁较厚，生产过程中管壁冷却不均匀可能在管壁内部产生微小瑕疵，出现应力集中的现象，造成管材韧性不足，易断裂。

7. 熔融温度

对于聚丙烯材料，熔融温度是考察管材原料的较为有效的方法，一般聚丙烯分为等规共聚聚丙烯、嵌段共聚聚丙烯和无规共聚聚丙烯三大类，其中冷热水用聚丙烯原料为无规共聚聚丙烯树脂，该树脂生产的管材可在70℃以上的高温下长期使用，而另外两种原料生产的管材仅可用于冷水输送。因此通过对熔融温度的测定，就可以很方便地确定管材所用原料的种类。

8. 氧化诱导时间

对于聚乙烯管材，为保证产品在长期使用过程中可耐热氧老化，必须在原料中加入抗氧化剂，通过测定管材的氧化诱导时间可以确定生产管材所用原料耐热氧化性能是否达标，如果该项性能不符合标准要求，表明产品所用原料很快就会老化破坏，达不到设计要求。

9. 铅含量

对于聚氯乙烯树脂而言，其分解温度远低于加工温度，因此必须在原料配方中加入稳定剂以保证生产的顺利进行，常用稳定剂包括铅盐稳定剂、有机锡稳定剂和钙锌稳定剂三大类，其中铅盐稳定剂性价比最高，但铅盐随着管材的使用将逐渐析出进入水体，对环境及人体健康造成潜在危害，因此行业目前大力推广使用无铅稳定剂，通过测试铅含量可确定生产管材时是否采用了铅盐稳定剂。

10. 卫生性能

给水管材的卫生性能是影响居民健康的关键指标，一般采用正规原料生产的管材，其卫生性能均可满足要求，但是个别企业在生产中加入来源不明的回收料甚至废弃料生产管材，其卫生性能不能满足标准要求，产生的社会影响极大。

三、市场监管

1. 北京市住房和城乡建设委员会（以下简称北京市住建委）于2008年7月召开了“加强塑料管材管件质量管理”的专题会议，提出了一系列加强塑料管材应用管理的措施，陆续出台了相关文件。

2. 2009年北京市住建委发布了《关于北京市建设系统2009年建材市场专项整治的通

知》，提出了加强重点建材的质量监督措施，塑料管材是监督重点之一。

3. 2008 年 11 月北京市住建委、北京市质监局和北京市工商局联合发布了《关于加强民用建筑地板采暖工程塑料管材管件质量管理的通知》（京建材〔2008〕718 号）（废止），文件指出：近年来，北京市民用建筑工程采用低温热水地板采暖技术日益增多，塑料管材管件的使用量逐年增加。各建设单位、设计单位、施工单位、监理单位和建筑材料生产、供应单位认真贯彻有关的工程建设与产品质量标准，工程质量总体保持稳定良好。

地板采暖工程属隐蔽工程。一旦损坏，维修难度大，对居民生活产生不利影响。近几年来，在北京市对地板采暖用塑料管材管件的质量监督抽查中发现部分样品不合格，施工过程中也存在造成塑料管材管件微裂纹等隐性损坏的现象。这些问题对地板采暖工程的寿命与使用安全造成威胁。为了保证地板采暖系统的施工质量和使用功能及运行管理，各建设工程的建设单位、施工单位、监理单位和塑料管材管件的生产单位、供应单位要认真贯彻落实国家有关法律法规，贯彻落实市建委、市工商局、市质监局《关于印发〈北京市建设工程材料使用监督管理若干规定〉的通知》（京建材〔2007〕722 号）（以下简称本通知）精神，采取有效措施，切实做好地板采暖工程塑料管材管件的质量管理。

①加强塑料管材管件生产企业的管理，确保产品质量合格。

向北京市建筑工程供应塑料管材管件的生产企业，要进一步加强生产工艺和产品质量的管理，保证出厂的产品质量符合标准要求。产品工艺定型时应当经 8760h 静液压状态下热稳定性和 5000 次冷热循环检验合格。产品投产后应当选择使用符合国家标准技术要求的专用料生产，按标准规定组织产品的型式检验和出厂检验，不合格产品不出厂销售。建议各生产企业健全企业的质量管理制度，采用本通知附件 1 所列的先进生产工艺设备，加强全员培训，实行产品质量的岗位责任制，加强产品售后服务工作，向用户如实、完整地提供产品检验报告等资料。要诚信经营，杜绝违法和不正当的市场竞争行为。

②加强采购管理，杜绝不合格产品流入建筑工程。

各建筑工程的建设单位、施工单位要加强对低温热水地板采暖用塑料管材管件的采购管理。要选择生产条件完备、管理规范、质量信誉好的企业做地板采暖系统材料的供应商。在市建委、市工商局发布《北京市塑料管材管件采购示范合同文本》之前，采购单位应将以下内容列入招标文件和采购合同条款：一是使用通过 110℃、8760h 静液压状态下热稳定性试验合格的专用料生产塑料管材管件；二是采用满足生产合格产品要求的生产工艺；三是提供真实的产品定型检验、有效期内的型式检验报告和出厂检验报告。同一地面采暖工程所使用的塑料管材管件与集分水器应由同一厂家配套供应。

③加强进场验收，实行有见证取样检验。

建设单位、施工单位、监理单位要做好验收管理。建设单位要对选购的塑料管材管件质量负责，对施工单位使用的材料进行监督。在北京市相关部门修订发布《低温热水地板辐射供暖应用技术规程》之前，应当由地板采暖工程的施工单位按产品质量标准的要求，对管材壁厚等外观指标进行现场复试检验；会同监理单位在复试检验合格的产品中，取样送有见证检验机构进行静液压等项目的检验（检验项目、指标及检验方法见本通知附件2）。检验批次、费用可在工程承包合同中予以规定，列入施工成本。检验不合格的塑料管材管件依据采购合同退货处理。

④严格按技术规程要求施工，杜绝对塑料管材管件的损伤。

低温热水地板采暖工程施工要严格按有关技术规程进行。在施工中不要刮、压、折管材管件，避免造成隐性损伤。在铺设过程中管材出现死折、渗漏时，应当整根更换，不应拼接使用。浇筑填充层时，应当带压浇筑、带压养护。施工单位要做好对施工人员的技术培训和现场施工管理。对损伤塑料管材管件的施工行为，监理人员要及时制止、纠正。

⑤加强塑料管材管件的质量监督，规范市场秩序。

从2008年到2010年，北京市连续三年将塑料管材管件生产企业、建材市场和建筑工程作为建材抽检的重点。市和区县工程质量监督机构和建筑材料管理机构对进入建筑工地的塑料管材管件加强日常抽查和专项检查。对违反规定使用不合格塑料管材管件的建设单位、施工单位和监理单位依据《建设工程质量管理条例》予以处罚，对建设单位、施工单位按照北京市施工企业、房地产开发企业资质动态管理规定给予记分处理。市质监局、市工商局对塑料管材管件的监督抽查结果和对违规企业的处罚情况，市建委及时向建设领域通报。

市和区县建委要加强对塑料管材管件供应单位的备案管理，建立动态的监管体系。有关行业协会要组织会员单位制定行业自律公约，组织会员单位与业内企业做好人员培训和技术交流，完善生产工艺和管理制度，提高管理技术素质。组织用户及社会各界对塑料管生产供应单位的质量诚信情况进行评价（办法另发）。评价的结果纳入北京市建材生产企业质量诚信的评价体系，统一发布。

散热器供暖及生活热水系统用塑料管材管件的质量管理可参照本通知执行。

根据718号文的规定，对相关塑料管材管件产品实行有见证取样检验，同时加强工程现场抽样检验，北京建设工程用塑料管材管件产品质量得到明显提高，抽检合格率达到

90% 以上（表 2）。

表 2　塑料管材、管件的取样检验

管材品种	检验项目	技术要求	测试方法
交联聚乙烯管 PE-X	静液压试验	GB/T 18992 中 4.6MPa、95℃、165h 静液压强度	GB/T 6111
	交联度	PE-Xa ≥70%、PE-Xb ≥65% GB/T 18992	GB/T 18474
耐热聚乙烯管 PE-RT	静液压试验	CJ/T 175 中 3.55MPa、95℃、165h 静液压强度	GB/T 6111
聚丁烯管 PB	静液压试验	GB/T 19473 中 6.2MPa、95℃、165h 静液压强度	GB/T 6111
铝塑复合管 XPAP	静液压试验	GB/T 18997 中 搭 接 焊 2.72MPa、82℃、10h 静液压试验，对接焊 2.42MPa、95℃、1h 静液压强度	GB/T 6111
	爆破压力	GB/T 18997	GB/T 15560
	管环剥离力	GB/T 18997	GB/T 18997
	交联度	GB/T 18997	GB/T 18997
无规共聚聚丙烯管 PP-R	静液压试验	GB/T 18742 中 3.8MPa、95℃、165h 静液压强度	GB/T 6111
	熔点	SH/T 1750	SH/T 1750
	简支梁冲击	GB/T 18742	GB/T 18743
聚乙烯（PE）	静液压强度	GB/T 13663 中 4.6MPa，80℃，165h 静液压试验	GB/T 6111
	碳黑分散性	GB/T 13663 中≤等级 3	GB/T 18251
硬聚氯乙烯建筑给水管（PVC-U）	液压试验	GB/T 10002.1 中 30MPa、20℃、100h	GB/T 6111
	落锤冲击试验	GB/T 10002.1 中 0℃，TIR ≤5%	GB/T 14152
	密度	GB/T 10002.1 中 1350 ～1460kg/m³	GB/T 1033
硬聚氯乙烯建筑排水管（PVC-U）	拉伸屈服强度	GB/T 5836 中≥40MPa	GB/T 8804
	落锤冲击试验	GB/T 5836 中 0℃，TIR ≤10%	GB/T 14152
	密度	GB/T 5836 中 1350 ～1550kg/m³	GB/T 1033

4. 北京市住建委发布京建材〔2009〕197 号文，支持行业协会组织开展行业自律、产品质量诚信评价活动，建立长效的行业自律机制。

5. 2009 年，北京市住建委发布《关于发布〈北京市推广、限制、禁止使用的建筑材料目录管理办法〉的通知》（京建材〔2009〕344 号）。

上述措施对提高北京市建设材料质量具有积极的推动作用，其中就塑料管材管件产品而言，718 号文的发布及北京市住建委对工地施工现场的实物抽检工作对提高北京地区塑料管材管件产品合格率起到至关重要的作用，经过三年的抽查，工地塑料管材管件产品合格率已经由60%左右提高到90%以上，而且通过见证取样检测制度的实施，供应单位弄虚作假、以次充好的行为得到有效限制，不合格产品基本从北京市场清除出去。但目前718号文已经废止，北京建设工程中使用的塑料管材管件产品的见证取样检测已经失去法律依据，对今后产品质量控制将产生较大影响。同时，监管范围仅限于地板辐射采暖用塑料管材管件产品，产品覆盖面小，难以保证建设工程用塑料管材管件产品质量。

作者简介

李延军，北京建筑材料检验研究院有限公司节水事业部副经理，高级工程师。主要从事高分子建材及相关产品的研发和质检工作。主持国家标准编制5项，参与国家标准编制10项。

市政工程材料篇

北京市市政工程材料禁限和推广历史发展的作用

◎刘丙宇　韩东林　田　军　何文权

回顾禁限30年，北京市在市政道路工程施工中使用的主要材料经历了翻天覆地的变化，主要体现在建筑钢材、水泥、混凝土、砂浆、沥青混凝土、路面铺装材料、防水材料、各种市政管线及井室材料以及脚手架、模板等周转材料各方面。

一、水泥及混凝土、砂浆

（一）水泥供应由袋装化到基本形成散装化

水泥是现代建筑施工使用量极大的建筑材料。由于经济高速发展，我国的水泥使用量有了高速的增长。从1978年到2007年，30年时间，我国累计生产了130.86亿吨水泥。而从2008年到2014年上半年，6年半时间，我国累计生产了127.73亿吨水泥，6年半的水泥生产约等于前30年的总和。我国的水泥产量和消耗量均占全球的60%左右。通常每袋水泥50kg，每吨水泥需要20个包装袋。如果全部使用袋装方式，对包装袋的使用量无疑是十分惊人的。

1998年以前，水泥的包装袋主要是多层牛皮纸袋包装，后来虽然使用了部分覆膜塑编袋包装，但水泥从出厂运送到施工现场基本沿用的是袋装的方式，而水泥袋装的方式存在着明显的缺陷。

首先是对水泥质量的影响问题。由于水泥是水硬性胶凝材料，因此对包装材料的强度以及防水、防潮功能要求严格，如果包装袋不符合要求，水泥受潮，将直接影响水泥的性能。根据塑编水泥包装袋防潮性能对水泥质量影响的检测结果，将规范纸袋包装的水泥和残次塑编袋包装的水泥在相同的保存条件下存放14d，纸袋包装的水泥质量基本不变。残次塑编袋包装的水泥强度降低40%，如果直接用于工程，必定会给工程质量埋下隐患。残次无覆膜水泥包装袋强度低，难以承受压力，破损率常高达 50% 以上，在灌装、运送过程中漏灰严重，污染环境，平均每袋漏失 3 ～5kg，这样必然导致混凝土配比计量失准，影响工程质量。

其次是水泥包装袋对环境造成的污染。塑编水泥包装袋使用量大，难以回收利用，如何处置废旧包装袋在目前尚无理想的解决方案。焚烧处理会产生大量有毒有害气体，对环境造成严重污染。如果随意抛弃，在自然环境中不易降解，冲入河流，阻塞河道，落入郊野会损坏土壤结构，影响植物生长。

袋装水泥在使用过程中，不可避免会产生破漏遗撒。由于工艺和技术的局限，当前尚不能将使用袋装水泥的过程完全封闭，把水泥从包装袋中倒出时，会有大量的水泥粉尘飘散到空气中，在大气污染方面造成严重影响。

水泥包装袋耗用资源多，也是不容忽视的重要问题。纸袋包装虽然对水泥质量有保证，但是制造优质的水泥包装纸袋，需要消耗大量的资源。当前木材仍然是造纸的主要原材料，据测算，每生产 1 万吨散装水泥可节省包装纸 60 吨，折合木材 330 立方米，生产 60 吨纸需要电 7.2 万千瓦 · 时，煤 78 吨，烧碱 22 吨；而且在造纸的过程中会产生大量的工业废水，对环境也造成了极大的威胁。另外，每运输 1 万吨散装水泥，比运输袋装水泥可减少水泥损失 4%。

北京市《关于公布第四批禁止和限制使用建材产品目录的通知》（京建材〔2004〕16 号），从 2004 年 6 月 1 日起实施，禁止预拌混凝土、预拌砂浆、混凝土制品生产企业使用袋装水泥。此后又陆续出台了一系列政策规定，在限制袋装水泥的同时，对散装水泥给予鼓励和支持。散装水泥从工厂生产出来之后，全过程密封，不用任何小包装，通过专用水泥运输罐车，从工厂运输到中转站或最终用户使用地点，利用空压机产生的高压气体将水泥运输罐车内的水泥打入储存水泥的专用罐体。散装水泥从出厂到使用，在流通环节中无论经过多少次倒运，水泥始终都在密闭的容器中，不易受到大气环境（如刮风下雨）的影响，因而水泥的质量有保证，与同期生产出来的袋装水泥相比，其储存时间长，有利于水泥厂进行均衡销售。

从禁限袋装水泥至今的 30 年，北京市已经基本实现了水泥散装化，达到了国际先进水平。

（二）混凝土从施工现场分散搅拌到工厂集中预拌

混凝土即以水泥为胶凝材料，以卵石、碎石为粗骨料，以河砂为细骨料，再配以矿粉、粉煤灰、外加剂和水，以一定比例拌和而成的建筑材料（以下简称混凝土），因其原材料来源广泛，施工方便，可塑性强，抗压强度高，适用范围宽而得到广泛的应用。水泥基本是以配制混凝土的原材料的形式进入建筑工程的。

禁限工作开展之前，混凝土基本上是在施工现场生产的。即在施工现场建立一个或多个混凝土搅拌站，根据施工生产的需要，制备混凝土。混凝土搅拌站需敷设水电线路，设置搅拌机，建立水泥库房，砂、石、矿粉、粉煤灰、外加剂料仓及计量装置等。现场搅拌站通常是一次性的，占地面积较大。在开工之前建立，随工程建设结束而拆除，造成极大的浪费。

现场搅拌站占地大，给施工现场的总平面布置带来极大压力。如果拟建工程用地紧张，建立现场搅拌站几乎是不可能实现的。大型搅拌机安装困难，大多使用生产工艺落后的自落式鼓式搅拌机，装料容量为 200 ～400L，每盘搅拌时间至少 3min，且不能连续生产，上料和出料时间长，生产效率低下，拌制的混凝土均匀性及和易性差。现场搅拌站大多采用人工上料，计量管理不易落实，混凝土配合比不准确，导致混凝土质量不稳定，离散性加大。现场搅拌站的砂石料场管理困难，容易造成泥土混入，影响混凝土质量，且对现场文明施工造成的负面影响极大。使用袋装水泥在装料时往往造成水泥扬尘，影响环境保护，影响操作人员身体健康。特大型工程建设现场设立大型搅拌站，采用生产效率较高的大容量强制式搅拌机，往往设计为高架的搅拌楼，需要配套建设砂石上料装置，占用的场地更大，建设成本成倍增加。

传统的混凝土生产方式的弊病显而易见，在已经实现了混凝土集中预拌的今天看来是不可接受的。

2004 年，北京市建委发布《关于公布第四批禁止和限制使用建材产品目录的通知》（京建材〔2004〕16 号），将现场搅拌混凝土列为限制使用的建材产品。2014 年，北京市人民代表大会颁布《北京市大气污染防治条例》，规定自 2014 年 3 月 1 日起本市施工工地禁止现场搅拌混凝土。

混凝土集中搅拌、采用混凝土搅拌运输车运至施工现场的生产方式，提高了建筑施工工业化水平，混凝土质量和稳定性得到有力的保证，减少了资源的浪费，以及施工现场分散搅拌混凝土对环境的污染。

（三）水泥砂浆从施工现场分散搅拌到基本实现了预拌化

水泥砂浆的传统生产方式与混凝土类似，同样是将水泥、砂子等原材料运进现场，在现场用专用的砂浆搅拌机或混凝土搅拌机搅拌而成的。这种生产方式的弊病与现场搅拌混凝土相似。砂浆主要用于砌筑工程和装饰装修工程，在用量上比混凝土更加分散，因此在实现预拌化的过程中，所面临的问题更加复杂。

2003年，北京市发布了《北京市干拌砂浆应用技术规程（试行）》（DBJ/T 01-73—2003）、《预拌砂浆应用技术规程》（DBJ 01-99—2005）等有关地方技术标准。

2006年，北京市建委、发展改革委、规划委、环保局发布《关于在本市建设工程中使用预拌砂浆的通知》（京建材〔2006〕232号）。

2007年8月21日，北京市建委、规划委发布《关于北京市建设工程中进一步禁止现场搅拌砂浆的通知》，进一步推动了现场搅拌砂浆工作的开展。

预拌砂浆列入2010年版推广目录，施工现场搅拌砂浆列入2010年版限制使用目录。

北京市从砂浆现场搅拌到预拌的过程大体经历了两个阶段：

第1阶段，推广干拌砂浆，即袋装预拌砂浆

干拌砂浆是由专业生产厂家把经干燥筛分处理的细骨料与无机胶凝材料、矿物掺合料、其他外加剂按一定比例混合成的粉状或颗粒状混合物，在施工现场加水搅拌即成砂浆拌合物。其品种有普通干拌砂浆和特种干拌砂浆。普通干拌砂浆包括砌筑干拌砂浆、抹灰干拌砂浆和干拌地面砂浆。特种干拌砂浆是满足特殊要求的专用建筑、装饰类干拌砂浆，包括瓷砖粘贴砂浆、聚苯板粘贴砂浆、外保温抹灰砂浆等。这个阶段是以袋装干拌砂浆为主要形式的。

第2阶段，推广湿拌砂浆和散装干拌砂浆

湿拌砂浆是由搅拌站将加水搅拌好的砂浆拌合物使用专用罐车运输至施工现场直接使用。由于使用砂浆的工程目前大多采用人工操作，此种砂浆供应方式与现场的使用存在较多矛盾。散装干拌砂浆与袋装干拌砂浆的生产过程类似，不同之处在于不再使用包装袋，而是使用专用运输车将干拌料运至施工现场载入专用储罐，使用时由现场工人使用储罐上配备的搅拌装置加水搅拌成砂浆拌合物。这种方式较好地解决了前期生产与施工现场衔接的矛盾，所以散装干拌砂浆得到了广泛的应用。

在工厂化的拌和站中，水泥从密闭的水泥罐进入搅拌机的过程同样实现了密闭输送，散装干拌砂浆从工厂到施工现场的运输直到加水搅拌同样是密闭的过程，避免了水泥粉尘的逸出。预拌砂浆的封闭式、机械化生产工序还可以大大减少城市施工现场搅拌带来的噪声污染，以及建筑材料露天堆放、现场施工造成的粉尘等污染。

二、普通水泥步道砖（九格砖）及光面混凝土路面砖

根据《关于公布第三批淘汰和限制使用落后建材产品的通知》（京建材〔2001〕192

号）要求，从 2001 年 10 月 1 日起实施新建和维修广场、人行步道限制使用普通水泥步道砖（九格砖）。九格砖外观差、强度低、不透水，使用寿命短。

根据《关于发布北京市第五批禁止和限制使用的建筑材料及施工工艺目录的通知》（京建材〔2007〕837 号）要求，从 2008 年 1 月 1 日起实施新建和维修广场、停车场、人行步道、慢行车道限制使用光面混凝土路面砖。光面砖不透水、摩擦小，降雨后，砖面易形成水膜，造成地面积水，影响行人通行安全。该种砖导致雨水不能渗入回灌地下补充地下水，造成资源浪费。

三、多功能复合型（2 种或 2 种以上功能）混凝土膨胀剂

根据《关于发布北京市第五批禁止和限制使用建筑材料及施工工艺目录的通知》（京建材〔2007〕837 号）要求，从 2008 年 1 月 1 日起禁止使用多功能复合型混凝土膨胀剂。

复合型膨胀剂是指膨胀剂与其他外加剂复合成具有除膨胀性能外还兼有其他外加剂性能的复合外加剂。如有减水剂、早强剂、防冻剂、泵送剂、缓凝剂、引气剂等。为了满足现代混凝土技术性能和施工性能的要求，外加剂复合应用越来越广泛。值得注意的是，无机盐类防冻剂虽然具有理想的防冻效果，但它们的共同特点是都含有较多的钠盐。

钠盐是强电解质，在水泥浆体中会离解出钠离子，而水泥浆体溶液中含有氢氧根离子，若遇到活性骨料，就会发生碱 - 骨料反应而破坏混凝土结构，即钠盐易引发碱 - 骨料反应。防冻剂中的硫酸钠不但会离解出钠离子，而且会离解出硫酸根离子，硫酸根离子与水泥浆体溶液中钙离子结合则形成石膏。

石膏是水泥的缓凝剂，水泥中已掺有足量的石膏，而由于掺加防冻剂又增加了石膏的掺量，虽有一定的早强作用，但掺量不可过大，否则会降低后期强度，甚至发生膨胀裂缝，破坏混凝土结构。由此可见，含钠盐防冻剂虽然可以解决混凝土防冻的问题，但容易引发碱 - 骨料反应或由于石膏过量而破坏混凝土结构，难以保证混凝土质量。

因此，在外加剂的选择上应该按需选择、科学配伍才能更好地发挥作用，从而提升混凝土的性能。

四、黏土砖及砖砌检查井

根据 2004 年北京市建委发布《关于公布第四批禁止和限制使用建材产品目录的通知》（京建材〔2004〕16 号）要求，黏土砖被列为禁止使用的建材产品。

黏土砖的主要原料是黏土，其来源是耕地。我国因为每年烧砖都要使用黏土资源 10

多亿立方米，再加上很多小型砖厂乱采乱用，烧砖厂附近的农田几乎都成了深坑，每年损毁良田达 70 万亩；每烧一立方米的实心黏土砖需要耗费 120kg 的煤，巨大的应用量会消耗大量不可再生资源，煤炭在烧砖过程中会产生很多的废气，对环境造成污染。

根据《关于发布〈北京市推广、限制和禁止使用建筑材料目录（2010 年版）〉的通知》（京建材〔2010〕326 号）要求，砖砌检查井被列入禁止使用的建筑材料目录，自 2010 年 7 月 1 日起停止设计，2010 年 9 月 1 日起禁止在本市建设工程中使用。

随着我国国民经济持续快速的发展，市政建设的规模也在不断扩大。作为城市重要的基础设施——市政排水管网，也得到了政府部门的大力支持、建设和完善。从大城市到小城镇，到处都在修建排水管网。与此同时，我国排水管道的施工技术也取得了很大进步，传统的砂浆接口、钢筋混凝土基础等做法已经逐步被柔性接口、沙基础等能大大缩短施工工期，降低管道渗漏量的做法所替代。但还有一个障碍一直在阻碍管道施工技术进步，那就是砖砌检查井。埋设一段 50 米长的管道，通常只需要半天左右的时间，而砌一座检查井需要 2 天多时间。其中混凝土基础及养护、砌井、抹面、做流槽等既复杂，又费时，大量的砖砌检查井已成为影响排水管施工的主要瓶颈。砖砌检查井主要缺点：一是施工速度慢，对城市交通以及周边环境影响较大；二是砖砌体强度低易变形沉降，砂浆砌筑易渗漏，特别在管道与检查井结合处，造成水系和土壤污染；三是黏土砖占用宝贵的土地资源，不符合国家的土地和环保政策。随着砖砌检查井问题的日益显现，预制检查井顺应潮流发展，逐步走到历史的前台。

建设部“十一五”技术公告塑料管道优先采用塑料检查井淘汰砖砌井，要求各地方建设部门、设计部门在施工方案设计时重视使用塑料检查井；国家建筑标准设计图集《建筑小区塑料排水检查井》（08SS523）颁布后，一系列的政策和指导意见从政策和标准化层面为预制井的推广起到推进作用。

成品检查井拥有众多的优点，但是仍应清醒地看到，预制检查井在施工中仍存在着一些问题：一是灵活性不够。相比砖砌检查井在现场可根据现场情况接入不同高度，不同角度的排水支管，预制检查井在施工中很难做到。特别是设计的排水管道遇到障碍物，需要调整设计，对管道高程进行变更时，砖砌检查井不受影响，而预制检查井则难以调整。工厂预制加工工期也有很大影响，主要有两种解决方法：一种是采用调节环，通过增加或减少调节环的方法使预留高度与支管相一致；另一种做法是采用现场开口，用开孔机在井壁钻出圆孔，接入支管后再用专用的橡胶圈进行安装。二是经济的因素。从造价的方面来说，管径越大，预制检查井与砖砌检查井差距越小。但是从施工企业的角度来讲，采用预制检查井会损失施工方的一部分利润。

预制检查井不仅适用于排水管网的建设，也在供电、给水、通信、煤气管等其他市政管网建设中有广阔的前景，预制检查井的时代已经来临。淘汰旧工艺需要一个较长的过程，中间会遇到各种困难，有技术上的，也有习惯上的，新技术的推广还要有市场供应的保证和政策规范的配套，也需要政府主管和行业协会的积极引领。只要我们共同努力，逐步淘汰落后的砖砌检查井的目标就能早日实现。

禁限工作的 30 年，正处于改革开放的伟大历史时期，也是建筑材料行业蓬勃发展的 30 年，产生了革命性的飞跃，淘汰了一大批质量不稳定、性能差、影响人体健康、施工不方便、生产工艺落后、能耗高、污染环境的建材产品，同时出现了大量新型建筑材料。禁限工作的开展推动了建材行业的健康发展，同时也促进整个建筑施工领域全方位的发展，产生了一大批新技术、新装备、新工法。禁限工作的开展大大促进了对环境的保护，为创造可持续健康发展的环境，做出了应有的贡献。改革开放以来，北京市建筑工程的质量稳步提升，其中原因与开展禁限工作密不可分。

作者简介

刘丙宇，北京建工路桥集团有限公司，总工程师，教授级高级工程师。主要研究方向为房屋建筑工程、市政工程、轨道交通工程、既有建筑加固、防水、节能保温工程以及 BIM 技术应用、智慧工地建设。

施工周转材料篇

安全才是关键

——北京建材禁限 30 年之脚手架

◎沈长生

一、脚手架技术在我国的发展历程

脚手架技术是伴随着建筑施工的要求而产生并发展的，近年来跟随蓬勃发展的建筑市场得到了长足发展。据统计，全国以模板和脚手架为主的基建物资超 6 亿吨，租赁年产值达 5000 亿元，从业企业近 4 万家，居全球首位。

针对于脚手架发展历程，我国古代的脚手架技术已无从追溯，但从中华人民共和国成立之后最初的建筑业中，仍可以看到一些脚手架技术的传统和做法，其发展在我国经历了四个阶段。

第一阶段从 20 世纪 50 年代到 60 年代，是以传统的竹、木脚手架为主体，继承了中国文化传统，以师傅带徒弟的形式传授架子工技艺。此阶段中国的建设以多层民用建筑、单层工业厂房、少量的多层工业厂房为主。虽然受到技术条件的限制，只能用杉篙及竹篙作为脚手架的主体材料，但是在发挥工人技艺条件下，仍然很好地完成了复杂的建设任务，基本上保证了脚手架的安全应用（图 1、图 2）。

图 1　竹脚手架施工现场图

图 2　木脚手架施工现场图

第二阶段从 20 世纪 60 年代到 80 年代，扣件式钢管脚手架得到迅速推广和应用（图 3），并以钢管脚手架为主体引进了门式脚手架等新型脚手架，此时主要是将这些新型脚手架结合中国的实际加以应用。国内建筑结构由砌筑为主的多层民用建筑逐步向钢筋混凝土高层住宅发展，并开始兴建超过一般高层住宅的高层公共建筑。

图 3　扣件式钢管脚手架施工现场图

第三阶段从20世纪80年代末以来，脚手架表现为多样化、系列化、标准化和商品化。一方面随着门式钢管脚手架、碗扣式钢管脚手架等新型的、多功能脚手架的推广应用，脚手架已向多功能和系列化发展（图4、图5）。

图4　门式钢管脚手架施工现场图

图5　碗扣式钢管脚手架施工现场图

随着高层、大跨度和特种工程的大量建造，伴随着这些工程要求的悬、挂、挑脚手架、附着升降脚手架、整体提升脚手架以及各种特行脚手架得到迅速发展（图6）。

图 6　附着式升降脚手架施工现场图

进入 21 世纪以来，脚手架的发展已呈现出几种趋势：

（一）最为传统的竹脚手架在特定的施工环境下仍有市场。一方面基于我国是竹材大国，方便取材且价格较为低廉；另一方面，在某些特定环境下，如高压线区，为了避免作业人员触电，竹脚手架是一种更好的选择，这种脚手架在中国香港地区较为常见。

（二）基于安全角度和架子工工资不断上涨，能够最大程度减少劳动力的工具式脚手架越来越受欢迎。以承插型盘扣式脚手架为例，自 2010 年至今，相关生产、租赁企业达近千家，产品市场保有量达 800 万吨。未来预期，仅盘扣脚手架一项，市场需求量将达到 6000 万吨。

（三）随着市场对脚手架技术和管理要求的提高，基本结束了过去架子工凭经验搭设的状况，进入了以科学的设计和计算为依据搭设和标准化管理的阶段，脚手架的使用开始由传统的经验型向科学管理型发展。

（四）随着市场经济体制的发展，在架设工具的占有和使用方式上正发生巨大的变革，从事脚手架设计、生产、租赁施工的专业厂家、公司得到了蓬勃发展。

二、劣质扣件式钢管脚手架禁限成果显著

目前，在我国建筑领域中应用扣件钢管脚手架最为广泛，除了用来搭设各种形式的

脚手架外，还可用于搭设模板支撑架、井架、上料平台架、斜道和栈桥等。扣件式钢管脚手架属于多立杆式的外脚手架中的一种，由钢管杆件、扣件、底座和脚手板组成，它具有承载能力大，拆装方便、搭设高度大、周转次数多、摊销费用低等优点，因此得到广泛应用，是目前使用最普遍的周转材料之一。通过在建筑工地推进“以钢代木”，用钢制模板和脚手架替代木竹模板脚手架的使用，对节约木材资源、保护生态环境起到了积极作用。据中国基建物资租赁承包协会统计测算，我国每亿元基建投资消耗木材已由 1953 年的 7.85 万立方米下降到 2018 年的 0.07 万立方米左右，下降幅度近 99%。2018 年全国建筑物资租赁承包收入达到 5151 亿元，行业物资拥有量 6.4 亿吨；规模以上租赁企业 4 万家；节约代用木材量超过 2246 万立方米，减少碳排放 6850 万吨，为我国经济发展和生态文明建设发挥了重要的作用。

扣件用于钢管之间的连接，其基本形式有三种（图 7）：

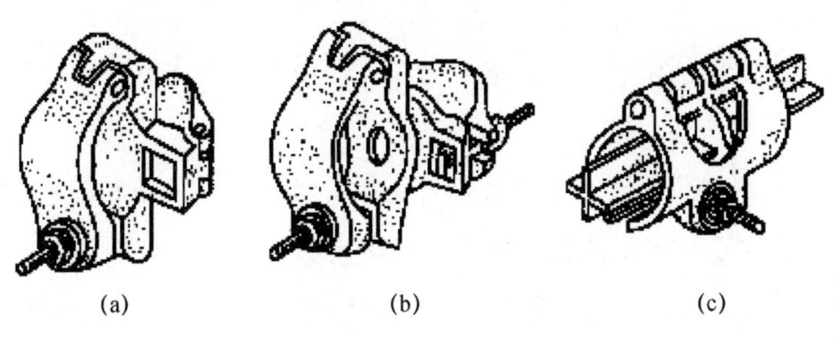

(a)　(b)　(c)

图 7　扣件形式

（a）回转扣件；（b）直角扣件；（c）对接扣件

直角扣件又称十字扣件，用于两根垂直交叉钢管的连接；旋转扣件又称回转扣件，用于两根任意角度交叉钢管的连接；对接扣件又称一字扣件，用于两根钢管对接连接。目前，我国使用的扣件有可锻铸造扣件和钢板压制扣件两种，部分生产、租赁企业为了获取更高收益，恶意降低扣件质量。由于扣件盖板壁厚较少，不能抵抗脚手板传递的横向或竖向剪切外力，致使扣件断裂，发生安全事故（图 8）。

据住房城乡建设部《关于 2017 年房屋市政工程生产安全事故情况的通报》显示，2017 年全国共发生房屋市政工程生产安全事故 692 起、死亡人数 807 人，其中高处坠落事故 331 起，占总数的 47.83%，模架行业多为高空作业，重大事故中高处坠落事故占绝大比率，对施工人员人身安全造成极大危害。其中较大事故中模架支撑体系坍塌危害大。在 2017 年房屋市政工程生产安全事故中，基坑坍塌、起重伤害、模板支架坍塌等事故共计 17 起、死亡人数 64 人，其中模架支撑体系坍塌占较大事故总数的 13.05%，在

图 8　脚手架坍塌事故现场

九个事故类别占比中位列第三，因此模架坍塌支撑体系相关事故是做好施工安全风险防范的重中之重。

为应对因脚手架产品质量问题带来的一系列安全事故的隐患，北京市住建委于 2008 年 1 月 1 日起，在北京建筑工地禁止质量＜1.10kg/ 套的直角型扣件和质量＜1.25kg/ 套的旋转扣件和对接扣件的使用。避免脚手架扣件因质量过轻、产品尺寸设计不合理，影响扣件的力学性能，带来安全隐患。并依照 GB 15831 的要求，对北京建筑工地进行监督检查，在全国起到了积极示范作用。仅就 2007 年和 2008 年不合格扣件禁用前后建筑工程事故就可以发现：2007 年之前坍塌事故占比一直高居 20% 以上，2007 年占比达 20.36%，但从 2008 年之后稳步控制在 15% 以下，2008 年坍塌事故占比为 13.86%。

三、“装备精良、训练有素”是未来

模板脚手架工程是系统工程，需要同时兼备“装备精良、训练有素”，能够使用合格、优良的模架装备产品，还要有一群训练有素的产业工人队伍。住建部门通过《建筑业十项新技术》等方式引导推进新产品、新技术的应用，盘扣脚手架、附着式升降脚手架等新型产品在国内得到了爆发式增长，并深受总包方和建筑劳务方的喜爱。

在针对产业工人队伍建设方面，中共中央、国务院高度重视，专门印发《新时期产业工人队伍建设改革方案》，要求造就一支有理想守信念、懂技术会创新、敢担当讲奉献的宏大产业工人队伍。各地方也积极响应，出台一系列鼓励措施。但在这方面，我们还欠账很多。

据国家统计局发布的《2017 年建筑农民工监测调查报告》，我国农民工总量突破 2.8 亿人，其中从事建筑业的比率为 20%，约 5500 万人。建筑工地现场作业的工人中，农民工占比超过 80%，建筑工人中建筑农民工占据绝对比率。一方面，农民工普遍受教育程度低、缺乏专业技能和安全施工意识；另一方面，大多数特种作业的操作人员不具备从业资质，没有经过专业训练，极易造成重大事故。亟须针对施工人员设立专业培训课程，进一步提升人员施工安全意识和技能水平，有效降低事故率。

英国建筑业产值约占 GDP 的 10%，行业从业者超过 200 万人，占全国就业人口总数的 5% 以上，是英国重要的支柱产业。英国政府高度重视建筑施工安全，英国健康安全执行局（Health and Safety Executive，HSE）作为行业主管部门，制定并发布了严格的法律法规，指导英国脚手架协会开展建筑业施工安全培训工作。在 HSE 与英国脚手架协会共同指导下，成立了 CISRS（建筑脚手架行业官方认证培训机构），负责建筑脚手架行业的官方认证培训工作，CISRS 的学员必须达到项目计划中规定的学时要求才能申请资质认证，同时要求每隔 5 年持证者必须重新测试再认证，保证所有学员对建筑安全知识和理念的不断学习和应用。经过多年努力，英国建筑施工领域死亡事故，从 1975 年的每年 182 起，已降至每年 38 起，降幅超过 80%。对比而言，我国建筑行业职业培训工作尚处于起步阶段。

作者简介

沈长生，木材节约发展中心处长，工程师，主要研究方向为木材节约代用产业研究。

北京市禁止使用建筑材料目录（2018 年版）

序号	类别	建筑材料名称	禁止使用的范围	禁止使用的原因	禁止使用的依据与生效时间
1	混凝土材料与混凝土制品	氯离子含量＞0.1% 的混凝土防冻剂	预应力混凝土、钢筋混凝土	易引起钢筋锈蚀，影响混凝土结构寿命	根据《关于公布第四批禁止和限制使用建材产品目录的通知》（京建材〔2004〕16 号），从 2004 年 6 月 1 日起实施
2		氧化钙类混凝土膨胀剂	民用建筑工程	过烧成分易造成混凝土涨裂，生产工艺落后	根据《关于公布第四批禁止和限制使用建材产品目录的通知》（京建材〔2004〕16 号），从 2004 年 6 月 1 日起实施
3		多功能复合型（2 种或 2 种以上功能）混凝土膨胀剂	民用建筑工程	质量难控制	根据《关于发布北京市第五批禁止和限制使用建筑材料及施工工艺目录的通知》（京建材〔2007〕837 号），从 2008 年 1 月 1 日起实施
4		现场搅拌混凝土	施工工地	质量难以控制，储运、使用过程浪费资源、污染环境	根据《北京市大气污染防治条例》，从 2014 年 3 月 1 日起实施
5		袋装水泥（特种水泥除外）	全市房屋建筑工程和市政基础设施工程	浪费资源、污染环境	《关于进一步加强全市建设工程预拌砂浆应用工作的通知》（京建法〔2019〕6 号），从 2019 年 4 月 1 日起实施
6		现场搅拌砂浆	全市施工工地	质量难控制，难与新型墙体材料相配套。储运、使用过程浪费资源、污染环境	根据《北京市建设工程施工现场管理办法》（市政府令第 247 号）《关于在全市建设工程中使用散装预拌砂浆工作的通知》（京建法〔2014〕15 号），从 2015 年 1 月 1 日起实施
7		萘系减水剂	预拌混凝土	生产过程污染大	从 2018 年版目录规定生效之日起实施
8	墙体材料	手工成型的 GRC 轻质隔墙板	民用建筑工程	质量难控制，性能不稳定	根据《关于公布第三批淘汰和限制使用落后建材产品的通知》（京建材〔2001〕192 号），从 2001 年 10 月 1 日 起实施
9		以角闪石石棉（即蓝石棉）为原料的石棉瓦等建材制品	民用建筑工程	危害人体健康	根据《关于公布第四批禁止和限制使用建材产品目录的通知》（京建材〔2004〕16 号），从 2004 年 6 月 1 日起实施

续表

序号	类别	建筑材料名称	禁止使用的范围	禁止使用的原因	禁止使用的依据与生效时间
10	墙体材料	实心砖（灰砂、烧结、混凝土实心砖等）	建筑工程基础（±0）以上部位（包括临时建筑、围墙。文物、古建除外）	生产过程资源消耗大，与同厚度多孔砖、空心砖相比建成的墙体保温隔热性能差	根据《关于发布北京市第五批禁止和限制使用的建筑材料及施工工艺目录的通知》（京建材〔2007〕837号），从2008年1月1日起实施
11		黏土陶粒和页岩陶粒及以黏土陶粒和页岩陶粒为原料的建材制品	民用建筑工程（文物、古建除外）	生产过程破坏耕地和植被	根据《关于发布北京市第五批禁止和限制使用的建筑材料及施工工艺目录的通知》（京建材〔2007〕837号），从2008年1月1日起实施
12		黏土砖、页岩砖、黏土瓦	民用建筑工程（文物、古建除外）	生产过程破坏耕地和植被	《北京市民用建筑节能管理办法》（市政府令第256号）、《关于发布〈北京市推广、限制和禁止使用建筑材料目录（2014年版）〉的通知》，从2015年3月15日起实施
13	建筑保温材料	菱镁类复合保温板、隔墙板	民用建筑工程	性能差、产品翘曲、产品易泛卤、龟裂	根据《关于公布第二批12种限制和淘汰落后建材产品目录的通知》（京建材〔1999〕518号），从2000年3月1日起实施
14		墙体内保温浆料（海泡石、聚苯粒、膨胀珍珠岩等）	民用建筑外墙内保温工程	热工性能差，手工湿作业，不易控制质量	根据《关于公布第二批12种限制和禁止使用落后建材产品目录的通知》（京建材〔1999〕518号），从2000年1月1日起实施
15		水泥聚苯板（聚苯颗粒与水泥混合成型）	民用建筑各类墙体内、外保温工程	产品保温性不稳定	根据《关于公布第四批禁止和限制使用建材产品目录的通知》（京建材〔2004〕16号），从2004年6月1日起实施
16		采用聚苯颗粒、玻化微珠等颗粒保温材料与胶结材料混合而成的保温浆料	单独作为保温材料用于外墙保温工程	单独使用达不到建筑节能设计要求	根据《关于发布北京市第五批禁止和限制使用的建筑材料及施工工艺目录的通知》（京建材〔2007〕837号），从2008年1月1日起实施
17		非耐碱型玻璃纤维网格布	外墙外保温工程	耐碱性差，不能保证砂浆层抗裂性能要求	根据《关于发布〈北京市推广、限制和禁止使用建筑材料目录（2010年版）〉的通知》（京建发〔2010〕326号），从2010年9月1日起实施
18		以膨胀珍珠岩、海泡石、有机硅复合的墙体保温浆（涂）料	单独作为保温材料用于外墙保温工程	单独使用达不到建筑节能设计要求	根据《关于发布〈北京市推广、限制和禁止使用建筑材料目录（2014年版）〉的通知》（京建发〔2015〕86号），从2015年10月1日起实施
19		施工现场非密闭拌制的保温砂浆	民用建筑工程	污染环境	从2018年版目录规定生效之日起实施
20	建筑门窗幕墙及辅料	单腔结构塑料型材	民用建筑工程	保温性能差	根据建设部《建设事业“十一五”推广应用和限制禁止使用技术（第一批）》（659号公告），从2010年9月1日起实施

续表

序号	类别	建筑材料名称	禁止使用的范围	禁止使用的原因	禁止使用的依据与生效时间
21	建筑门窗幕墙及辅料	T 型挂件系统（T 型挂件只用在石材幕墙）	民用建筑工程	幕墙单元板块不可独立拆装、不便于维修	根据《关于发布〈北京市推广、限制和禁止使用建筑材料目录（2010 年版）〉的通知》（京建发〔2010〕326 号），从 2010 年 12 月 1 日起实施
22		80 系列以下（含 80 系列）普通推拉塑料外窗	民用建筑工程	强度低、五金件使用寿命短，易出轨，有安全隐患	根据《关于发布〈北京市推广、限制和禁止使用建筑材料目录（2010 年版）〉的通知》（京建发〔2010〕326 号），从 2010 年 12 月 1 日起实施
23		推拉外窗用密封毛条	民用建筑工程	气密、水密、保温隔热性能差	根据《关于发布〈北京市推广、限制和禁止使用建筑材料目录（2014 年版）〉的通知》（京建发〔2015〕86 号），从 2015 年 10 月 1 日起实施
24		聚氯乙烯类密封条、隔热条、暖边间隔条	民用建筑工程	弹性差，易龟裂	从 2018 年版目录规定生效之日起实施
25	管材管件与建筑给排水工程材料	水封小于 5 公分地漏	民用建筑工程	易返异味	根据《关于限制和淘汰石油沥青纸胎油毡等 11 种落后建材产品的通知》（京建材〔1998〕第 480 号），从 1999 年 3 月 1 日起在全市各类建设工程中禁止使用
26		新建高层楼房二次供水系统水泥水箱、普通钢板水箱	民用建筑工程	易附着污物、生锈，污染水质	根据《关于公布第三批淘汰和限制使用落后建材产品的通知》（京建材〔2001〕192 号），从 2001 年 10 月 1 日 起实施
27		直径≤600mm 的刚性接口的灰口铸铁管	居住小区和市政管网支线用的埋地排水工程	易泄漏，造成水系和土壤污染	根据《关于公布第四批禁止和限制使用建材产品目录的通知》（京建材〔2004〕16 号），从 2004 年 6 月 1 日起实施
28		用铅盐做稳定剂的 PVC 管材、管件	饮用水管材、管件	危害人体健康	根据《关于公布第四批禁止和限制使用建材产品目录的通知》（京建材〔2004〕16 号），从 2004 年 6 月 1 日起实施
29		冷镀锌水管	民用建筑工程饮用水系统	污染饮用水	根据《关于发布〈北京市推广、限制和禁止使用建筑材料目录（2014 年版）〉的通知》（京建发〔2015〕86 号），从 2015 年 10 月 1 日起实施
30		镀锌铁皮室外雨水管	民用建筑工程	易损坏	根据《关于发布〈北京市推广、限制和禁止使用建筑材料目录（2014 年版）〉的通知》（京建发〔2015〕86 号），从 2015 年 10 月 1 日起实施

续表

序号	类别	建筑材料名称	禁止使用的范围	禁止使用的原因	禁止使用的依据与生效时间
31	管材管件与建筑给排水工程材料	平口混凝土排水管（含钢筋混凝土管）	民用建筑工程	易渗漏，污染地下水和土壤	根据《关于发布〈北京市推广、限制和禁止使用建筑材料目录（2014年版）〉的通知》（京建发〔2015〕86号），从2015年10月1日起实施
32		承插式刚性接口铸铁排水管	民用建筑工程	挠度差，接口部位易损坏、渗水	根据《关于发布〈北京市推广、限制和禁止使用建筑材料目录（2014年版）〉的通知》（京建发〔2015〕86号），从2015年10月1日起实施
33	防水材料	焦油聚氨酯防水涂料	民用建筑工程	施工过程污染环境	根据《关于限制和淘汰石油沥青纸胎油毡等11种落后建材产品的通知》（京建材〔1998〕第480号），从1999年3月1日起实施
34		焦油型冷底子油（JG-1型防水冷底子油涂料）	民用建筑工程	施工过程污染环境	根据《关于限制和淘汰石油沥青纸胎油毡等11种落后建材产品的通知》（京建材〔1998〕第480号），从1999年3月1日起实施
35		焦油聚氯乙烯油膏（PVC塑料油膏、聚氯乙烯胶泥、塑料煤焦油油膏）	民用建筑工程	施工质量差，生产和施工过程污染环境	根据《关于限制和淘汰石油沥青纸胎油毡等11种落后建材产品的通知》（京建材〔1998〕第480号），从1999年3月1日起实施
36		S型聚氯乙烯防水卷材	民用建筑工程	产品耐老化性能差，防水功能差	根据《关于发布〈北京市推广、限制和禁止使用建筑材料目录（2010年版）〉的通知》（京建发〔2010〕326号），从2010年12月1日起实施
37		双组份聚氨酯防水涂料、溶剂型冷底子油	民用建筑工程	易发生火灾事故，施工过程污染环境	根据《关于发布〈北京市推广、限制和禁止使用建筑材料目录（2014年版）〉的通知》（京建发〔2015〕86号），从2015年10月1日起实施
38		石油沥青纸胎油毡	作为防水材料使用，（文物、古建除外）	耐久性差，施工过程污染环境	根据《关于发布〈北京市推广、限制和禁止使用建筑材料目录（2014年版）〉的通知》（京建发〔2015〕86号），从2015年10月1日起实施
39		芯材厚度小于0.5mm的聚乙烯丙纶复合防水卷材	民用建筑工程	产品耐老化性能差，防水功能差	根据《关于发布〈北京市推广、限制和禁止使用建筑材料目录（2014年版）〉的通知》（京建发〔2015〕86号），从2015年10月1日起实施
40		使用明火热熔法施工的沥青类防水卷材	地下密闭空间、通风不畅空间和易燃材料附近的防水工程	易发生火灾	根据《关于发布〈北京市推广、限制和禁止使用建筑材料目录（2014年版）〉的通知》（京建发〔2015〕86号），从2015年10月1日起实施

续表

序号	类别	建筑材料名称	禁止使用的范围	禁止使用的原因	禁止使用的依据与生效时间
41	供暖供冷系统材料设备	水暖用内螺纹铸铁阀门	民用建筑工程	锈蚀严重	根据《关于公布第三批淘汰和限制使用落后建材产品的通知》（京建材〔2001〕192 号），从 2001 年 10 月 1 日 起实施
42		记忆合金原理的恒温控制阀	民用建筑工程	只有开关动作，不能实现调节功能	根据《供热计量技术规程》，从 2010 年 12 月 1 日起实施
43		两段式燃烧器	新建 1.4MW 以上（不包括 1.4MW）燃气供热锅炉	浪费能源	根据《关于发布〈北京市推广、限制和禁止使用建筑材料目录（2014 年版）〉的通知》（京建发〔2015〕86 号），从 2015 年 10 月 1 日起实施
44		非变频燃烧器	新建 7.0MW 以上（含 7.0MW）燃气供热锅炉	热效率差，噪音较高	根据《关于发布〈北京市推广、限制和禁止使用建筑材料目录（2014 年版）〉的通知》（京建发〔2015〕86 号），从 2015 年 10 月 1 日起实施
45		冷镀锌钢管、非镀锌钢管	新建民用建筑工程室内管径 DN ≤ 100mm 的供暖、空调系统	易锈蚀，影响热计量温控器具的使用	根据《关于发布〈北京市推广、限制和禁止使用建筑材料目录（2014 年版）〉的通知》（京建发〔2015〕86 号），从 2015 年 10 月 1 日起实施
46		内腔粘砂灰铸铁散热器	民用建筑工程	内腔结砂影响计量器具的使用	根据《关于发布〈北京市推广、限制和禁止使用建筑材料目录（2014 年版）〉的通知》（京建发〔2015〕86 号），从 2015 年 10 月 1 日起实施
47		圆翼型、长翼型、813 型灰铸铁散热器	民用建筑工程	金属热强度差	根据《关于公布第三批淘汰和限制使用落后建材产品的通知》（京建材〔2001〕192 号），从 2001 年 10 月 1 日 起实施
48		无安全接地的低温辐电热膜	民用建筑工程	存在安全隐患	根据《关于发布〈北京市推广、限制和禁止使用建筑材料目录（2014 年版）〉的通知》（京建发〔2015〕86 号），从 2015 年 10 月 1 日起实施
49		不具备数据远传通讯功能的热计量表	民用建筑工程	无法实现计量数据远传	根据《北京市民用建筑节能管理办法》（市政府令第 256 号），从 2014 版目录规定生效之日起实施
50		能效标识二级及以下，氮氧化物排放未达到 GB25034 的 5 级要求的燃气采暖用壁挂炉	民用建筑工程	能效低、浪费能源	根据《北京市打赢蓝天保卫战三年行动计划》（京政发〔2018〕22 号），从 2018 年版目录规定生效之日起实施
51	用水器具	进水口低于水面（低进水）的卫生洁具水箱配件	民用建筑工程	不防虹吸，污染水质	根据《关于限制和淘汰石油沥青纸胎油毡等 11 种落后建材产品的通知》（京建材〔1998〕第 480 号），从 1999 年 3 月 1 日起实施

续表

序号	类别	建筑材料名称	禁止使用的范围	禁止使用的原因	禁止使用的依据与生效时间
52	用水器具	手接触式普通水嘴	公共厕所、公共场所卫生间	易交叉感染传染疾病	根据《关于公布第四批禁止和限制使用建材产品目录的通知》（京建材〔2004〕16号），从2004年6月1日起实施
53		非节水型用水器具（包括水嘴、便器系统、便器冲洗阀、淋浴器）	民用建筑工程	浪费水资源	《关于严格执行〈节水型生活用水器具标准〉加快淘汰非节水生活用水器具的通知》（京建材〔2005〕1095号），从2006年1月1日起实施
54		6升水以上的大便器系统（不含6升）	民用建筑工程	浪费水资源	根据《关于严格执行〈节水型生活用水器具〉标准加快淘汰非节水型生活用水器具的通知》（京建材〔2005〕1095号），从2006年1月1日起实施
55		螺旋升降式铸铁水嘴	民用建筑工程	密封效果差、浪费水资源	根据《关于发布〈北京市推广、限制和禁止使用建筑材料目录（2010年版）〉的通知》（京建发〔2010〕326号），从2010年12月1日起实施
56	建筑装饰装修材料	聚乙烯醇缩甲醛胶粘剂（107胶）	民用建筑工程墙地砖及石材粘贴施工	粘结性能差，污染物排放超标	根据《关于公布第二批12种限制和淘汰落后建材产品目录的通知》（京建材〔1999〕518号），从2000年10月1日起实施
57		不耐水石膏类刮墙腻子	民用建筑工程	耐水性能差，强度低	根据《关于公布第三批淘汰和限制使用落后建材产品的通知》（京建材〔2001〕192号），从2001年10月1日起实施
58		以聚乙烯醇缩甲醛为胶结材料的水溶性涂料	民用建筑工程	施工质量差，施工时挥发有害气体	根据《关于公布第三批淘汰和限制使用落后建材产品的通知》（京建材〔2001〕192号），从2001年10月1日起实施
59		聚醋酸乙烯乳液类（含EVA乳液）、聚乙烯醇及聚乙烯醇缩醛类、氯乙烯-偏氯乙烯共聚乳液内外墙涂料	民用建筑工程	耐老化、耐粘污、耐水性差	根据《关于公布第四批禁止和限制使用建材产品目录的通知》（京建材〔2004〕16号），从2004年6月1日起在全市各类建设工程中禁止使用实施
60		以聚乙烯醇、纤维素、淀粉、聚丙烯酰胺为主要胶结材料的内墙涂料	民用建筑工程	耐擦洗性能差，易发霉、起粉	根据《关于公布第四批禁止和限制使用建材产品目录的通知》（京建材〔2004〕16号），从2004年6月1日起实施
61		聚乙烯醇水玻璃内墙涂料（106内墙涂料）	民用建筑工程	施工质量差，施工时挥发有害气体	根据建设部《关于发布化学建材技术与产品公告》（27号公告），从2010年12月1日起实施
62		多彩内墙涂料（树脂以硝化纤维素为主，溶剂以二甲苯为主的O/W型涂料）	民用建筑工程	施工质量差，施工时挥发有害气体	根据建设部《关于发布化学建材技术与产品公告》（27号公告），从2010年12月1日起实施

续表

序号	类别	建筑材料名称	禁止使用的范围	禁止使用的原因	禁止使用的依据与生效时间
63	建筑装饰装修材料	以聚乙烯醇为基料的仿瓷内墙涂料	民用建筑工程	耐水性能差，污染物排放超标	根据《关于发布〈北京市推广、限制和禁止使用建筑材料目录（2014 年版）〉的通知》（京建发〔2015〕86 号），从 2015 年 10 月 1 日起实施
64		聚丙烯酰胺类建筑胶粘剂	民用建筑工程	耐温性能差，耐久性差，易脱落	根据《关于发布〈北京市推广、限制和禁止使用建筑材料目录（2014 年版）〉的通知》（京建发〔2015〕86 号），从 2015 年 10 月 1 日起实施
65		不满足 DB11/3005 的涂料和胶粘剂	民用建筑工程	含有机污染物，施工时挥发有害气体	《北京市蓝天保卫战 2018 年行动计划》（京政办发〔2018〕9 号），从 2018 年版目录规定生效之日起实施
66	市政与道路施工材料	普通水泥步道砖（九格砖）	民用建筑工程	外观差、强度低、不透水、使用寿命短	根据《关于公布第三批淘汰和限制使用落后建材产品的通知》（京建材〔2001〕192 号），从 2001 年 10 月 1 日起实施
67		光面混凝土路面砖	民用建筑工程	影响行人安全，不透水	根据《关于发布北京市第五批禁止和限制使用的建筑材料及施工工艺目录的通知》（京建材〔2007〕837 号），从 2008 年 1 月 1 日起实施
68		砖砌检查井	民用建筑工程	易渗漏，造成水系和土壤污染	根据《关于发布〈北京市推广、限制和禁止使用建筑材料目录（2010 年版）〉的通知》（京建发〔2010〕326 号），从 2010 年 12 月 1 日起实施
69	照明材料	卤素灯	新建公共建筑和精装修住宅工程	能耗高，光效低，温度高，安全性差，寿命短	根据《关于发布〈北京市推广、限制和禁止使用建筑材料目录（2010 年版）〉的通知》（京建发〔2010〕326 号），从 2010 年 9 月 1 日起实施
70		卤粉荧光灯	民用建筑工程	光效低，显色性差，光衰严重	根据《关于发布〈北京市推广、限制和禁止使用建筑材料目录（2010 年版）〉的通知》（京建发〔2010〕326 号），从 2010 年 12 月 1 日起实施
71		荧光灯类一般型电感镇流器	民用建筑工程	能效和功率因数低、工作时温度高，有安全隐患	根据《关于发布〈北京市推广、限制和禁止使用建筑材料目录（2010 年版）〉的通知》（京建发〔2010〕326 号），从 2010 年 12 月 1 日起实施
72		白炽灯	民用建筑工程	能耗高，光效低，温度高，安全性差，寿命	根据《关于发布〈北京市推广、限制和禁止使用建筑材料目录（2014 年版）〉的通知》（京建发〔2015〕86 号），从 2015 年 10 月 1 日起实施

续表

序号	类别	建筑材料名称	禁止使用的范围	禁止使用的原因	禁止使用的依据与生效时间
73	太阳能建筑应用系统设备	聚丙烯管、钢塑复合管	太阳能集热系统管路高温部分	不耐高温、寿命短	根据《关于发布〈北京市推广、限制和禁止使用建筑材料目录（2014年版）〉的通知》（京建发〔2015〕86号），从2015年10月1日起实施
74	施工周转材料	质轻可锻铸铁类脚手架扣件（＜1.10kg/套的直角型扣件、＜1.25kg/套的旋转型扣件、＜1.25kg/套的对接型扣件）	民用建筑工程	不能保证扣件的力学性能	根据《关于公布第五批禁止和限制使用的建筑材料及施工技术目录的通知》（京建材〔2007〕837号），从2008年1月1日起实施
75		采用脲醛树脂生产的竹、木胶合板模板	民用建筑工程	耐水性较差，周转使用次数少，浪费资源	根据《关于发布〈北京市推广、限制和禁止使用建筑材料目录（2010年版）〉的通知》（京建发〔2010〕326号），从2010年12月1日起实施
76		外径小于36mm的丝杠和拖座板边长小于140mm丝杠拖座	民用建筑工程	配合间隙过大，影响安全使用	根据《关于发布〈北京市推广、限制和禁止使用建筑材料目录（2010年版）〉的通知》（京建发〔2010〕326号），从2010年12月1日起禁止在外径为48mm的钢管脚手架中使用
77		外径小于34mm的丝杠和拖座板边长小于140mm丝杠拖座	民用建筑工程	配合间隙过大，影响安全使用	根据《关于发布〈北京市推广、限制和禁止使用建筑材料目录（2010年版）〉的通知》（京建发〔2010〕326号），从2010年12月1日起禁止在外径为42mm的钢管脚手架中使用

（此件公开发布）

抄送：住房城乡建设部、国家发展改革委、工业信息化部、商务部，市发展改革委、市规划自然资源委，市生态环境局、市城市管理委、市经信局、市科委、市市场监督管理局、市应急管理局，各区人民政府。

北京市住房和城乡建设委员会办公室　　2019年4月15日印发

后　记

建筑材料的发展进步，与北京市的发展、国家的发展、时代的发展紧密相连，息息相关。改革开放40年来，北京市建筑材料由单一的、简单的生产使用方式向现代的、合成的、集约的方向发展，并有向绿色、环保、高端、智能化方向发展的趋势，给人们的生产生活带来了极大的改变。自1989年开始发布的一系列推广和禁止使用建筑材料规定，为规范北京市建材市场的发展、引领建材科技创新、淘汰低端落后产能发挥了应有的作用，取得了应有的政策效益、经济效益和社会效益，得到了社会各届的广泛好评。

2019年适逢共和国成立70周年，我们的国家正在发生沧桑巨变。时光如白驹过隙，稍纵即逝。世事如白云苍狗，日新月异。时代在发展，社会在进步，唯有发展才是永恒。时间和实践已经证明了“推广和禁止使用建筑材料目录”历史上取得的成就，必将不断倒逼企业转型、促进产业升级，引领行业发展。

北京市住房和城乡建设委员会非常重视本书的编写和出版工作，各级领导为本书的整体构思、编写工作提出了很多前瞻性的中肯的意见和建议。委节能建材办、科技村镇处、质量处、科促中心、研究中心、财务处、支付中心、监督总站分别给予了大力支持，使得本书顺利出版。

本书在编辑过程中，得到了许多老领导、老专家的关心和支持，原国家建材局陈福广司长退休多年，依然心系墙体材料革新事业，不仅提供了很多宝贵资料，还专门撰文一篇，精神令人感动，风范令人景仰。混凝土外加剂专家李亚铃教授已经86岁高龄，亲自提笔撰文，回顾了北京市混凝土原材料产品禁限推广的历程，其对行业发展的殷殷关怀令人敬佩。朱国民、祝根立、方承仕、王庆生、张增寿等几位领导、专家，不仅曾经亲身参与了北京市建材禁限与推广工作，见证了行业发展，在本书出版过程中提出了宝贵建议，提供了珍贵资料，并在稿件审核把关方面做了大量工作。王建中、马晓霞、刘肖群、刘江、徐东林、郑权、王世春、马汉生、王俊清等同志也在本书的编写和出版过程中给予了帮助和支持，在此一并表示感谢！

在本书即将付梓之际，感谢各位专家学者不辞辛苦，感谢各位同行给予的中肯建议。由于编者水平有限，书中难免有所疏漏，不当之处敬请批评指正。

本书编者

2019 年 10 月 20 日于北京

1

北京市城乡建设委员会
首都规划建设委员会办公室

关于在框架结构建筑中限用粘土实心砖的通知

(88)京建科字第267 号
签发人：万 嗣 铨

目前，北京地区房屋建筑的墙体材料有相当的比例是采用粘土实心砖，毁田严重，能耗较高，且不利于建筑节能。为推进粘土实心砖的改革，按照原国家建材工业局、农牧渔业部、国家土地管理局、城乡建设环境保护部关于《严格限制毁田烧砖积极推进墙体改革的意见》的精神，结合我市的情况，决定首先在框架建筑中限用粘土实心砖，现将有关问题通知如下：

一、从1989年7月1日起，凡在我市建设的框架结构建筑，均不得再采用粘土实心砖砌筑填充墙；

二、从发文之日起，各设计单位新接受的框架建筑设计任务，均不得以粘土实心砖做填充墙进行设计和概算；

-1-

1988 年京建科字第 267 号

1988 年 12 月 17 日，北京市城乡建设委员会、首都规划建设委员会办公室联合发布《关于在框架结构中限用粘土实心砖的通知》，自 1989 年 7 月 1 日起在全市框架结构建筑中禁用黏土实心砖。

2

北京市住房和城乡建设委员会
北京市规划和自然资源委员会文件
北京市城市管理委员会

京建发〔2019〕149 号

北京市住房和城乡建设委员会
北京市规划和自然资源委员会
北京市城市管理委员会
关于发布《北京市禁止使用建筑材料目录(2018 年版)》的通知

各区住房城乡（市）建设委、规划分局、城市管理委，各施工图设计文件审查机构，各建设单位、设计单位、施工单位、监理单位，各相关行业组织，各建筑材料供应单位：

为保证我市民用建筑工程质量，进一步提高建筑物的使用功

-1-

2019 年京建发第 149 号

2019 年 4 月 1 日，北京市住房和城乡建设委员会、北京市规划和自然资源委员会、北京市城市管理委员会联合发布《北京市禁止使用建筑材料目录（2018 年版）》。

3

被淘汰的立窑水泥

立窑水泥生产规模小，产品品质低，生产过程产生大量粉尘颗粒，严重破坏环境。

4

被禁止使用的袋装水泥

《关于公布第四批禁止和限制使用建材产品目录的通知》规定自 2004 年 10 月 1 起在预拌混凝土、预拌砂浆、预制构件等水泥制品生产中禁止使用袋装水泥。《北京市推广、限制和禁止使用建筑材料目录（2014 年版）》规定，自 2015 年 1 月 1 日起禁止使用袋装水泥（特种水泥除外）。

5

采用新型干法水泥生产技术，严格控制飞尘排放，同时承担着消纳北京城市危险废弃物、污泥等功能。

—— 现代化的水泥生产企业

6

被禁止的现场搅拌混凝土、现场搅拌砂浆的施工方式

施工现场搅拌混凝土，质量难以控制，储运、使用过程浪费材料资源、造成环境污染，《北京市建设工程施工现场管理办法》规定自 2013 年 7 月 1 日开始，全面禁止施工现场搅拌混凝土;《关于进一步加强全市建设工程预拌砂浆应用工作的通知》规定，2019 年 4 月 1 日起，禁止使用现场搅拌砂浆。

7

散装预拌砂浆应用现场会

2012 年 5 月 30 日，市住房城乡建设委等部门组织召开北京市建设工程预拌砂浆散装化应用工作现场会。

8

现代化预拌混凝土搅拌站

预拌混凝土具有计量精准、规模化生产、质量稳定、生产效率高、可综合利用工业废弃物等诸多优点，北京市混凝土搅拌站生产均须符合绿色生产规程要求。

9

黏土砖生产毁坏耕地，导致城乡环境严重破坏，原《北京市建筑节能管理规定》规定2002年5月1日起全市建设工程禁止使用黏土实心砖；2003年5月1日起禁止生产黏土实心砖。2014年《北京市民用建筑节能管理办法》规定禁止生产和使用黏土砖、黏土瓦、黏土陶粒。

黏土砖破坏耕地

10

2004年市建委、农委牵头，市发改委、国土局、工商局、质监局、环保局等禁产工作联席会议成员单位组成检查组，对各区县禁产黏 土砖工作进行检查验收。

禁产工作督查

拆除砖窑现场

11

被禁止的 80 系列以下普通推拉塑料外窗

强度低、五金件使用寿命短，易出轨，有安全隐患，《北京市推广、限制和禁止使用建筑材料目录（2010 年版）》规定自 2010 年 5 月 31 日起禁止使用。

12

传热系数低于 1.5W/（m^2 · K）的高性能建筑外窗，在低能耗建筑工程中广泛使用。

13

被禁止使用的螺旋升降式铸铁水嘴

密封效果差、浪费水资源，《关于限制和淘汰石油沥青纸胎油毡等 11 种落后建材产品的通知》规定自 1999 年 7 月 1 日起禁止使用。

14

非接触感应式节水水龙头

不会交叉感染传染疾病，目前在公共场所广泛使用。

15

保温浆料

单独使用达不到建筑节能设计要求,《关于发布第五批禁止和限制使用的建筑材料及施工工艺目录的通知》规定自 2008 年 1 月 1 日起单独作为保温材料时，在外墙保温工程中禁止使用。

16

保温装饰一体化外墙板

17

被禁止使用的普通承插口铸铁排水管

易生锈泄漏，造成水系和土壤污染。《关于限制和淘汰石油沥青纸胎油毡等 11 种落后建材产品的通知》规定自 1999 年 7 月 1 日起在多层住宅中禁止使用。

18

装配式建筑用墙板

19

装配式建筑案例（一）

20

装配式建筑案例（二）——朝阳区焦化厂公租房项目

（摄影：赵钿）

21

北京超低能耗住房——沙岭农宅项目

超低能耗建筑推广是“十三五”时期建筑节能工作的重要内容之一，对缓解城市发展与能源消费矛盾、提升城市环境质量和人民生活品质有积极的促进作用。

22

三星级绿色建筑——北京雁栖湖国际会展中心（摄影：张海）